普通高等教育人工智能系列教材

# 机器视觉理论与实战

主　编　高　林
副主编　刘　毅
参　编　杜宇宁　赵　杰　王思远　杨继强
　　　　王程远　张奕昂　黄庆帅　王文郁　高家祺

机械工业出版社
CHINA MACHINE PRESS

随着信息技术的快速发展和行业需求的日益旺盛，人工智能技术获得了广泛关注，在全社会形成了人工智能技术研究和应用的热潮。本书围绕人工智能技术中的机器视觉技术进行介绍，重点讲解应用百度飞桨开源框架实现机器视觉项目开发的完整流程。本书共分7章：第1章对人工智能技术的发展阶段和基本概念进行了介绍，重点介绍了人工智能技术的核心内容，尤其是机器视觉技术；第2章对人工智能技术中涉及的相关理论知识进行了讲解，帮助读者掌握基本的数学方法；第3章通过案例，对百度飞桨的功能特点和使用方法进行了详细讲解，帮助读者快速掌握开发机器视觉项目的工具；作为本书的重点，第4~6章通过项目案例，详细讲解了OCR、目标检测、语义分割项目的实现过程，通过项目实战，帮助读者掌握机器视觉项目开发的基本技能；第7章对人工智能技术未来发展进行了介绍与展望。

本书适合作为普通高等院校人工智能、计算机、电子信息、机器人、自动化、机电一体化等专业本科生的教材，通过对书中内容的学习，读者可以掌握人工智能技术开发的基本技能。也可以作为从事人工智能技术研究、项目开发人员的参考书，快速实现项目应用落地。同时本书也适用于对人工智能技术感兴趣的读者，了解人工智能技术的一些基本概念和发展趋势。

本书配有电子课件、教学大纲、习题解答和配套教学视频等教学资源，欢迎选用本书作教材的教师，登录 www. cmpedu. com 注册后下载，或发邮件到 jinacmp@ 163. com 索取；也可加微信 13910750469 联系教学资源下载事宜。

**图书在版编目（CIP）数据**

机器视觉理论与实战/高林主编．—北京：机械工业出版社，2024.4
普通高等教育人工智能系列教材
ISBN 978-7-111-75649-1

Ⅰ．①机…　Ⅱ．①高…　Ⅲ．①计算机视觉—高等学校—教材
Ⅳ．①TP302.7

中国国家版本馆 CIP 数据核字（2024）第 079833 号

机械工业出版社（北京市百万庄大街22号　邮政编码100037）
策划编辑：吉　玲　　　　责任编辑：吉　玲
责任校对：张勤思　李　婷　　封面设计：张　静
责任印制：李　昂
河北泓景印刷有限公司印刷
2024年7月第1版第1次印刷
184mm×260mm・14印张・296千字
标准书号：ISBN 978-7-111-75649-1
定价：49.80元

电话服务　　　　　　　　网络服务
客服电话：010-88361066　　机　工　官　网：www. cmpbook. com
　　　　　010-88379833　　机　工　官　博：weibo. com/cmp1952
　　　　　010-68326294　　金　　书　　网：www. golden-book. com
**封底无防伪标均为盗版**　　机工教育服务网：www. cmpedu. com

# 前　言 ▸ PREFACE

人工智能技术方兴未艾、发展迅速，已经成为新一代信息技术中最受瞩目的技术之一，影响着社会生产、人民生活的方方面面。对于人们而言，人工智能显得既熟悉又神秘。交通出行中的车牌识别、超市购物中的商品识别、银行交易中的人脸识别在生活中随处可见，已为大众所熟知。同时，通过怎样的技术，使得机器具有类人的能力，对于大多数人而言又是很“神奇”的。

出于专业原因和求知欲，编者及其团队从2016年开始投入到人工智能技术研究中，期间阅读了大量文献，进行了深入的理论学习与研究，并与企业合作进行项目研究，亲历了近年来人工智能技术的发展与变迁。在这个过程中，编者充分感受到人工智能知识体系的庞大，同时，也深刻认识到人工智能技术对未来世界发展所能起到的重要作用。对个人而言，了解、学习甚至掌握人工智能技术是非常有必要的。

从理论应用角度而言，人工智能技术主要包括机器学习、机器视觉、自然语言处理、机器人等。目前，市面上关于人工智能技术的各类书目很多，但多数是以通用理论讲解为主，聚焦“机器视觉”系统理论和项目实践的书籍较少。基于这种考虑，并总结以往经验，编者编写了本书。本书面向的读者主要是普通高等院校人工智能、计算机、电子信息、机器人、自动化、机电一体化等专业的本科生，可以作为他们的专业教材，也可以作为对机器视觉技术感兴趣读者的参考书。编者相信，只要按照本书内容进行学习和实践，读者一定能够掌握人工智能技术，尤其是机器视觉系统开发所需的基本技能。

全书共7章。第1章介绍了人工智能技术概况；第2章系统讲解了机器视觉相关理论知识；第3章详细介绍了百度飞桨的功能特点和使用方法；第4~6章通过实例，详细讲解了如何完整实现机器视觉项目的开发；第7章对人工智能技术新发展进行了介绍与展望。由于篇幅有限，本书重点突出机器视觉技术应用，在理论上只做了必要介绍，读者可根据自身需要，参阅文献，获取更多相关知识。

正如人工智能是一个庞大的系统，本书的成功出版也是团队协作的结果。本书由高林主编，百度公司的技术团队提供了全程指导，加速了本书的编写进程；参阅了国内外多位作者的文献资料，极大地丰富了本书的内容。对所有人员的辛勤付出表示诚挚的感谢！

由于人工智能技术发展迅速，各种知识工具不断更新，加之编者水平有限，书中难免有不妥之处，敬请广大读者批评指正，不胜感激！

编　者

# 目　录 ▸ CONTENTS

## 第4章 OCR文字识别原理与实战 75



## 第5章 目标检测算法原理与实战 122

# 第1章　绪　论

导读 «

人工智能技术方兴未艾，正日益深入地影响人们的生活。本章将对人工智能的概念、技术优势、发展阶段、研究领域，尤其是机器视觉进行介绍。通过对本章的学习，读者将对人工智能知识有一个基本了解，并能结合实际场景，明确人工智能所应用的具体技术。

## 本章知识点

- 人工智能的概念
- 人工智能技术优势
- 人工智能技术发展阶段
- 人工智能技术研究领域
- 机器视觉主要分类

与人工智能相关的产品，如智能手机、无人机、服务机器人早已进入人们的生活，并且随着技术不断进步，人工智能对社会发展的影响越发深远。身处这个技术发展日新月异的时代，对于个人，尤其是当代大学生而言，了解、学习人工智能的一些相关知识是很有裨益的。

## 1.1　人工智能简介

人类是自然界中智能水平最高的生物，不仅可以通过眼、耳、口、鼻等感觉器官感知世界，更重要的是可以对信息进行再加工，并通过双手改造世界。另外，人类对世界的认知是可以通过学习积累和传承的，即所谓的“经验”。正是在不断“学习-积累-改造”迭代过程中，人类社会才会不断进步。由此，把人类所具有的感知信息、学习过程、经验积累、改造世界的能力，称为“人类智能”。“智”指的是思维方式，“能”指的是能力。

基于科学探索和实际需求，早些年前，一些学者开始研究如何通过机器模拟人类智能，即通过技术应用，让机器具有人类的智能。这个“机器智能体”是需要通过人的设计才能够实现的，所以产生了“人工智能”（Artificial Intelligence，AI）这个名词[1]。

关于“人工智能”的定义有很多，主要包括以下 3 种。

1）1956 年，达特茅斯会议上的科学家首次提出：人工智能是用计算机模拟人在思维活动中所需智能的工作过程。

2）1987 年，迈克尔 · R. 吉特恩（Michael R. Genesereth）和尼尔斯 · J. 尼尔森（Nils J. Nilsson）认为：人工智能是研究智能行为的科学，它的最终目的是建立关于自然智能实体行为的理论和指导，创造具有智能行为的人工制品。这样，人工智能分为两个分支，一个为科学人工智能，另一个为工程人工智能。

3）百度百科将人工智能定义为：它是研究、开发用于模拟、延伸和扩展人的智能的理论、方法、技术及应用系统的一门新的技术科学。

从字面理解，人工智能包含两个方面的含义。“人工”即是通过人为设计的，所以是在人对世界认知的范围内；“智能”指的是人的智能，所以机器智能体的智能水平仍然是在人的智能水平范围内。当然，人类希望创造出高于自身能力水平的智能体，并且为此不断努力着。

对人工智能技术的研究可以概括为两个方面，一个是人类物理实体方面，包括人的头部、躯干、四肢等，可以理解为硬件；另一个是人类思维方面，即人类智能，可以理解为软件。本书所涉及的内容主要是如何通过机器模拟人类思维（即软件），尤其是人的视觉处理过程。

现今计算机的计算速度和存储能力，已经远远超过人类，将人类从烦琐的计算事务中解脱出来；以计算机为核心的控制系统，已经在很多行业被广泛应用，大大提高了工作效率。那么，为什么还要研究人工智能呢？其原因主要包括如下几个方面。

1）缩短经验积累周期，扩展个体认知水平。2016 年初，由 DeepMind 公司开发的阿尔法围棋（AlphaGo），在与围棋世界冠军、职业九段棋手李世石进行的围棋人机大战中，以 4∶1 的总比分获胜，它当时学习了约 3000 万人类棋手对战的棋谱。2017 年 10 月，AlphaGo Zero 在没有运用人类知识的前提下，仅通过 3 天的自我对弈训练，就以 100 胜 0 负的成绩打败了 AlphaGo。这个进化过程说明，基于强大的数据存储、计算、自学习能力，以计算机为“大脑”的人工智能体可以集成众多人类经验，并通过学习，获得超越人类个体的能力，出色地完成一些程序化任务。

2）将人从烦琐的重复性劳动中解脱出来，提高工作效率。工厂中工业机器人的应用，可以节省人员投入和成本，并且大大提高工作效率；城市中智能摄像设备的应用，可以快速定位捕捉异常信息，大大提高公安刑侦效率；超市中物品识别、人脸识别系统的应用，加快了支付过程，大大提高生活运转效率……人工智能技术的应用场景会越来越多，对社会发展的推动作用将越发明显。

3）推动社会进步，带动相关产业发展。人工智能是一种技术革新，而科学技术的发展为社会发展前进提供了动力。人工智能已经被认为是 21 世纪最具生命力的技术，全社会、各行业都在积极探索和应用人工智能来提升服务水平。人工智能技术的发展不仅带动了计算机产业的发展，还带动了传感器、电动机、材料、生物等多个技术领域的发展。以智能制造为主导的第四次工业革命，其技术核心就是人工智能技术。

4）构建新的知识体系模式，推动技术发展进程。从学科分类而言，人工智能属于信息技术，但其涉及的学科门类众多，包括信息科学、计算机科学、神经生理学、数理逻辑、控制论、仿生学、哲学、心理学等，其可以应用的领域几乎涵盖了所有已知行业。所以，以“AI+”为代表的新的知识体系模式正在构建，各行业、各学科的研究者们正在积极探索“AI+”技术发展新模式，全社会掀起了以人工智能为主题的技术研究热潮。人工智能所带动的群体认知的广泛性、行业门类的全面性、技术种类的综合性是“前无古人”的，极大地推动了社会整体的技术发展进程。

## 1.2 人工智能技术发展阶段

人工智能的思想萌芽起源于20世纪30年代丘奇、图灵等人关于计算本质的研究，他们建立了计算和符号处理的理论。1936年，图灵提出了理想计算机数学模型——图灵机，为电子计算机的问世做出了重大贡献。1950年，图灵发表了题为“计算机与智能”的论文，提出了著名的“图灵测试”，以测试一个计算机系统是否具有智能。这种“预见”，随着后来计算机的产生和技术的发展得到了验证。因此，图灵被称为“人工智能之父”。人工智能作为一门学科出现，是在1956年的达特茅斯会议。参会人员包括麦卡锡、闵斯基、西蒙、香农等数学、信息论、计算机科学、神经学等方面的专家。会上，麦卡锡提出“Artificial Intelligence”一词，从而创立了人工智能学科，使得人工智能研究逐步兴起。根据人工智能发展进程，学者们把人工智能的发展大致分为孕育期、形成期、发展期、融合期4个阶段。

### 1. 孕育期（1956年之前）

孕育期主要是人类对自身思维方式的总结，并探索用“机器”来实现某些人类思维。公元前，哲学家亚里士多德在《工具论》中提出了演绎推理的基本依据——三段论。哲学家培根提出了归纳法，对人工智能转向以知识为中心的研究产生了重要影响。同时期，数学家莱布尼茨发明了能进行四则运算的计算器，其思想成为“机器思考”的萌芽。尤其是1946年，世界上第一台电子数字计算机ENIAC的发明，使得人工智能的实现有了载体，由此正式开启了人工智能从理论到实践的时代！

### 2. 形成期（1956—1969年）

1956年，达特茅斯会议之后，作为一门新兴学科的人工智能，其技术研究得到了诸多学者的重视，其中比较重要的几个成就如下。

1957年，塞缪尔和西蒙等人编制了逻辑理论机的数学定理证明程序，被认为是人工智能机器实现的真正开端。1959年，塞尔夫里奇推出了一个模式识别（通过计算机进行推理）程序。1960年，香农等人提出了启发式搜索（通过计算机快速、精确找到目标）的概念，麦卡锡研制了建造智能系统的重要工具——人工智能语言LISP。1968年，费根鲍姆研制了将专家经验转化为计算机程序的系统，即专家系统，对人工智能的发展产生了深刻影响。时至今日，专家系统已经在石油、化工等诸多领域得到了应用，成为人工智能研究的重要理论基础和应用方向。1969 年，国际人工智能联合会议成立，标志着人工智能学科已经取得了世界的认可。

3. 发展期（1970—2010 年）

发展期的人工智能在一些应用方面出现了失误，受到了质疑，经历了低谷。但研究者们没有失去信心，仍然持续地推进基础理论研究，取得了一些具有代表性的成果。1972 年，吴兹研制了采用英语与机器进行对话的人机交互系统，表明机器可以理解自然语言。1977 年，费根鲍姆提出了“知识工程”的概念，对以知识为基础的智能系统研究和构建起到了重要作用。1982 年，生物物理学家霍普菲尔德（Hopfield）提出了著名的 Hopfield 神经网络模型，并成功解决了“旅行商（TSP）”问题。1986 年，鲁梅尔哈特（Rumelhart）提出了反向传播 BP 学习算法，解决了多层人工神经元网络的学习问题。尤其是 1997 年，IBM 公司研制的“深蓝”计算机战胜了国际象棋世界冠军卡斯帕罗夫，表明人工智能系统是可以（在某些方面）与人类相媲美的。1991 年之后产生的互联网，为人工智能的发展提供了丰富的数据资源。2006 年以后，Facebook、Twitter、Google、苹果公司等投入人工智能研发，使得人工智能开始在商业领域得到推广应用。学术界也相继成立了多个人工智能学会，创办了多种期刊和论文集来刊载人工智能方面的研究论著，极大地推动了人工智能技术的理论研究发展，拓展了应用领域。

4. 融合期（2011 年至今）

2011 年，苹果公司发布了名为 Siri 的虚拟助手，利用自然语言处理技术，可以与人进行交互，提供问答、推断、推荐等服务，满足用户的个性化服务需求。2016 年，Hanson Robotics 公司发布了一个名为 Sophia 的人形机器人，其形体与真实人类非常相似，并且利用图像处理等技术，可以看到影像，还可以与人进行交流互动，并做出相应的表情动作。2018 年，谷歌公司推出自动驾驶出租车服务 Waymo，是自动驾驶领域一个重要的里程碑。尤其是 2022 年 11 月 30 日 OpenAI 公司发布的 ChatGPT（Chat Generative Pre-trained Transformer），使得人工智能应用的广度和深度达到了一个新的高度，引起了全球各行业的广泛关注。这一时期开始形成人工智能产业基础，人工智能企业数量大幅增长，国家出台政策推动人工智能发展，人工智能与其他技术融合更加深入，人工智能技术获得了更广泛的应用。

当前，人工智能已经发展到了一个显著的水平。深度学习、大数据和数据科学正如火如荼地发展，“AI+”的应用不断涌现，人工智能的未来是鼓舞人心的，必将推动社会不断发展进步。

## 1.3 人工智能技术研究的各种学派

人工智能涉及多个学科门类，在其发展过程中，学者们从不同角度对人工智能技术进行研究，由此产生了符号主义、连接主义、行为主义等多个学派。以下对几个主要学派进行介绍。

1. 符号主义

符号主义又称逻辑主义、心理学派、计算机学派，代表人物有纽厄尔、西蒙。符号主义认为人类认知和思维的过程就是符号操作的过程，所以需要将认知与思维通过某种符号描述，可以输入给计算机，并通过计算机程序的方式表达出来，以此来模拟人类的认知过程，实现人工智能。符号主义源于数理逻辑，使用的主要是物理符号和有限合理性原理，像启发式算法、专家系统、知识图谱，都是符号主义的典型代表，在人工智能的发展过程中起到了非常重要的作用。

2. 连接主义

连接主义又称仿生学派、生理学派，代表人物有霍普菲尔德。连接主义从仿生学的角度研究人工智能，着眼于对人脑行为机理进行建模研究和模仿。通过建立人类神经元模型、信号传输过程模型、信号处理过程模型、信号反馈过程模型，建立人工智能系统。所以，连接主义的原理主要是神经网络及其连接机制和学习算法。其代表成果有 MP 模型、各种神经网络模型，尤其是近些年提出的深度学习模型在学术界和工业界得到了广泛研究、发展和应用，使连接主义处于人工智能发展的主导地位。

3. 行为主义

行为主义源于控制论，从刺激和反应关系的角度研究人工智能，认为人工智能就是一个刺激-行为不断试错、不断强化、不断优化的重复迭代过程。所以，信息感知、信息传输、处理、学习、优化、信息反馈的控制论体系成为行为主义的研究核心。基于此，行为主义更偏重各类有形机器人应用模拟。目前，在商场、酒店的各类服务机器人和在工业生产中的各类工业机器人都是行为主义理念的实现案例。

总之，随着信息技术、芯片技术、制造技术、材料技术的不断发展，以抽象思维为主的符号主义、以形象思维为主的连接主义、以应用和模拟为主的行为主义融合研究与应用将更加深入和广泛，共同推动人工智能技术的发展。

## 1.4 人工智能技术研究领域

人工智能的目标是通过技术手段，让机器模拟人类行为，既具有人类思维，又能在思维驱动下产生合理的动作。所以，人工智能技术研究包括理论层面的技术研究和实践层面的应用研究，并且二者相互融合、相互促进。其主要研究领域包括如下几个方面。

1. 机器学习

人类的学习能力是人能够超越其他生物的本质原因，所以人工智能的首要目标是让机器具备人类的学习能力。机器学习（Machine Learning）就是研究计算机怎样模拟或实现人类的学习行为，以获取新的知识或技能，重新组织已有的知识结构，使之不断改善自身的性能。它是人工智能的核心技术，是使计算机具有人类智能的根本途径。

机器学习经过几十年的发展，衍生出了有监督学习（如回归和分类）、无监督学习（如关联分析和聚类）和强化学习（类似于监督学习，但未使用样本数据进行训练）等多种方法。从2012年开始，随着计算力的提升和海量数据的支撑，深度学习成为机器学习的研究热点，并带动了其在产业界的应用发展。

2. 语音识别

语言是人类区别于其他动物的基本特征之一。人类在对话时，通过声带振动发出不同声音，从而形成对话内容，这个功能在人工智能技术中称为语音识别（Speech Recognition）。语音识别是一种通过计算机将语音生成文本的技术。它可以替代键盘输入，直接将语音转换为计算机易于处理的数据。语音识别实现了从话语中生成文本的功能，但不包含从文本中提取意图和根据目的进行工作的部分，这部分功能是通过自然语言处理技术实现的。

3. 自然语言处理

人类语言是极其丰富的，在不同环境、不同场景下，相同的话语表达的意思可能大不相同，所以除了将语音译成文字，还要根据语境分析理解其中的含义，这个功能在人工智能技术中称为自然语言处理（Natural Language Processing，NLP）。自然语言处理是对自然语言含义进行正确、合理、有效分析的理论、方法和实现技术。

4. 机器视觉（计算机视觉）

视觉是人类感知外部信息的主要手段，是从事生活、学习、工作活动不可或缺的关键能力，这个功能在人工智能技术中称为机器视觉（Computer Vision，CV）。机器视觉是研究以计算机、摄像机构为核心的系统来模仿人类视觉系统的技术，让计算机拥有类似人眼定位、提取、处理、分析、理解图像的能力。由于视觉信息处理是人类智能的主要特征之一，所以机器视觉成为人工智能领域研究的重点和热点。同时，因为视觉效果受物体特性、环境因素等影响，所以机器视觉也是人工智能研究的难点。

5. 机器人学

当机器的感官和思维方式具有人类特征之后，希望它在形体和行为特征方面也像人类一样，由此产生了机器人学，即创造外观像人一样的机器，能够模仿人的动作，并且具有人类感知、识别、分析、处理、学习和反馈信息的能力。由于要求机器人不仅具备人类思维，还是一个物理有形体，所以它需要综合计算机、控制论、机械学、信息和传感技术、人工智能、仿生学等多门学科技术，研究、实现难度大。目前，已经应用的工业机器人、医疗机器人、服务机器人等，都是在某一方面实现（甚至超越）了人类功能，但是要想创造出与人类一模一样的机器人，还要有很漫长的探索历程。

## 1.5 机器视觉概述

如果想让机器具有人眼一样识别所看到影像内容的能力，就需要模拟、建立人的整个视觉系统模型。机器视觉功能主要是通过影像采集设备和人工智能算法实现的，生活中的车牌识别、人脸识别、身份证识别都应用到了机器视觉技术。随着各行业需求的不断出现和增加，机器视觉已经成为人工智能领域最活跃的分支之一。

### 1.5.1　机器视觉主要分类

根据识别要求不同，机器视觉主要分为图像分类、目标检测（与定位）、语义分割、目标跟踪、光学字符识别等。

1. 图像分类

图像分类就是在一张（静态）图片中识别出其中的内容，通常图片内容比较单一，主要目的是识别出内容所属的种类。例如，人眼很容易识别出“图 1-1a 是一个苹果，而图 1-1b 是一根香蕉”，通过机器视觉，希望机器得出同样的（分类）结论。

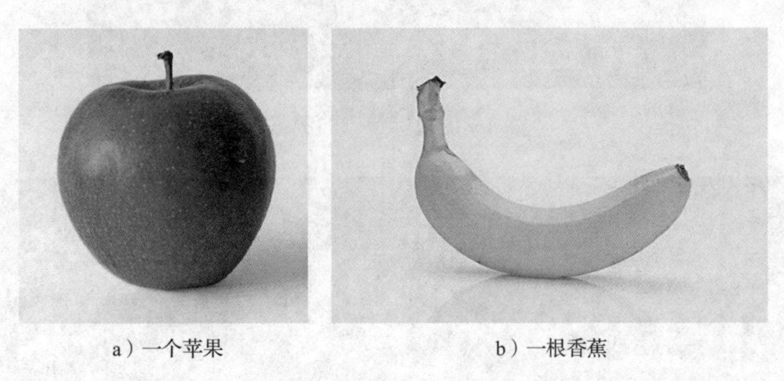

a）一个苹果　　b）一根香蕉

图 1-1　图像分类的例子

实际上，人眼之所以能快速识别出其中的内容，是因为在日常生活中见到苹果和香蕉的机会很多，它们的特点已经被人们的视觉神经系统和大脑神经记忆得非常清楚，所以当它们出现时，人们几乎可以毫不费力地识别出来，这就是所谓的经验（积累）。通过机器视觉，人们也希望机器能给出相同的识别结果。所以为了达到这个目标，需要将（各种）苹果和香蕉的图像输入机器，让机器也积累关于它们特征（形状、颜色、品类等）的经验，这个过程称为训练。

2. 目标检测（与定位）

目标检测不仅要辨别出图片中内容的类别，还要用边框将辨别的内容标记出来，确定所识别内容的位置。相对于图像分类而言，目标检测图片中的内容不再单一，会更复杂一些。例如，图 1-2 中包含很多种水果，通过机器视觉，希望给出水果的名称和出现的位置。

对人眼而言，图 1-2 中内容的辨别比图 1-1 复杂得多，人们需要更仔细地观察、更多经验、更长时间才能得出结论（也许有些水果识别错了，有些还根本就说不出其名字）。同样的，机器视觉在处理这种复杂问题时，也会“经历”同样的过程。

至今，目标检测仍然是计算机视觉领域较活跃的一个研究方向，虽然已经取得了大量成果，但离一些真实复杂场景的应用还存在一定差距。目标检测这一基本任务仍然是非常具有挑战性的课题，存在很大的提升潜力和空间。图 1-3 展示了一个复杂的工业工艺流程应用场景，此时目标检测存在识别错误率较高的情况。

图 1-2 目标检测的例子

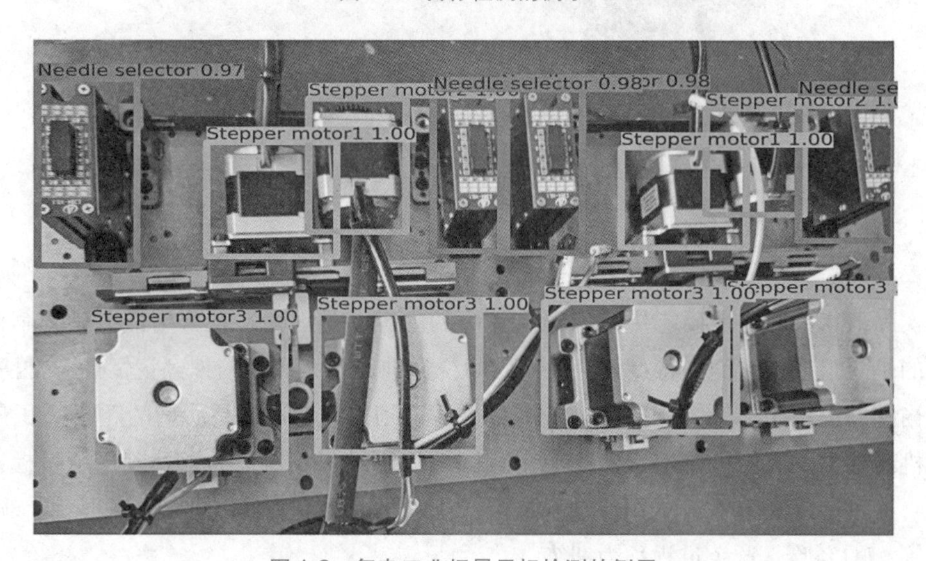


图 1-3 复杂工业场景目标检测的例子

3. 语义分割

有些时候，不仅需要知道图像中是什么内容，还想知道更详细的信息。例如，对于图 1-2 而言，想知道其中包含的每种水果的数量，这比图像分类和目标检测结果要求更进了一步，实现这种功能的常用的机器视觉技术称为语义分割。语义分割是指将图像中的每个像素链接到其所属的类（标签）的过程，可以将语义分割视为像素级别的图像分类。语义分割在人流计数、自动驾驶中运行环境理解、医学影像诊断分析等领域都有广阔的应用前景和价值。

4. 目标跟踪

目标跟踪是指对图像序列（在时间上连续的图片，例如视频）中的运动目标进行检测、提取、识别和跟踪，获得运动目标的运动参数，通过处理和分析，实现对运动目标的行为理解，以完成更高一级的检测任务。例如，图 1-4 所示的一段连续视频截图，通过目标跟踪技术，定位、跟踪框中的车辆，以获得需要的信息。目前，目标跟踪技术广泛应用在体育赛事转播、安防监控、无人机、无人车等领域。如果把目标检测认为是对单张图片中内容的识别，那么目标跟踪就是对多张连续动态图像中内容的识别。可以看出，目标跟踪是动态检测，比目标检测复杂得多，所以它是机器视觉领域中挑战性最大的一项技术。

a）目标出现　　b）目标跟踪

c）持续跟踪　　d）目标消失

图 1-4　目标跟踪的例子

5. 光学字符识别

图片中包含的内容不仅有物体，还有如文字、数字、字符等信息，有时需要将这些信息识别出来，在机器视觉中称为光学字符识别（Optical Character Recognition, OCR）。它是指通过电子设备（例如扫描仪或相机）拍摄介质上的字符，然后利用字符识别方法将其翻译成文字的过程。车牌识别、身份证识别、银行卡识别等都属于 OCR 应用场景。

随着 OCR 技术的发展，其在工业领域也开始广泛应用。例如，图 1-5 所示就是工业液晶显示屏显示的测量数据，通过 OCR 技术，可以识别其中的关键信息，代替人工操作，从而提高工作效率。

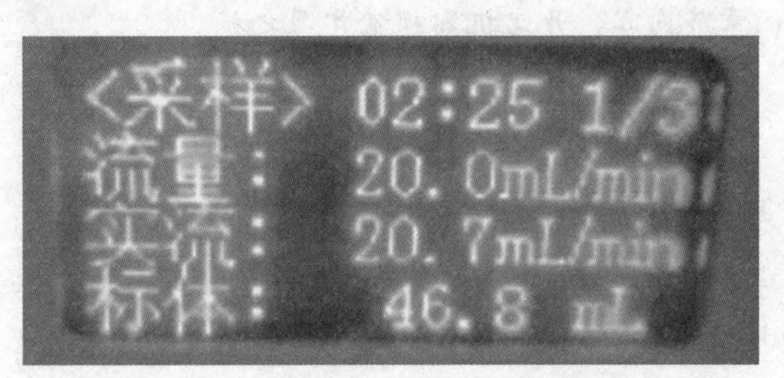


图 1-5　利用 OCR 技术对工业数显屏数据进行识别

### 1.5.2 机器视觉研究难点

人是通过视觉系统感知环境的，机器则是通过摄像装置（相机等）采集图像，所以外界环境对于图像的影响非常大，进而影响图像识别效果。这些因素主要包括以下4个方面。

#### 1. 光照条件

正如人眼识别能力受光线影响一样，摄像装置拍摄图片的清晰度受光线影响很大。自然环境（晴天、阴天、白天、黑夜）、光照强度、光线色泽等因素对拍摄图片的清晰度都会有影响，所以在机器视觉技术应用中，一定要非常重视光照条件，并采取有效措施，尽量避免或减弱光照因素的影响。

#### 2. 拍摄角度

不同的拍摄角度会使图片中的内容产生不同的变形、扭曲，对于机器视觉技术应用影响较大。因此，在安装摄像装置时，应尽量保证摄像装置与待拍场景形成最佳拍摄角度；当待拍场景动态移动时，需要定制开发摄像跟踪装置，确保合适的拍摄角度，以得到清晰的图片。

#### 3. 物体特征

被拍摄物体的一些特征对图片清晰度也有较大影响，这些特征主要包括物体形状、颜色、反光性、是否运动、运动是否规则等，所以在安装摄像装置前，要充分了解物体特征，做出相应的解决方案，确保拍摄到期望的特征图片。

#### 4. 技术因素

考虑了光线、角度、物体特征等因素，并合理、有效解决之后，剩下的主要就是技术因素。这里的技术因素主要包括摄像装置软硬件技术和机器视觉软硬件技术。关于摄像装置软硬件技术，杭州海康威视、浙江大华等公司都提供了成熟的解决方案，供用户选择。所以对于开发者，主要关注点在机器视觉软硬件技术上，包括整体技术架构、算力支撑、机器视觉算法等。

## 本章小结

作为基础知识，本章介绍了人工智能的概念、发展阶段、研究领域，这些内容可以帮助读者更深入地了解人工智能技术。通过机器视觉主要分类的介绍，可以帮助读者更顺畅地理解后面章节内容，开启机器视觉学习之旅。

## 习题

1-1 简述人工智能技术发展的主要阶段。

1-2 什么是人工智能？

1-3 人工智能技术主要研究内容有哪些？

1-4 列举几种人工智能应用案例。

1-5　待识别图片如图1-6所示，通过机器视觉想知道图中积木的个数，要用到哪类技术？你认为其中的难点是什么？

图1-6　待识别图片

# 第 2 章　机器视觉相关理论

**导读**

本章详细介绍机器视觉系统的组成，包括图像分析与采集系统、图像分析与处理系统等；举例介绍机器视觉技术中涉及的数学方法和原理，并归纳各数学方法的应用场景；由最简单的 M-P 模型逐步引申到人工神经网络，介绍其网络结构和实现原理；重点对深度学习算法基本组成——卷积神经网络进行详细介绍，包括卷积运算、池化运算和激活函数。

**本章知识点**

- 机器视觉系统组成
- 机器视觉常用数学方法
- 卷积神经网络

## 2.1 机器视觉系统组成

机器视觉即让机器具有像人一样看的能力，为了实现这种“能力”，就要搭建模拟人类视觉的系统，即机器视觉系统。该系统以计算机为核心控制器，通过摄像设备采集图像（视频），通过机器视觉技术自动从图像中提取有用信息，实现类似人类视觉的功能。机器视觉系统主要由中央处理系统（计算机、服务器等）、图像采集系统（工业相机、镜头、光源等）、图像分析与处理系统（软件算法）和控制执行系统（工控机、单片机等）组成，如图 2-1 所示。

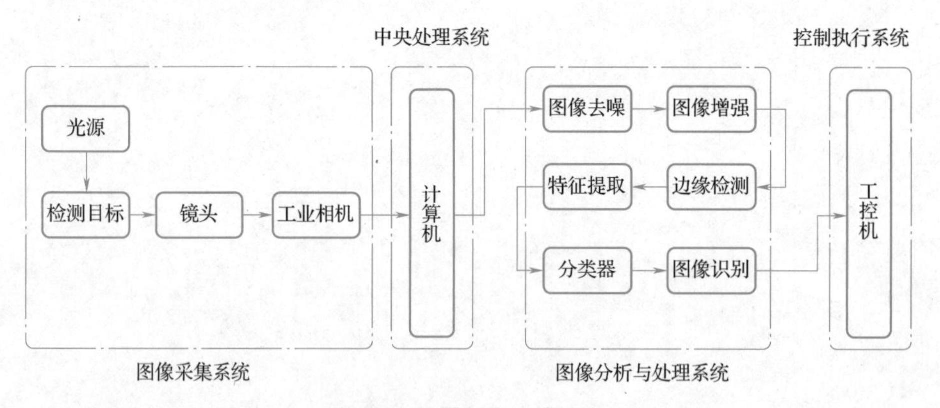


图 2-1　机器视觉系统组成

机器视觉系统中各部分的功能如下。

### 1. 中央处理系统

中央处理系统是整个系统运行的核心控制器，系统动作逻辑以程序的形式装载在中央处理系统中，包括操作系统、接口程序、图像分析与处理系统等。对于小型应用，中央处理系统采用计算机就可满足要求，但对于大型应用而言，一般需要服务器作为中央处理系统，以满足系统运行的性能要求。

### 2. 图像采集系统

图像采集系统的作用类似人的眼睛，即采集图像。其核心设备是工业相机，为了使采集图像更清晰，需配备镜头、光源等设备。机器视觉系统应用的效果，与图像采集系统质量密切相关。好比人的视力，对于相同图像，视力正常的人用肉眼就能看清楚，而眼睛近视的人，必须辅以合适的眼镜才可以，否则无法清晰辨别所看到的影像。所以，即使中央处理系统再强大，其能力是否充分体现，也是以图像采集系统能否采集到清晰图像为前提的。

### 3. 图像分析与处理系统

图像分析与处理系统的作用是识别图像采集系统传输过来的图像，是机器视觉系统的核心技术内容。通常它是中央处理系统的一个子系统，但由于其重要性，被单独分离出来，这部分也是本书介绍的主要内容，即机器视觉技术算法核心内容。针对不同应用场景需求，图像分析与处理系统实现图像识别、目标检测、OCR 等功能，并将分析结果传送给控制执行系统。

### 4. 控制执行系统

根据图像分析与处理系统的分析结果，控制执行系统完成既定的操作，达成控制目标。以车牌识别系统为例，当图像分析与处理系统识别该车牌为已注册车牌后，将确认信息传送给控制执行系统；控制执行系统接收到确认信息后，驱动电动机运行，杆体提升，允许车辆通过；通常也会驱动语音播报系统，提示车主通行信息。

根据各系统功能，可见机器视觉系统的执行过程是：首先，在合适的光源辅助下，图像采集系统采集清晰的目标图像，将图像信息传输给图像分析与处理系统；然后，图像分析与处理系统对图像进行分析，得出分析结果，传输给控制执行系统；最后，控制执行系统根据分析结果，驱动相关设备，做出相应的控制动作。整个动作逻辑都是在中央处理系统中部署实现的。

系统中的每个部分都是不可或缺的，对于机器视觉系统而言，其核心技术是图像分析与处理系统，也是系统中人工智能技术的集中体现。图像分析与处理是指对数字图像进行处理和分析，包括图像表达、增强、滤波、分割、特征提取、分析等技术。对图像的分析属于模式识别技术，是指对数字图像中的内容进行识别或分类，包括模板匹配、回归、聚类、分类、神经网络等技术。只有综合应用这些技术，才能对目标实现准确、高效的识别。以下对图像采集系统和图像分析与处理系统进行详细介绍。

### 2.1.1 图像采集系统

图像采集系统的作用是采集需要的图像，用于后续处理，而采集图像的质量好坏，直接影响整体系统的应用效果。工业环境中存在诸多影响因素，如光照、温度、角度等，导致图像采集效果不佳，所以图像采集系统的组件选型尤其重要。需要选择合适的工业相机、镜头和光源，为图像分析与处理系统提供优质的图像。

1. 工业相机

工业相机是机器视觉系统的核心组件之一，有着比传统相机拍摄精度更高、速度更快、稳定性更强的优点，是图像输入端的关键环节，决定着系统后续工作能否正常进行[2]。目前，工业相机根据不同标准可以分为多种类型，常见分类如下。

1）芯片类型：按照芯片类型可以分为 CCD 相机和 CMOS 相机。CCD 相机具有较为统一的信号节点输出，噪声影响较小，输出图像质量较高，但相对功耗大、传输速度慢、工艺复杂、价位较高；CMOS 相机结构相对简单、功耗低、传输速度快、性价比高，但独立的像素信号放大输出，导致噪声影响大、输出图像质量相对较低。

2）传感器结构特性：按照传感器的结构特性可以分为线阵相机和面阵相机。线阵相机采集的图像呈线条状，属于长宽比极大的二维图像，一般适合于视野细长或连续运动的应用场景，如纸张、纤维、塑料等；面阵相机拍摄的图像较为直观，可以快速精准地获取二维图像信息。

3）输出图像色彩：按照输出图像色彩可以分为单色（黑白）相机和彩色相机。单色相机输出为只有灰度值的图像，不含颜色信息；彩色相机输出为 RGB 彩色图像。在相同分辨率情况下，彩色相机精度低于单色相机。

各类工业相机的优缺点不一，需要根据研究问题的需求进行选型。而工业相机的选型尤为关键，直接关系到整个系统的检测精度，一般要考虑相机的分辨率、快门速度、最大帧率、像素深度、曝光时间等参数。其中最关键的参数是分辨率，计算方法为

$$Z=(X/t)(Y/t) \tag{2-1}$$

式中，$Z$ 表示理论分辨率；$X$ 和 $Y$ 分别表示视野尺寸的长度和宽度；$t$ 表示单个像素精度。

其次需要考虑工业相机的最大帧率和接口。相机的最大帧率表示为 1s 内最多能采集图像的数量。工业相机常用的接口传输方式主要有 USB 3.0、Camera Link 接口、GigE 接口。Camera Link 接口在使用时需要单独的接口，成本较高；USB 3.0 的传输带宽较高，能够达到 5Gbit/s，具有很好的实时性，但在使用过程中存在传输距离的限制；GigE 接口是目前最常用、最稳定的传输方式，能够适应远距离信息传输的要求。

2. 镜头

工业相机采集图像质量的优劣，除了与相机本身硬件和环境等因素有关外，还受镜头与光源搭配的影响，它们也是图像采集系统中的关键组件之一。镜头的功能是将

光束进行可控的调制，使拍摄目标呈现在传感器的感光面上，所以镜头的选型至关重要，一般需要考虑焦距、分辨率、光圈、像面尺寸、接口等。

焦距用来衡量光的聚集程度，而工业相机的焦距表示为镜头的镜面中心点到成像面焦点的距离。镜头焦距的大小制约着现场工业相机的架构和布置，需要结合实际参数进行计算，计算方法为

$$f=Dh/H \tag{2-2}$$

式中，$f$ 表示焦距；$D$ 表示镜头前端到目标的工作距离；$h$ 表示工业相机靶面尺寸的宽度或高度；$H$ 表示实际视野的宽度或高度。其中，常用的靶面尺寸对照见表 2-1。

表 2-1　常用的靶面尺寸对照表

| 型号 | 宽/mm | 高/mm | 对角线/mm |
|---|---|---|---|
| 1.1 | 12 | 12 | 17 |
| 1 | 12.7 | 9.6 | 16 |
| 2/3 | 8.8 | 6.6 | 11 |
| 1/1.8 | 7.2 | 5.4 | 9 |
| 1/2 | 6.4 | 4.8 | 8 |
| 1/3 | 4.8 | 3.6 | 6 |
| 1/4 | 3.2 | 2.4 | 4 |

镜头分辨率是指镜头能够捕捉到的图像细节的数量，通常以像素为单位。镜头分辨率选型的基本要求是要大于或等于工业相机的分辨率，否则容易造成像素重合等问题。光圈是用来控制光线透过镜头的量，表示镜头的明亮程度，用镜头焦距 $f$ 和通光孔径 $D$ 的比值来计算得出，其值越小，光圈越大，明亮程度越强。像面尺寸是指镜头的直径大小，选取原则是不能小于工业相机靶面尺寸的对角线，否则图像会产生暗角；选取过大容易造成图像边缘浪费；最佳方式是稍大于靶面尺寸对角线即可。接口表示相机与镜头的连接方式，国际上最常用的标准工业相机接口是 C 接口和 CS 接口，但镜头接口的选取需要与工业相机适配。

3. 光源

工业相机和镜头是图像采集系统的关键组件，而合适的光源起到了辅助拍摄的作用，决定着图像的实际清晰度，所以为了保证图像采集的质量，光源的选型方案也至关重要。光源的选型要素较多，一个合格的光源至少需要满足光照分布均匀、光谱范围宽、光源亮度足够、良好的稳定性和耐久度等条件。实际光源选型时，需要结合应用场景下的整体要素，在合适的范围内进行选取。当光源基本满足上述条件时，进行光源颜色的选取。

在工业视觉场景下，常见的光源颜色类型有白色光源、红色光源、蓝色光源、绿色光源、紫外光源、红外光源、X-ray 激光源等。白色光源使用场景广、亮度高，适合作为彩色相机的光源；红色光源穿透能力较好，适合暗光场景下的瑕疵检测；蓝色光

源一般用于检测金属物体；绿色光源一般用在特定的背景色下；紫外光源属于非可见光，多用于平面物体瑕疵检测；红外光源也属于非可见光，一般用于监控领域；X-ray激光源穿透能力强，多用于透视场景下的检测。

光源的颜色可由多种不同类型的光源产生，各类型的光源性能与应用场景也不同。常见的光源类型有LED灯、卤素灯、荧光灯、氙灯、激光等，详细参数见表2-2。

表2-2 常见类型光源的参数

| 类型 | 色温/K | 平均寿命/h | 特点 |
| --- | --- | --- | --- |
| LED灯 | 全系列 | 100000 | 功耗低、稳定性强、响应速度快、耐久度好、安全性高、适应性强、价格实惠 |
| 卤素灯 | 2800~3000 | 1000 | 发热量大、显色性好、响应速度慢、耐久度差、价格较低 |
| 荧光灯 | 3000~6000 | 1500~3000 | 光源扩散性强、光线柔和、价格低 |
| 氙灯 | 5500~12000 | 1000 | 稳定性强、光效高、启动快、耐久度差 |
| 激光 | 全系列 | 50000 | 单色性好、方向性强、光亮度高、耐久度好 |

除了光源的类型，光源也具有多种形状。光源特定的形状具有特定的效果，在实际使用中，也需要进行合理的选择。光源按形状不同可分为环形光源、条形光源、同轴光源、背光源、点光源、DOME光源等，具体特点如下。

1）环形光源：将LED灯按圆环阵列紧密排布，节省了安装空间，使高亮度的光线均匀分布在待检测范围内。同时多角度的照射更能突出目标的特征，利于系统图像处理。环形光源广泛应用于集成电路板上的各类元器件检测、瑕疵检测、字符检测、外形检测等。

2）条形光源：将高密度的LED灯按长方形阵列排布，光源角度稳定，可以自由搭配组合多个光源。其应用场景较多，适合较大物体的目标检测，如金属的表面划痕检测、图像扫描、路面裂缝检测等。

3）同轴光源：采用高密度LED灯排列，部分也采用分光镜设计，使光源的亮度大幅提高。它比一般光源提供的光照更加均匀密布，避免目标反光带来的影响，常用于检测反光平面上的划痕、缺陷、异物等。

4）背光源：采用高密度LED灯阵列设计，拥有高强度的背光照明效果，能够突显物体的外形轮廓，适合元器件的尺寸测量、机械物体的外观检测、透明物体的划痕和瑕疵检测等。

5）点光源：采用大功率的LED灯，浓缩了光源体积，提供高强度的光线，常应用于微小部件的检测、电子元件的检测等。

6）DOME光源：采用半球结构的设计方式，通过球壁多次反射，使光线在物体上分布均匀，消除了阴影的影响，多用于曲面物体的缺陷检测、金属瑕疵检测、玻璃镜面检测等。

根据实际情况确定光源的形状之后，光源的打光方式也需要充分考虑。常见的打光方式有高角度照射、低角度照射、垂直照射、背光照射等。高角度照射是光源在被检测物一定距离处，产生的光照与水平方向形成一个较大的角度，特点是光照较为均匀，打光集中处亮度高，但光照面积相对较小，被检测物的边缘清晰度欠佳；低角度照射相对于高角度照射的夹角较小，对打光中心的光照效果好，特点是能突出检测物的表面和形状；垂直照射是将光源置于被检测物垂直上方，光照均匀且强度好，光照面积大，适合较大检测物的照明；背光照射是将光源放置在被检测物的后方，与相机保持在同一轴线上，特点是对非透明物体的外形、轮廓、尺寸等有较好的突显效果。

### 2.1.2 图像分析与处理系统

图像分析与处理系统作为整个系统的核心，负责分析、处理采集的图像，在机器视觉系统中主要提供算法模型的训练、测试、运行、部署所需的硬件基础和软件框架，保障视觉检测的准确、实时运行。

#### 1. 服务器

服务器作为关键的硬件设备，决定着图像分析与处理系统的运行质量和速度，是软件算法环境框架的主要支撑载体。服务器的性能主要由中央处理器（CPU）、显卡（Graphic Processing Unit，GPU）、内存、硬盘等决定。作为长期运行的设备，服务器的工作稳定性尤为重要。

CPU 是服务器的核心处理器，代表服务器的运算能力，控制服务器的有效运行，可以集成多个独立或协同运算单元，提高处理器的工作效率；GPU 作为服务器的图像处理器，拥有多于 CPU 的处理核心，能将 CPU 难以处理的海量复杂数据转移计算，提供远超 CPU 性能的计算能力，尤其适合图像处理的相关运算；内存是服务器的重要部件，负责暂存 CPU 中计算的数据，所以内存也影响计算机的计算性能；硬盘是服务器的数据存储设备，有机械硬盘和固态硬盘之分。固态硬盘相对于机械硬盘传输更快、更稳定，适合长期的数据存储和读取。不同操作系统对算法环境搭建与运行的兼容性也有差异，常用的有 Windows、Ubuntu、macOS 等系统，工程化使用中一般选用 Ubuntu 系统。

#### 2. 算法环境框架

算法运行的环境框架基于服务器操作系统构建，由于深度学习算法的运行环境复杂，需要利用现有软硬件环境逐步搭建。现阶段的开源深度学习框架大多基于 CUDA Toolkit、cuDNN、Python 和 Open CV 等。

CUDA 是 NVIDIA 公司构建的通用 GPU 算法平台，CUDA Toolkit 是 CUDA 的完整工具包，包含开发程序运行和调用的库文件、分析器、调试器等，是深度学习算法调用 GPU 训练的基础保障。cuDNN 是专为深度学习而设计的软件库，是深度学习算法研究不可或缺的一部分。Python 是一个开源且功能强大的程序语言，可用 C 系列语言扩展功能和数据库，因其具有丰富的功能库、编程思想简单，常用于机器学习、深度学习等领域。Open CV 是开源的计算机视觉软件库，由 C 系列语言构成，支持多系统运行和多语言接口调用，实现了图像处理方面的简易运行。

常用的深度学习开源框架有 PyTorch、TensorFlow、Caffe、Keras、百度飞桨（Paddle）等，不同框架的特色不尽相同。由于 PyTorch 不仅拥有丰富的模型库，相比于其他框架，还拥有高效简洁、运行调试便捷的特点，所以常作为初学者的首选框架。Torchvision 是基于 PyTorch 深度学习框架的图形库，包含模型结构、图像处理方法、数据函数等，用来构建算法模型。具体框架的搭建需要根据实际软硬件的兼容性和稳定性进行版本选取，以免使用时出现未知错误。本书选用 Paddle 作为深度学习框架，将在后续章节中详细介绍。

## 2.2 常用数学方法

为了准确实现图像识别，图像处理系统需要用到一些数学方法对图像进行处理、分析，常用数学方法有归一化、正则化、标准化、梯度下降等[3,4]。

### 2.2.1 归一化

归一化是一种简化计算的方法，它将有量纲的表达式，经过变换，转化为无量纲的表达式。通俗地讲，就是将不同范围区间的特征量统一变换到相同区间，避免由于数据范围不同对分析结果产生影响。

归一化的具体做法是：将不同范围的数据转换为［0,1］或［-1,1］区间的数值，数据被映射到有限的范围之内，有利于无关联的数据进行对比分析，加快数据处理的速度。常用的归一化公式为

$$X'=\frac{X-X_{\min}}{X_{\max}-X_{\min}} \tag{2-3}$$

式中，$X$ 表示待归一化的数据；$X'$表示归一化后的结果数据；$X_{\max}$ 和 $X_{\min}$ 分别表示待归一化数据的最大值和最小值。

例 1：现有一组数据为 $X=[x_1 \quad x_2 \quad x_3 \quad x_4 \quad x_5]=[10 \quad 20 \quad 30 \quad 40 \quad 50]$，使用归一化将这组数据转换到［0,1］区间。

解：首先找出数据中的最大值和最小值，分别为 $X_{\max}=50$ 和 $X_{\min}=10$，利用式（2-3）依次对数据进行如下计算：

$$x_1'=\frac{x_1-X_{\min}}{X_{\max}-X_{\min}}=\frac{10-10}{50-10}=0$$

$$x_2'=\frac{x_2-X_{\min}}{X_{\max}-X_{\min}}=\frac{20-10}{50-10}=0.25$$

$$x_3'=\frac{x_3-X_{\min}}{X_{\max}-X_{\min}}=\frac{30-10}{50-10}=0.5$$

$$x_4'=\frac{x_4-X_{\min}}{X_{\max}-X_{\min}}=\frac{40-10}{50-10}=0.75$$

$$x_5'=\frac{x_5-X_{\min}}{X_{\max}-X_{\min}}=\frac{50-10}{50-10}=1$$

所以，归一化后的数据为 $X'=[x'_1\quad x'_2\quad x'_3\quad x'_4\quad x'_5]=[0\quad 0.25\quad 0.5\quad 0.75\quad 1]$。

实际中的多数问题通常是多维数据，每一维数据范围不尽相同，此时归一化就显得尤为重要。

例2：某一类物体的特征是由3个属性描述的，其中属性一的数据范围是［0,1］，属性二的数据范围是［1,10］，属性三的数据范围是［100,150］。现有3个此类物体组成的数据矩阵为

$$\boldsymbol{X}=\begin{pmatrix}x_1\\x_2\\x_3\end{pmatrix}=\begin{pmatrix}x_{11}&x_{12}&x_{13}\\x_{21}&x_{22}&x_{23}\\x_{31}&x_{32}&x_{33}\end{pmatrix}=\begin{pmatrix}0.4&9&130\\0.5&7&115\\0.9&6&140\end{pmatrix}$$

分析：因为物体3个属性的数据范围不同，如属性一数据范围小，属性三数据范围大，所以对物体进行分析（如聚类、图像分析）时，如果不进行必要的处理，将会导致属性一的影响被“淹没”，无法充分体现3个属性的同等地位。此时归一化就非常有必要。

解：根据归一化公式，对于物体一，其3个属性的归一化过程如下：

$$x'_{11}=\frac{x_{11}-x_{1\min}}{x_{1\max}-x_{1\min}}=\frac{0.4-0}{1-0}=0.4$$

$$x'_{12}=\frac{x_{12}-x_{2\min}}{x_{2\max}-x_{2\min}}=\frac{9-1}{10-1}\approx 0.89$$

$$x'_{13}=\frac{x_{13}-x_{3\min}}{x_{3\max}-x_{3\min}}=\frac{130-100}{150-100}=0.6$$

对于物体二，其3个属性的归一化过程如下：

$$x'_{21}=\frac{x_{21}-x_{1\min}}{x_{1\max}-x_{1\min}}=\frac{0.5-0}{1-0}=0.5$$

$$x'_{22}=\frac{x_{22}-x_{2\min}}{x_{2\max}-x_{2\min}}=\frac{7-1}{10-1}\approx 0.67$$

$$x'_{23}=\frac{x_{23}-x_{3\min}}{x_{3\max}-x_{3\min}}=\frac{115-100}{150-100}=0.3$$

对于物体三，其3个属性的归一化过程如下：

$$x'_{31}=\frac{x_{31}-x_{1\min}}{x_{1\max}-x_{1\min}}=\frac{0.9-0}{1-0}=0.9$$

$$x'_{32}=\frac{x_{32}-x_{2\min}}{x_{2\max}-x_{2\min}}=\frac{6-1}{10-1}\approx 0.56$$

$$x'_{33}=\frac{x_{33}-x_{3\min}}{x_{3\max}-x_{3\min}}=\frac{140-100}{150-100}=0.8$$

所以，归一化后的矩阵为

$$\boldsymbol{X}'=\begin{pmatrix}x'_1\\x'_2\\x'_3\end{pmatrix}=\begin{pmatrix}x'_{11} & x'_{12} & x'_{13}\\x'_{21} & x'_{22} & x'_{23}\\x'_{31} & x'_{32} & x'_{33}\end{pmatrix}=\begin{pmatrix}0.4 & 0.89 & 0.6\\0.5 & 0.67 & 0.3\\0.9 & 0.56 & 0.8\end{pmatrix}$$

可以看到，归一化以后，所有数据都被压缩到［0,1］，不受原有属性数值范围的影响，可以更好地体现每个属性在问题分析中的作用。

在机器视觉中，需要对图像进行归一化，将像素值压缩到0~1，这样可以使算法模型更容易学习到图像中的特征，提高模型的准确性和稳定性，避免某些特征对模型的影响过大。

### 2.2.2 正则化

正则化是线性代数中的概念，通过对原问题最小化经验误差函数，即损失函数加上某种约束，缩小解空间，从而减小数据噪声对结果的影响，有效避免错误解的可能，提高模型的准确性。正则化是通过在原损失函数中加入正则项实现的，常用的正则项有L0、L1、L2等。

以L2正则项在损失函数中的应用为例，其正则化过程如下。

设原损失函数为

$$L=\sum_n\left(y^n-\left(b+\sum w_ix_i\right)\right)^2 \tag{2-4}$$

式中，$y^n$ 表示第 $n$ 条数据的真值；$x_i$ 表示输入的第 $i$ 个特征；$w_i$ 表示 $x_i$ 的权重；$b$ 表示偏置。

对其加入L2正则项后，其形式变为

$$L=\sum_n\left(\hat{y}^n-\left(b+\sum w_ix_i\right)\right)^2+l\sum(w_i)^2 \tag{2-5}$$

可见，L2正则化方法是在损失函数后添加 $l\Sigma(w_i)^2$ 项，$l\geqslant0$ 表示正则化程度。

在机器视觉中，正则化可以防止过拟合，即模型在训练集上表现良好，但在测试集上表现不佳。正则化可以通过对模型中权重进行惩罚，避免模型过度拟合训练数据。例如，在目标检测任务中，模型需要在图像中提取候选区域，并对每个区域进行分类和回归，通过正则化处理，可以有效避免模型过度拟合，提高模型的准确性。

### 2.2.3 标准化

标准化是一种常用的数据预处理技术，通过对数据进行比例缩放，将数据转换为均值为0，标准差为1的分布。标准化可以解决不同属性尺度不同的问题，使模型更加稳定和准确。

以零均值标准化为例，其形式为

$$z=\frac{x-u}{s} \tag{2-6}$$

式中，$z$ 表示标准化后的结果；$x$ 表示原数据；$u$ 表示 $x$ 取值范围内所有数据的均值；$s$ 表示该范围内所有数据的标准差。

例 3：有一个数据集包含两个属性 $x_1$ 和 $x_2$，采样得到数据如下：

$$x_1=[2\quad 4\quad 6\quad 8]$$

$$x_2=[1\quad 4\quad 8\quad 11]$$

解：若要得到标准化结果，首先分别计算属性 $x_1$、$x_2$ 的均值和标准差。

$x_1$、$x_2$ 的均值和标准差如下：

$$u_1=\frac{\sum_{i=1}^{n} x_{1i}}{n}=\frac{2+4+6+8}{4}=5$$

$$s_1=\sqrt{\frac{1}{N}\sum_{i=1}^{N}(x_{1i}-u_1)^2}=\sqrt{\frac{(2-5)^2+(4-5)^2+(6-5)^2+(8-5)^2}{4}}\approx 2.24$$

$$u_2=\frac{\sum_{i=1}^{n} x_{2i}}{n}=\frac{1+4+8+11}{4}=6$$

$$s_2=\sqrt{\frac{1}{N}\sum_{i=1}^{N}(x_{2i}-u_2)^2}=\sqrt{\frac{(1-6)^2+(4-6)^2+(8-6)^2+(11-6)^2}{4}}\approx 3.81$$

再按公式（2-6）分别对每个数据进行计算，即可得到最终的标准化结果。

$$z_1=[-1.34,-0.45,0.45,1.34]$$

$$z_2=[-1.31,-0.52,0.52,1.31]$$

由结果可以看出，数据集标准化后的每个特征均值为 0，标准差为 1。经过此处理后，不同属性之间具有可比性，可以更好地体现其在问题分析中的作用。

在机器视觉中，通过在卷积神经网络中使用标准化，将输入数据变换到相同尺度上，可以使模型更容易学习到图像中的特征，加速模型的训练，缓解网络梯度爆炸问题，加快模型的收敛速度，提高模型的训练精度。

### 2.2.4　梯度下降

梯度表示函数在该点处的方向导数沿着该方向取得最大值，即函数在该点处沿着该方向变化最快，变化率最大。梯度不是一个数值，而是一个标量。对于单变量函数，可以简单地理解梯度就是导数，而对于多变量函数，梯度则是由各偏导数组成的向量。

例 4：已知函数 $f(x)=x^2$，求 $f(x)$ 的梯度 $gradf(x)$。

解：

$$gradf(x)=\frac{\mathrm{d}f(x)}{\mathrm{d}x}\boldsymbol{i}=\frac{\mathrm{d}(x^2)}{\mathrm{d}x}\boldsymbol{i}=(2x)\boldsymbol{i}$$

因为梯度是一个标量，所以这里用 $\boldsymbol{i}$ 表示其方向。可见对单变量函数而言，梯度就是方向导数。

例 5：已知函数 $f(x,y)=x^2+y^2$，求 $f(x,y)$ 的梯度 $gradf(x,y)$。

解：

$$gradf(x,y)=\frac{\partial f(x,y)}{\partial x}\boldsymbol{i}+\frac{\partial f(x,y)}{\partial y}\boldsymbol{j}=(2x)\boldsymbol{i}+(2y)\boldsymbol{j}$$

可见对于多变量函数，其梯度是由每个方向的偏导数组成的向量。

对于求极值问题，若每次都能找到函数变化最快的方向，则问题即可迎刃而解，所以梯度法常用于函数求极值。对于求解极小值问题，若每次能找到函数下降最快的方向，则可快速接近目标，于是产生了梯度下降法。它的基本思想是以迭代的方式，按照负梯度的方向移动，从而逐渐接近函数的极小值[5]，具体实现策略如下。

假设目标函数为 $J(\theta)$，$\theta$ 表示模型参数，$\alpha$ 表示学习率，$n$ 表示样本数量，梯度计算方法为

$$\theta_j=\theta_j-\alpha\frac{1}{n}\sum_{i=1}^{n}(h_\theta(x^{(i)})-y^{(i)})x_j^{(i)} \tag{2-7}$$

式中，$h_\theta(x^{(i)})$ 表示模型对样本 $x^{(i)}$ 的预测值；$y^{(i)}$ 表示样本的真实值；$x_j^{(i)}$ 表示 $x^{(i)}$ 的第 $j$ 个特征值。

在每一次迭代中，计算所有样本的预测值与真实值之间的偏差累积，作为梯度项更新模型参数，从而更新目标函数值，直到达到期望目标（一般是通过给 $J$ 设置阈值实现）。在实际应用中，梯度下降效果受到学习率和初始参数值的影响较大，需要根据情况合理选择。

在机器学习中，常用随机梯度下降法和批量梯度下降法。以随机梯度下降法为例，假设有一个一元线性回归模型，目标函数为

$$J(\theta)=\frac{1}{2n}\sum_{i=1}^{n}(h_\theta(x^{(i)})-y^{(i)})^2 \tag{2-8}$$

式中，$h_\theta(x^{(i)})$ 表示模型对样本 $x^{(i)}$ 的预测值，$h_\theta(x^{(i)})=\theta_0+\theta_1x^{(i)}$；$y^{(i)}$ 表示样本的真实值。再根据随机梯度下降的迭代公式计算。

$$\theta_j=\theta_j-\alpha(h_\theta(x^{(i)})-y^{(i)})x_j^{(i)} \tag{2-9}$$

随机梯度下降法示例如下。

例 6：有一个包含 4 个样本的数据集，如下所示。

$$x=[1,2,3,4]$$
$$y=[2,4,6,8]$$

设初始化模型参数 $\theta_0$ 和 $\theta_1$ 都为 0，学习率 $\alpha=0.01$，迭代次数为 10。

解：第一次迭代时，随机选择第一个样本（1,2）进行更新，根据式（2-9）计算得

$$\theta_0=0-0.01\times((0+0\times1)-2)=0.02$$
$$\theta_1=0-0.01\times((0+0\times1)-2)\times1=0.02$$

第二次迭代时，随机选择第 3 个样本（3，6）进行更新，根据式（2-9）计算得

$$\theta_0 = 0.02 - 0.01 \times ((0.02 + 0.02 \times 3) - 6) = 0.0792$$

$$\theta_1 = 0.02 - 0.01 \times ((0.02 + 0.02 \times 3) - 6) \times 3 = 0.1976$$

依此类推，计算出迭代 10 次的模型参数 $\theta_0$ 和 $\theta_1$（中间迭代过程略），最终得 $\theta_0 = -0.0795$、$\theta_1 = 1.9925$。

在机器学习中，梯度下降法的作用非常大。在图像分类任务中，梯度下降法用于训练卷积神经网络（CNN）模型，计算每个卷积层和全连接层的梯度，并更新模型参数，实现模型的高效训练。在目标检测和图像分割任务中，梯度下降法可以用于训练模型的分类器和回归器，提高目标检测的准确率和速度。

## 2.3　深度学习理论的由来

### 2.3.1　M-P 模型

M-P 模型是第一个通过模仿人类神经元而形成的模型，由美国神经生理学家 Warren McCuloch 和数学家 Walter Pitts 于 1943 年提出[6]。其计算公式为

$$y = f\left(\sum_{i=1}^{n} w_i x_i - h\right) \tag{2-10}$$

式中，$y$ 表示模型输出；$w_i$ 表示连接权重；$x_i$ 表示输入；$h$ 表示阈值；$f$ 表示激活函数。

M-P 模型结构如图 2-2 所示。

M-P 模型的工作原理是：当所有输入 $x_i$ 与对应连接权重 $w_i$ 的乘积之和大于阈值 $h$ 时，模型输出 $y$ 为 1，否则输出 $y$ 为 0。当激活函数使用的是阶跃函数时，$x_i$ 取值为 0 或 1，$w_i$ 和 $h$ 可根据实际情况进行设置。通过参数设置，M-P 模型可以实现逻辑与或非运算。

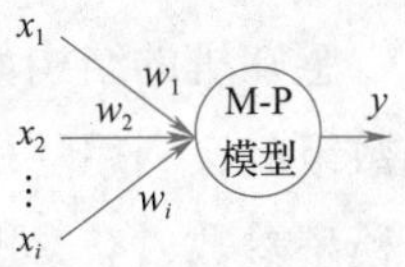

图 2-2　M-P 模型结构

#### 1. 逻辑非运算

当 M-P 模型作为“非运算”作用时，一般为单输入和单输出，如图 2-3 所示。

计算公式为

$$y = f(w_1 x_1 - h) \tag{2-11}$$

按计算规则，$x_1$ 取值为 0 或 1，只需控制 $w_1$ 与 $h$ 的值，即可控制输出 $y$ 的逻辑。若 $x_1 = 0$，$h < 0$，则满足 $w_1 x_1 > h$，输出 $y = 1$；若 $x_1 = 1$，只需设置 $w_1 > h$ 即可满足输出 $y = 0$，实现逻辑非运算效果。

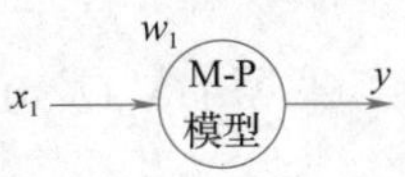

图 2-3　M-P 模型非运算

#### 2. 逻辑与运算

当 M-P 模型作为“与运算”作用时，一般为多输入和单输出。此时设 $w_i$ 为固定值 $a$，M-P 模型的计算公式为

$$y = f\left(\sum_{i=1}^{n} a x_i - h\right) \tag{2-12}$$

若要达到逻辑与的运算效果，设置 $a$ 为大于 0 的固定值，$h$ 设置为 $a(i-1)$，即可控制输出 $y$ 的逻辑。若 $x_i$ 中存在一个及以上取值为 0，则始终满足 $\sum_{i=1}^{n} ax_i \leqslant h$，输出 $y=0$；若 $x_i$ 取值均为 1，则始终满足 $\sum_{i=1}^{n} ax_i > h$，输出 $y=1$，达到逻辑与运算效果。

3. 逻辑或运算

当 M-P 模型作为“或运算”作用时，一般为多输入和单输出。此时设 $w_i$ 为固定值 $b$，M-P 模型的计算公式为

$$y=f\left(\sum_{i=1}^{n} bx_i-h\right) \tag{2-13}$$

若要达到逻辑或的运算效果，设置 $b$ 为大于 0 的固定值，$h=0$，即可控制输出 $y$ 的逻辑。若 $x_i$ 取值均为 0，则始终满足 $\sum_{i=1}^{n} bx_i=h$，输出 $y=0$；若 $x_i$ 中存在一个及以上取值为 1，则始终满足 $\sum_{i=1}^{n} bx_i>h$，输出 $y=1$，达到逻辑或运算效果。

### 2.3.2 感知机

感知机（Perceptron）由美国学者 Rosenblatt 于 1957 年提出。感知机的输入是具有多个属性特征的向量，输出通常为二分类结果，它是支持向量机（SVM）和神经网络的原型基础[7]。

感知机的结构如图 2-4 所示，由多个 M-P 模型加上损失函数组成，利用随机梯度下降法，对输入特征进行学习、更新模型参数，获得准确的分类结果。

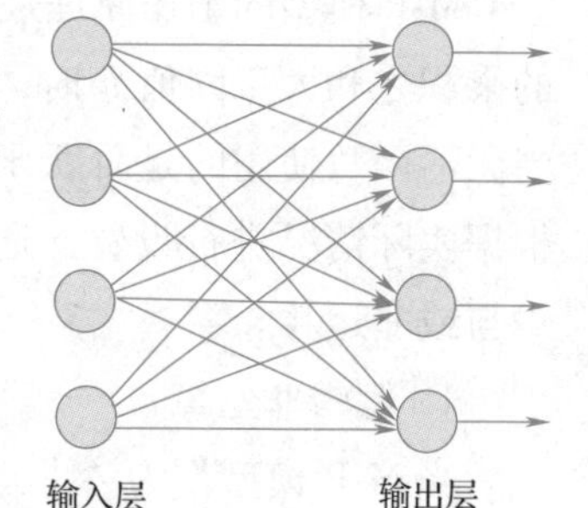

图 2-4 感知机的结构

单层感知机每个单元的计算公式为

$$y=\text{sign}\left(\sum_{i=1}^{n} w_i x_i+b\right) \tag{2-14}$$

式中，$w_i$ 和 $x_i$ 分别表示权重和输入特征信息；$b$ 表示偏置；sign() 表示符号函数。

若 $\sum_{i=1}^{n} w_i x_i+b>0$，则输出 $y=1$，反之 $y=-1$，从而实现二分类的效果。

单层感知机只能处理线性可分数据集，且无法实现异或操作，因此产生了多层感知机，用于解决复杂的分类问题。

多层感知机的结构可以分为输入层、隐含层和输出层，如图 2-5 所示。

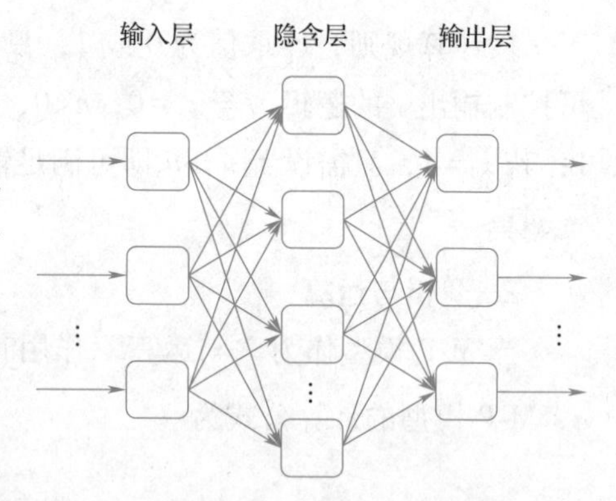

图 2-5 多层感知机的结构

图中，输入层接收特征数据，隐含层（1 层或多层）对输入特征数据进行非线性变换和运

算，输出层输出预测结果。

多层感知机实际上是一个前馈神经网络，运算可以分为前向传播和反向传播两部分，通过误差计算，不断迭代优化和更新权重与偏置，使模型的预测结果尽可能地接近真实结果，可以解决非线性分类和回归问题[2]。

假设训练数据为（$x_i, y_i$），其中 $x_i$ 表示输入，$y_i$ 表示对应的输出。网络总层数为 $L$，所有隐含层和输出层对应的权重矩阵为 $\boldsymbol{W}$，偏置为 $\boldsymbol{b}$。每层的输出为 $\boldsymbol{a}^l$，最终的输出为 $\boldsymbol{a}^L$，$f$ 为激活函数，其关系式为

$$\boldsymbol{a}^l = f(\boldsymbol{W}^l \boldsymbol{a}^{l-1} + \boldsymbol{b}^l)\ (2 \leqslant l \leqslant L) \tag{2-15}$$

进行前向传播时，权重矩阵 $\boldsymbol{W}$ 和偏置 $\boldsymbol{b}$ 都是随机值，用反向传播算法确定合适的权重矩阵与偏置。反向传播算法是利用损失函数优化求极值，利用均方差来度量损失。对每个样本，得到损失函数为

$$J(\boldsymbol{W}, \boldsymbol{b}, x, y) = \frac{1}{2} \| \boldsymbol{a}^L - y \|_2^2 \tag{2-16}$$

式中，$J$ 表示损失函数。

当输出至第 $L$ 层时，输出层的 $\boldsymbol{W}$ 与 $\boldsymbol{b}$ 满足

$$\boldsymbol{a}^L = f(\boldsymbol{W}^L \boldsymbol{a}^{L-1} + \boldsymbol{b}^L) \tag{2-17}$$

对于输出层参数，损失函数变为

$$J(\boldsymbol{W}, \boldsymbol{b}, x, y) = \frac{1}{2} \| f(\boldsymbol{W}^L \boldsymbol{a}^{L-1} + \boldsymbol{b}^L) - y \|_2^2 \tag{2-18}$$

再对 $\boldsymbol{W}$ 和 $\boldsymbol{b}$ 求导来计算梯度为

$$\frac{\delta J(\boldsymbol{W}, \boldsymbol{b}, x, y)}{\delta \boldsymbol{W}^L} = \frac{\delta J(\boldsymbol{W}, \boldsymbol{b}, x, y)}{\delta z^L} \frac{\delta z^L}{\delta x} = (\boldsymbol{a}^L - y)(\boldsymbol{a}^{L-1})^{\mathrm{T}} \odot f'(z) \tag{2-19}$$

$$\frac{\delta J(\boldsymbol{W}, \boldsymbol{b}, x, y)}{\delta \boldsymbol{b}^L} = \frac{\delta J(\boldsymbol{W}, \boldsymbol{b}, x, y)}{\delta z^L} \frac{\delta z^L}{\delta x} = (\boldsymbol{a}^L - y) \odot f'(z^L) \tag{2-20}$$

式中，⊙表示哈达玛积（Hadamard product）运算，即元素逐个相乘的运算。

根据前向传播算法可得

$$z^l = \boldsymbol{W}^l \boldsymbol{a}^{l-1} + \boldsymbol{b}^l \tag{2-21}$$

然后得出第 $l$ 层的 $\boldsymbol{W}^l$ 和 $\boldsymbol{b}^l$ 的梯度分别为

$$\frac{\delta J(\boldsymbol{W}, \boldsymbol{b}, x, y)}{\delta \boldsymbol{W}^L} = \frac{\delta J(\boldsymbol{W}, \boldsymbol{b}, x, y)}{\delta z^L} \frac{\delta z^L}{\delta x} = \delta^l (\boldsymbol{a}^{l-1})^{\mathrm{T}} \tag{2-22}$$

$$\frac{\delta J(\boldsymbol{W}, \boldsymbol{b}, x, y)}{\delta \boldsymbol{b}^L} = \frac{\delta J(\boldsymbol{W}, \boldsymbol{b}, x, y)}{\delta z^L} \frac{\delta z^L}{\delta x} = \delta^l \tag{2-23}$$

由此得到关于 $\delta$ 的递推关系式为

$$\delta^l = \delta^{l+1} \frac{\delta z^{l+1}}{\delta z^l} = (\boldsymbol{W}^{l+1})^{\mathrm{T}} \delta^{l+1} \odot \boldsymbol{\sigma}'(z^l) \tag{2-24}$$

根据递推关系式得出 $\boldsymbol{W}$ 和 $\boldsymbol{b}$ 的递推关系式为

$$\boldsymbol{W}^l=\boldsymbol{W}^l-\boldsymbol{a}\sum_{i=1}^{m}\delta^{i,l}(\boldsymbol{a}^{i,l-1})^{\mathrm{T}} \tag{2-25}$$

$$\boldsymbol{b}^l=\boldsymbol{b}^l-\boldsymbol{a}\sum_{i=1}^{m}\delta^{i,l} \tag{2-26}$$

当 $\boldsymbol{W}$ 和 $\boldsymbol{b}$ 的变化值都小于迭代阈值时，各隐含层与输出层输出权重矩阵 $\boldsymbol{W}$ 与偏置 $\boldsymbol{b}$，多层感知机运算完成。

### 2.3.3 人工神经网络

人工神经网络（Artificial Neural Network，ANN）是一种受到生物神经网络启发而发展起来的计算模型，由大量的神经元相互连接而成，可以用于解决各种非线性分类和回归问题。常见的人工神经网络包括多层感知机、循环神经网络（Recurrent Neural Network，RNN）、卷积神经网络（Convolutional Neural Network，CNN）、自编码器（AutoEncoder，AE）等。这些不同类型的神经网络模型各有特点，在不同的场景下有不同的特点和优势。

以循环神经网络（RNN）为例，与前馈神经网络不同，它可以接收任意长度的输入序列，并且在处理序列数据时可以利用序列中的上下文信息。循环神经网络的基本原理是在每个时间步上，将当前输入和上一时刻的隐藏状态作为输入，计算当前时刻的隐藏状态和输出。RNN 结构如图 2-6 所示。

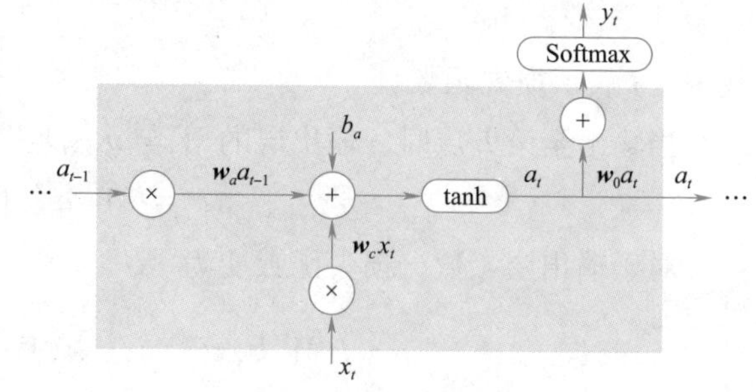


图 2-6 RNN 结构图

$t$ 时刻 RNN 循环核的前向传播计算过程为

$$s_t=\tanh(\boldsymbol{w}_c x_t+\boldsymbol{w}_a a_{t-1}+b_a) \tag{2-27}$$

$$y_t=\mathrm{Softmax}(\boldsymbol{w}_0 a_t+b_y) \tag{2-28}$$

式中，$x_t$ 表示 $t$ 时刻网络的输入；$a_{t-1}$ 表示 $t-1$ 时刻隐含层的输出；$a_t$ 表示 $t$ 时刻隐含层的输出；$y_t$ 表示 $t$ 时刻网络的输出；$\boldsymbol{w}_a$、$\boldsymbol{w}_c$、$\boldsymbol{w}_0$ 表示参数矩阵；$b_a$ 和 $b_y$ 表示偏置。

组成 RNN 的每个循环核在不同时刻共享参数。当前时刻的输出不仅受当前时刻隐含层的影响，还受上一时刻隐含层的影响。RNN 将当前时刻隐含层的计算与前面所有时刻隐含层的计算相关联，才能实现长期记忆的功能，但实现该功能会导致网络计算量呈指数式增长，训练的时间大幅增加，并且会出现梯度爆炸和梯度消失问题。另外，当输入序列较长时，RNN 容易出现梯度消失，无法捕捉长序列之间前后时刻的依赖关系。针对这些问题，在 RNN 的基础上引入了门的概念，提出了长短期记忆网络（LSTM）。

LSTM 的核心思想是引入记忆细胞和门结构，记忆细胞可以选择性地通过遗忘门、更新门、输出门来控制信息的遗忘、更新和输出，选择性地保留有效信息，过滤噪声信息，减轻记忆负担，避免长期依赖和梯度消失问题。LSTM 的结构如图 2-7 所示。

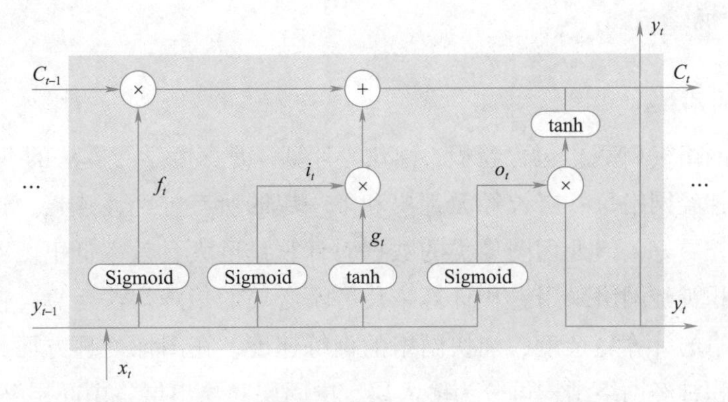


图 2-7　LSTM 的结构

LSTM 在 $t$ 时刻的输入包括 $t-1$ 时刻的细胞状态 $C_{t-1}$、隐含层输出 $y_{t-1}$ 和 $t$ 时刻的输入 $x_t$ 三部分，输出包括 $t$ 时刻的细胞状态 $C_t$ 和隐含层输出 $y_t$。$t$ 时刻的输出不仅与 $t-1$ 时刻的隐含层输出和当前时刻的输入有关，还受 $t-1$ 时刻的细胞状态 $C_{t-1}$ 影响。

遗忘门：通过控制前一时刻的隐含层输出和当前时刻输入的比例来决定历史信息的取舍。遗忘门输出 $f_t$ 计算公式为

$$f_t = \text{Sigmoid}(\boldsymbol{w}_f \times [y_{t-1}, x_t] + b_f) \tag{2-29}$$

式中，$\boldsymbol{w}_f$ 表示遗忘门权重矩阵；$b_f$ 表示遗忘门偏置。

更新门：包括 $i_t$ 和 $g_t$ 两部分，其中 $i_t$ 表示更新到记忆细胞的内容，$g_t$ 负责处理当前输入信息。更新门计算公式为

$$i_t = \text{Sigmoid}(\boldsymbol{w}_i \times [y_{t-1}, x_t] + b_i) \tag{2-30}$$

$$g_t = \tanh(\boldsymbol{w}_g \times [y_{t-1}, x_t] + b_g) \tag{2-31}$$

式中，$\boldsymbol{w}_i$ 和 $\boldsymbol{w}_g$ 表示更新门权重矩阵；$b_i$ 和 $b_g$ 表示更新门偏置。

记忆细胞更新状态：将过去信息和新的信息进行有选择地遗忘和保留，将记忆细胞内容更新到最新状态。记忆细胞更新公式为

$$C_t = C_{t-1} \odot f_t + g_t \odot i_t \tag{2-32}$$

输出门：控制记忆细胞对 $t$ 时刻输出值的影响。输出门计算公式为

$$o_t = \text{Sigmoid}(\boldsymbol{w}_0 \times [y_{t-1}, x_t] + b_0) \tag{2-33}$$

$$h_t = o_t \odot \tanh(C_t) \tag{2-34}$$

式中，$\boldsymbol{w}_0$ 表示输出门权重矩阵；$b_0$ 表示输出门偏置。

综上所述，循环神经网络的训练通常采用反向传播算法和梯度下降优化方法，由于循环神经网络具有反馈连接，导致网络的梯度计算存在梯度消失和梯度爆炸等问题。为了解决这些问题，学者们提出了一些改进算法，如长短期记忆网络和门控循环单元等。这些改进算法通过引入门控机制来控制信息的流动，从而解决了梯度消失和梯度爆炸等问题，并且在序列建模和预测任务中取得了良好的效果。

## 2.4 卷积神经网络

### 2.4.1 总体结构

卷积神经网络（CNN）包含卷积、池化等计算，是深度学习算法的基础网络之一。传统的全连接神经网络每一层神经元都要和下一层的所有神经元连接，这样的方式对全局信息的把控更好，但处理图像类的数据时计算量巨大且效率低下。不同于全连接神经网络，卷积神经网络采用卷积计算来代替不必要的矩阵乘法运算，使输入维度多样性，降低网络的计算复杂度，加快网络的训练速度，在图像处理方面具有较大的优势。经典的卷积神经网络结构可分为输入层、中间层和输出层，中间层又包含卷积层、池化层、激活函数、全连接层等，如图 2-8 所示。

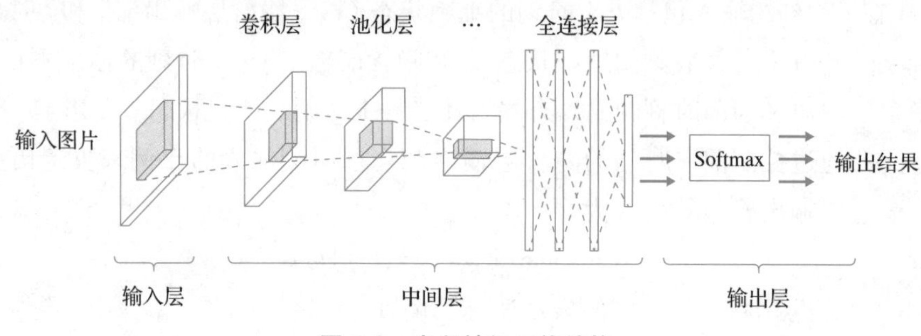


图 2-8　卷积神经网络结构

### 2.4.2 图像原理

计算机中的图像是由像素组成的，每个像素代表图像中的一个点。对于黑白图片，每个像素包含一个灰度值；对于彩色图片，每个像素包含一个 RGB 值，如图 2-9 所示。

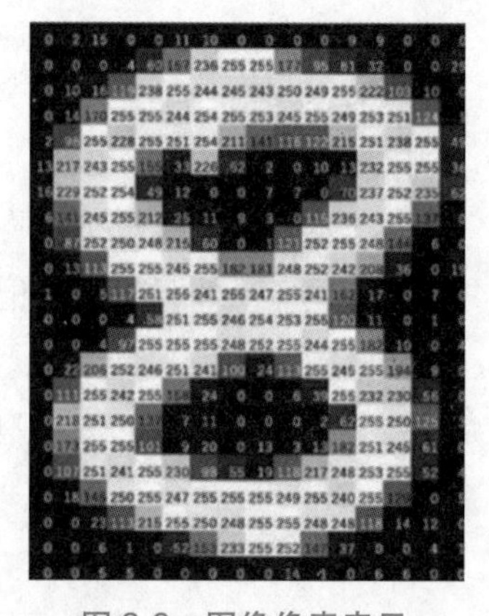

图 2-9　图像像素表示

图像可以表示为一个矩阵，矩阵中的每个元素代表一个像素值，数值在 0~255 之间。对于黑白图片，可采用一个二维矩阵表示。对于彩色图片，可采用 3 个堆叠在一起的二维矩阵表示。例如，一张 800 像素×600 像素的彩色图像，在计算机中被表示为 3 个 800×600 的二维矩阵。将图像用矩阵表示后，对其进行的亮度调整、锐化等操作，都可以通过矩阵运算来实现。

### 2.4.3 卷积运算

卷积神经网络的核心部分是卷积层。卷积层的关键是卷积运算，它将输入图像的每个像素值与固定的权重矩阵进行逐个相乘再求和。该权重矩阵也称为卷积核，通过多次卷积运算对图像特征进行提取。卷积运算根据变量的性质可分为函数计算和序列计算，数学定义为

$$x(t) * h(t) = \int_{-\infty}^{\infty} x(p) h(t-p) \mathrm{d}p \tag{2-35}$$

$$x(t) * h(t) = \sum_{n=-\infty}^{\infty} x(n)h(t-n) \tag{2-36}$$

式中，$x(t)$ 表示输入图像每个通道的像素值；$h(t)$ 表示权重矩阵的每个值；$*$ 表示卷积运算；$t$ 表示当前时刻的计算位移量。

输出通道个数由卷积核个数决定，输出特征图的尺寸为

$$O = \frac{W+2P-K}{S}+1 \tag{2-37}$$

式中，$W$ 表示输入图像的大小；$P$ 表示补零的层数；$K$ 表示卷积核的大小；$S$ 表示卷积核移动的步幅。

例如，输入一个彩色图像，为了保证卷积运算完整，先进行边缘补零后，根据卷积核的个数依次计算，再将 RGB 三通道卷积计算结果叠加。计算过程如图 2-10 所示。

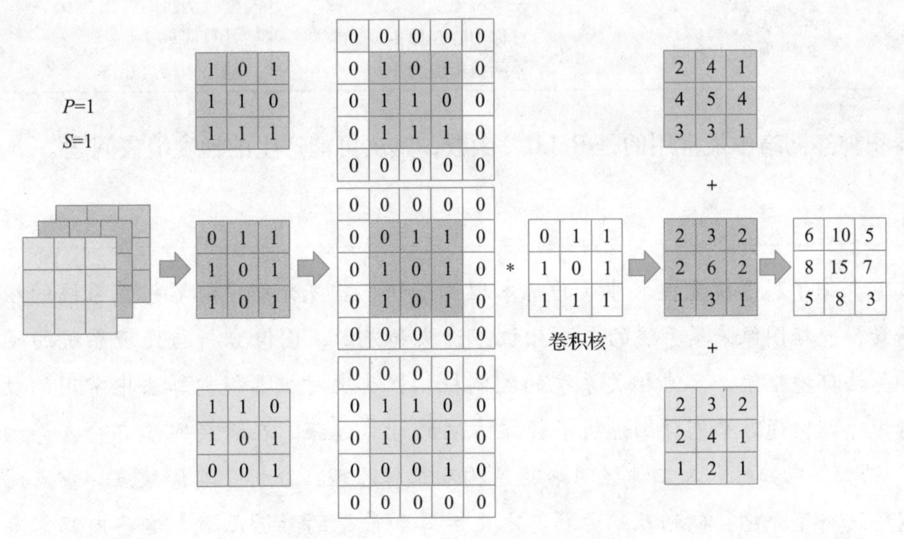


图 2-10　图像多通道卷积运算

## 2.4.4　池化运算

池化的原理是在输入矩阵中划分多个区域，在每个区域中指定特征较明显的值来代替该区域，等效于下采样操作。在卷积神经网络中，池化层通常应用在多个卷积层后，合理使用池化层可以缩小特征图的尺寸，减少不必要的参数量，缓解模型的过拟合问题，加快网络的训练。常见的池化有最大池化和平均池化，最大池化操作会选择每个区域内的最大特征值作为该区域的输出，而平均池化是将每个区域内的特征值求平均值作为该区域的输出。

例如，有一个 4×4 的特征图，采用步长为 2 的 2×2 池化核分别进行池化操作，计算结果如图 2-11 所示。

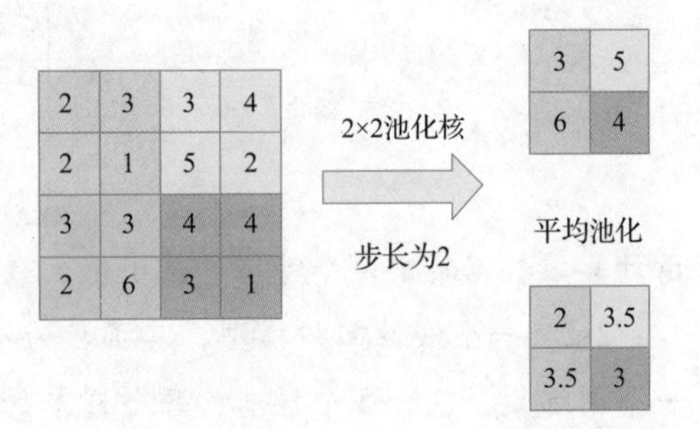


图 2-11　最大池化和平均池化计算结果

### 2.4.5 激活函数

激活函数使卷积的输出特征具有非线性能力，多用于卷积层。常见的激活函数有Sigmoid()函数、tanh()函数和ReLU()函数等，其原函数、导函数及优点见表2-3。

表2-3 常见的激活函数

| | Sigmoid() | tanh() | ReLU() |
|---|---|---|---|
| 原函数 | $f(x)=\dfrac{1}{1+e^{-x}}$ | $f(x)=\tanh(x)=\dfrac{2}{1+e^{-2x}}-1$ | $f(x)=\begin{cases}x & \text{for } x\geqslant 0\\ 0 & \text{for } x<0\end{cases}$ |
| 导函数 | $f'(x)=\dfrac{e^{-x}}{(1+e^{-x})^2}=f(x)(1-f(x))$ | $f'(x)=1-\tanh^2(x)=1-f^2(x)$ | $f'(x)=\begin{cases}1 & \text{for } x\geqslant 0\\ 0 & \text{for } x<0\end{cases}$ |
| 优点 | 导数非0<br>输出为0~1之间 | 完全可微<br>对称中心在原点<br>导函数极值为1 | 输入为负时输出为0<br>计算简单<br>输出为稀疏矩阵 |

卷积神经网络中最常用的是ReLU()函数，解决可能产生的梯度消失问题。

## 本章小结

本章介绍了机器视觉技术涉及的基本理论知识。首先介绍了机器视觉系统的组成和应用场景，包括图像采集系统的工业相机、镜头和光源，图像分析与处理系统的硬件服务器和算法环境框架，其他相关系统的控制机构；其次对机器视觉算法中常用的数学方法进行了介绍，通过举例详细说明了数学方法的计算过程。在神经网络部分，详细介绍了M-P模型、感知机和人工神经网络的结构及工作原理，分析了其优缺点。重点对卷积神经网络进行了介绍，包括卷积运算、池化运算和常见的激活函数。这些内容需要读者在学习中反复使用、思考，才能更好地理解、领悟其中的理论内涵并加以应用。

## 习题

2-1 一个样本数据集 $P$，其中包含5个样本，每个样本有3个特征。数据集如下：

$$\boldsymbol{A}=\begin{pmatrix}10 & 20 & 30\\ 20 & 28 & 40\\ 15 & 21 & 32\\ 25 & 30 & 37\\ 19 & 26 & 33\end{pmatrix}$$

请计算该数据集中每个特征的最小值、最大值、均值和标准差，并进行归一化处理。

2-2 一个线性回归模型，其函数为 $y=\theta_0+\theta_1 x$，其中 $\theta_0$ 和 $\theta_1$ 是模型的参数，给定一个训练集，包含5个样本，每个样本的特征 $x$ 和目标值 $y$ 为[(1,2),(2,4),(3,6),(4,8),(5,10)]，学习率 $\alpha=0.1$，迭代次数 epochs=100。请使用梯度下降算法，计算

出模型的参数 $\theta_0$ 和 $\theta_1$。

2-3　给定一个 4×4 灰度图像和一个 2×2 卷积核如下，请计算它们的卷积结果。

$$\text{图像矩阵：}\boldsymbol{A}=\begin{pmatrix}1 & 2 & 3 & 4\\2 & 3 & 4 & 5\\3 & 4 & 5 & 6\\4 & 5 & 6 & 7\end{pmatrix}$$

$$\text{卷积核：}\boldsymbol{B}=\begin{pmatrix}1 & -1\\-1 & 2\end{pmatrix}$$

2-4　给定一个 4×4 灰度图像如下所示，对它进行 2×2 最大池化操作，请计算输出结果。

$$\text{图像矩阵：}\boldsymbol{A}=\begin{pmatrix}2 & 3 & 1 & 0\\1 & 4 & 2 & 1\\3 & 1 & 0 & 2\\0 & 2 & 3 & 1\end{pmatrix}$$

2-5　给定一个三通道图像如下所示，采用 3×3×3 卷积核进行卷积操作。若需要输出结果为 3×3×2，需要如何操作？请求出输出结果。

图像矩阵：

$$\boldsymbol{A}=\begin{pmatrix}0 & 1 & 1 & 0 & 2\\2 & 2 & 2 & 2 & 1\\1 & 0 & 0 & 2 & 0\\0 & 1 & 1 & 0 & 0\\1 & 2 & 0 & 0 & 2\end{pmatrix}\quad \boldsymbol{B}=\begin{pmatrix}1 & 0 & 2 & 2 & 0\\0 & 0 & 0 & 2 & 0\\1 & 2 & 1 & 2 & 1\\1 & 0 & 0 & 0 & 0\\1 & 2 & 1 & 1 & 1\end{pmatrix}\quad \boldsymbol{C}=\begin{pmatrix}2 & 1 & 2 & 0 & 0\\1 & 0 & 0 & 1 & 0\\0 & 2 & 1 & 0 & 1\\0 & 1 & 2 & 2 & 2\\2 & 1 & 0 & 0 & 1\end{pmatrix}$$

卷积核 1：

$$\boldsymbol{x}_1=\begin{pmatrix}-1 & 1 & 0\\0 & 1 & 0\\0 & 1 & 1\end{pmatrix}\quad \boldsymbol{y}_1=\begin{pmatrix}-1 & -1 & 0\\0 & 0 & 0\\0 & -1 & 0\end{pmatrix}\quad \boldsymbol{z}_1=\begin{pmatrix}0 & 0 & -1\\0 & 1 & 0\\1 & -1 & -1\end{pmatrix}\quad \text{偏置 } b_1=1$$

卷积核 2：

$$\boldsymbol{x}_2=\begin{pmatrix}1 & 1 & -1\\-1 & -1 & 1\\0 & -1 & 1\end{pmatrix}\quad \boldsymbol{y}_2=\begin{pmatrix}0 & 1 & 0\\-1 & 0 & -1\\-1 & 1 & 0\end{pmatrix}\quad \boldsymbol{z}_2=\begin{pmatrix}-1 & 0 & 0\\-1 & 0 & 1\\-1 & 0 & 0\end{pmatrix}\quad \text{偏置 } b_2=0$$

# 第3章 Paddle 开发详解

**导读**

本章首先对百度飞桨（Paddle）的优势、环境配置、工具箱、API 和 AIStudio 平台进行介绍，然后使用 Paddle API 实现手写数字识别，带领大家熟悉深度学习的开发过程，掌握使用 Paddle 实现项目开发的完整流程。

**本章知识点**

- Paddle 框架
- Paddle API 实现项目开发流程

## 3.1 Paddle 介绍

### 3.1.1 Paddle 概述

Paddle 是百度公司推出的开源深度学习框架，它包含了各种深度学习模型和工具，可以帮助开发者快速、高效地构建和训练深度学习模型。Paddle 的优势主要体现在 3 个方面：

1）支持多种深度学习模型和任务。支持多种深度学习模型，包括卷积神经网络、循环神经网络、语言模型等。支持多种深度学习任务，如图像分类、语音识别、自然语言处理等。

2）提供丰富的模型库和工具。帮助开发者快速构建深度学习模型，并实现高效的模型训练和推理。提供了多种优化工具和调试功能，可以帮助开发者更好地管理深度学习项目，调试模型。

3）支持多种编程语言和在线社区支持。支持 Python、C++和 Go 等语言，可以帮助开发者更快地完成深度学习项目。提供了丰富的在线社区支持，可以帮助开发者解决问题，并分享技术经验。

### 3.1.2 Paddle 安装指南

下面以 Paddle 2.4、Linux 操作系统、conda、CUDA 11.2 为例介绍如何在个人计算机端安装 Paddle（更多安装方式可以参考 Paddle 官网）。图 3-1 列出了各种安装所需环境组合。

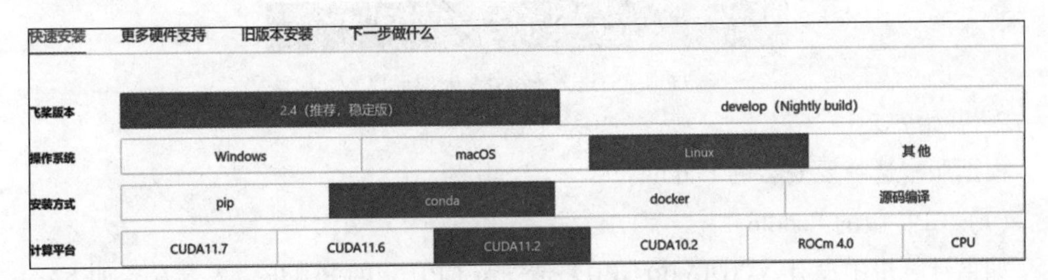


图 3-1　Paddle 安装的环境组合

Anaconda 是一个免费开源的 Python 和 R 语言发行版本，致力于简化包管理和部署，使用软件包管理系统 conda 进行管理。conda 是一个开源包管理系统和环境管理系统，可在 Windows、macOS 和 Linux 操作系统上运行，并且可以安装不同版本的软件包及其依赖，能够在不同环境之间切换。本节介绍 Anaconda 安装方式，Paddle 提供的 Anaconda 安装包支持分布式训练（多机多卡）、TensorRT 推理等功能。

1. 创建虚拟环境

（1）安装环境

首先根据具体的 Python 版本创建 Anaconda 虚拟环境，Paddle 的 Anaconda 安装支持 3. 6~3. 10 版本的 Python 安装环境。

通过计算机的“开始”菜单，进入 Anaconda 命令行窗口，界面如图 3-2 所示。

进入 Anaconda 命令行窗口后，输入如下命令创建虚拟环境。

```
conda create -n your_env_name Python=your_py_ver
```

其中：

your_env_name 是虚拟环境的名称，可以自行设置，这里以 Paddle 为例。

your_py_ver 是使用的 Python 版本，建议使用 3. 7~3. 9 版本。

运行后输出如图 3-3 所示信息，说明环境创建成功！

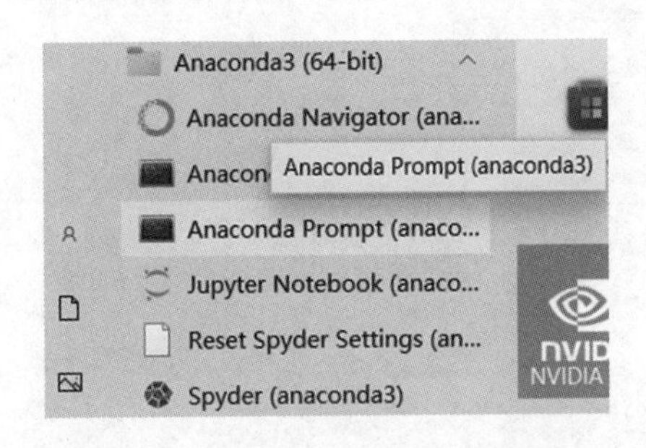


图 3-2　Anaconda 命令行窗口选项

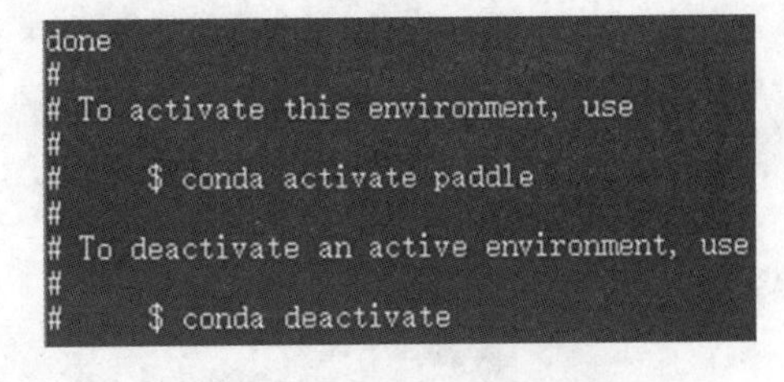


图 3-3　环境创建成功界面

（2）继续在 Anaconda 命令行窗口，输入如下命令激活刚刚创建的虚拟环境

```
conda activate paddle
```

执行命令后，出现如图 3-4 所示信息，表明从 base 基础环境切换到创建的 Paddle 虚拟环境，说明进入成功！

```
(base) PS C:\Users\15301> conda activate paddle
(paddle) PS C:\Users\15301>
```

图 3-4 进入 Paddle 虚拟环境

2. 开始安装

根据版本选择要安装的 Paddle。

（1）CPU 版的 Paddle

如果计算机中没有 NVIDIA ® GPU，请安装 CPU 版的 Paddle。安装命令如下：

```
conda install Paddle==2.4.2 --channel https://mirros.tuna.tsinghua.edu.cn/anaconda/cloud/Paddle/
```

（2）GPU 版的 Paddle

对于 CUDA 11.2，需要搭配 cuDNN 8.2.1（多卡环境下 NCCL 版本不小于 2.7）。安装命令如下：

```
conda install Paddle-gpu==2.4.2 cudatoolkit=11.2 -c https://mirrors.tuna.tsinghua.edu.cn/anaconda/cloud/Paddle/ -c conda-forge
```

可参考 NVIDIA 官方文档了解 CUDA 和 cuDNN 的安装流程和配置方法。

3. 验证安装

安装完成后可以使用 Python 进入 Python 解释器，输入 import paddle，再输入 paddle.utils.run_check()，如果打印输出“Paddle is installed successfully!”，说明已成功安装！

### 3.1.3 Paddle 工具箱

Paddle 具有非常全面的开发工具箱，按照开发流程划分，包括开发与训练、模型、压缩、部署以及辅助工具等工具箱，每一个工具箱都提供了大量的教程和案例。Paddle 开发工具箱全景图如图 3-5 所示。

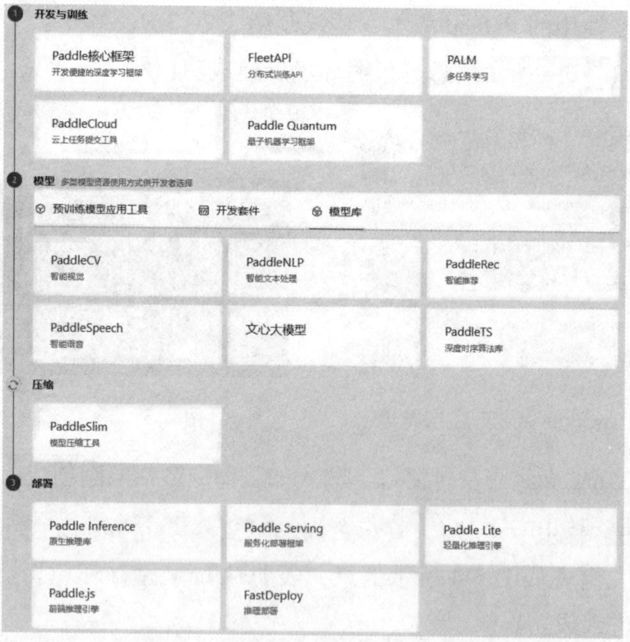

图 3-5 Paddle 开发工具箱全景图

### 3.1.4　Paddle API

为方便开发者使用，Paddle 框架集成了丰富的应用编程接口（API）。熟练使用 API 可以对项目开发起到事半功倍的效果。Paddle 的主要 API 见表 3-1。

表 3-1　Paddle 的主要 API

| 目　录 | 功能和包含的 API |
|---|---|
| paddle. * | paddle 根目录下保留了常用 API 的别名，包括：paddle. tensor、paddle. framework、paddle. device 目录下的所有 API |
| paddle. tensor | 与 tensor 操作相关的 API，包括创建 zeros、矩阵运算 matmul、变换 concat、计算 add、查找 argmax 等 |
| paddle. distributed | 与分布式相关的基础 API |
| paddle. distributed. fleet | 与分布式相关的高层 API |
| paddle. nn | 与组网相关的 API，包括 Linear、卷积 Conv2D、循环神经网络 RNN、损失函数 CrossEntropyLoss、激活函数 ReLU 等 |
| paddle. optimizer | 与优化算法相关的 API，包括 SGD、Adagrad、Adam 等 |
| paddle. optimizer. lr | 与学习率衰减相关的 API，包括 NoamDecay、StepDecay、PiecewiseDecay 等 |
| paddle. regularizer | 与正则化相关的 API，包括 L1Decay、L2Decay 等 |
| paddle. static. nn | 静态图下组网专用 API，包括全连接层 fc、控制流 while_loop/cond |
| paddle. text | NLP 领域 API，包括 NLP 领域相关的数据集，如 Imdb、Movielens |
| paddle. vision | 视觉领域 API，包括数据集 Cifar10、数据处理 ColorJitter、常用基础网络结构 ResNet 等 |

### 3.1.5　AI Studio 平台

AI Studio 平台提供了一站式教学和实训服务，包含了丰富的实际项目、数据集、课程、比赛、模型库等资源，并提供在线编程的环境。AI Studio 平台同时提供了一站式 AI 教学解决方案，为使用者预置了 Python 语言环境，以及 Paddle 深度学习开发框架，用户可以在其中自行加载 Scikit-Learn 等机器学习库。除此之外，AI Studio 平台还为所有用户提供免费的算力支持。

下面以创建实际项目为例，演示如何使用 AI Studio 平台。

1）打开浏览器，输入网址 https://aistudio. baidu. com/aistudio/index，进入 AI Studio 首页，登录完成后即可根据自己的需求跳转到不同模块，如图 3-6 所示。

图 3-6　AI Studio 首页

2）下面以使用 AI Studio 平台创建项目为例进行介绍。

①选择图 3-6 中的“项目”标签，进入“创建项目”页面，如图 3-7 所示。

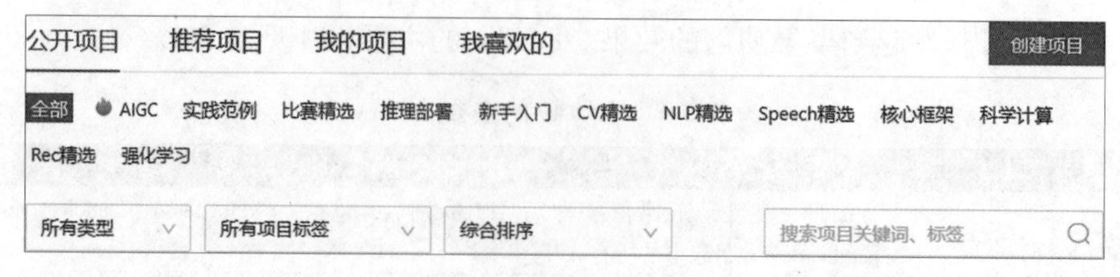


图 3-7 “创建项目”页面

②单击“创建项目”按钮后，就可以根据需求选择项目类型，这里选择可以在网页页面中直接编写代码和运行代码的 Notebook，如图 3-8 所示。

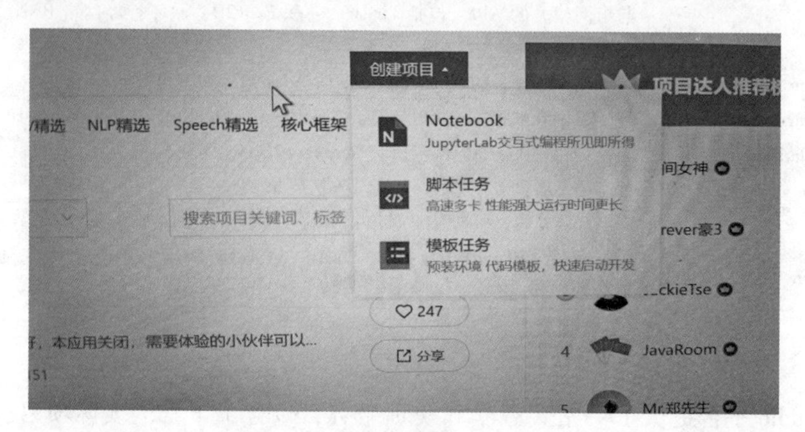


图 3-8 选择类型 Notebook

在“配置环境”页面，Notebook 版本选择交互式 AI 开发环境 BML Codelab，项目框架选择 PaddlePaddle 2. 4. 0，如图 3-9 所示。

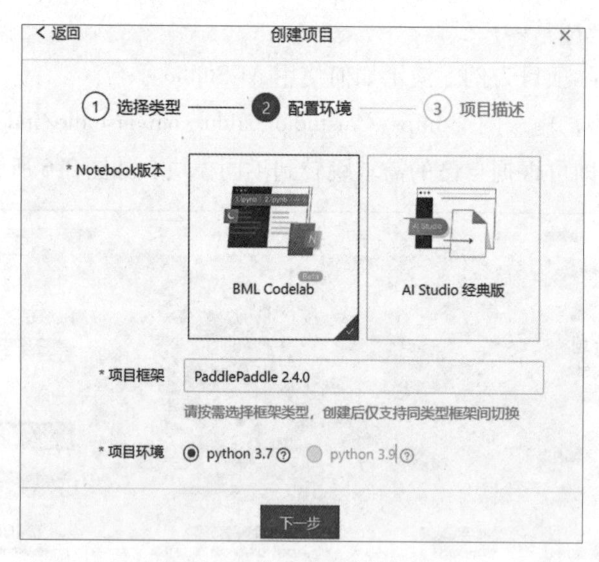


图 3-9 “配置环境”页面

③填写项目信息，包括项目名称、项目标签、项目描述以及要添加的数据集，如图 3-10 所示。

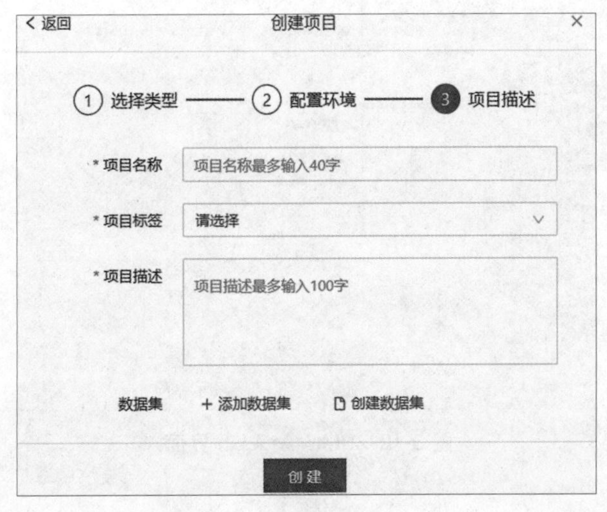


图 3-10 “项目描述”页面

④启动项目，需要根据自己的项目需求选择不同配置的运行环境，主要分为 CPU 运行环境和 GPU 运行环境，如图 3-11 所示。

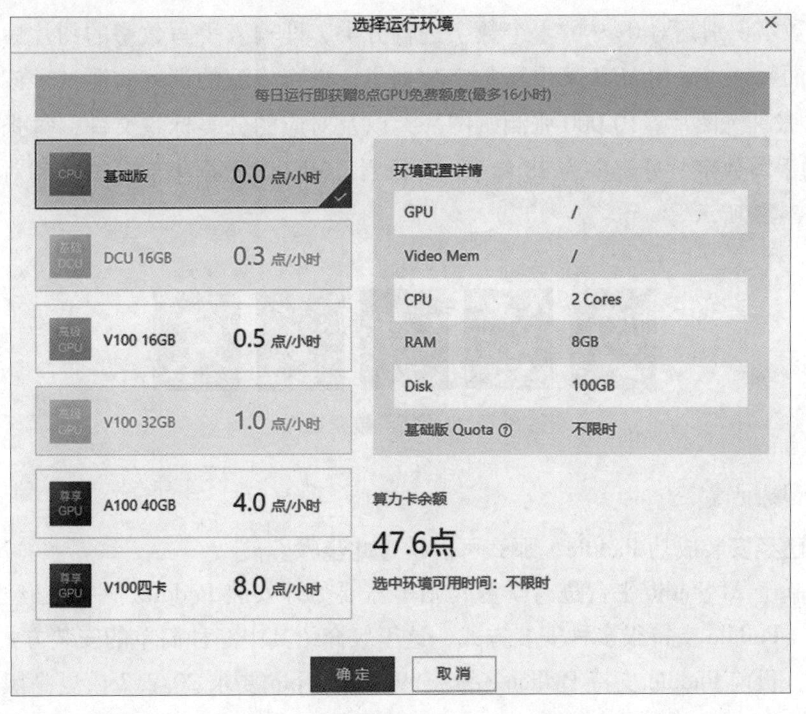


图 3-11 “选择运行环境”页面

注意：AI Studio 每天提供 8 个小时的 GPU 算力供开发者免费使用，避免开发者因个人计算机环境配置麻烦、算力不足造成的开发困难。

启动运行环境成功后，进入 BML Codelab 界面，如图 3-12 所示。

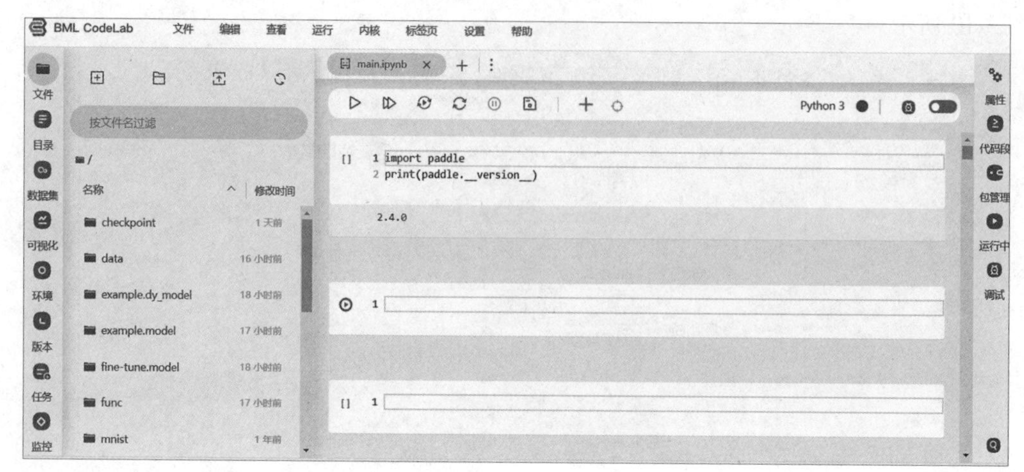


图 3-12　BML Codelab 界面

## 3.2　快速上手 Paddle

本节将从一个简单的手写数字识别任务开始，介绍深度学习模型开发的大致流程和 Paddle API 的使用方法。

手写数字识别是对 0~9 的十个数字进行分类，即输入手写数字的图片后，能识别出图片中的数字。采用 MNIST 手写数字数据集，进行模型的训练和测试。该数据集包含 60 000 张训练图片、10 000 张测试图片，以及对应的分类标签文件，每张图片是一个 0~9 的手写数字，分辨率为 28 像素×28 像素。MNIST 数据集部分图像和对应的分类标签如图 3-13 所示。

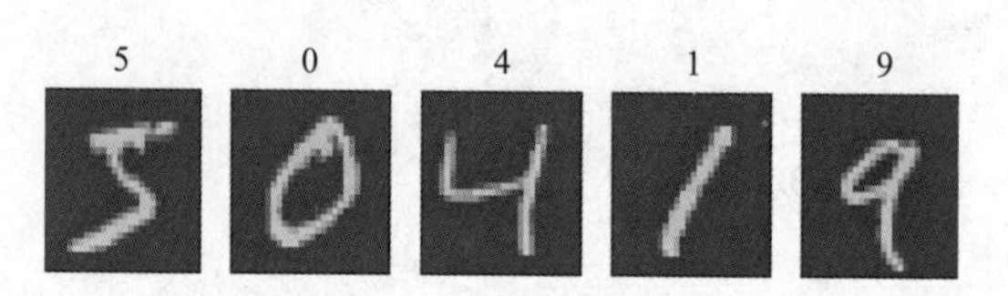


图 3-13　MNIST 数据集样例

### 3.2.1　环境配置

如果已经安装成功 Paddle，那么可以跳过此步骤。

如果基于 AI Studio 平台进行学习，则不需要另外安装 Paddle，平台已经配置好了相关环境。Paddle 支持很多种安装方式，这里仅介绍其中一种简单的安装方式。

注意：目前 Paddle 支持 Python 3.6~3.9 版本，pip 要求 20.2.2 或更高版本，请提前安装对应版本的 Python 和 pip 工具，代码如下：

```
#更新 pip 版本
!pip install --upgrade pip
#使用 pip 工具安装 Paddle CPU 版
!Python3 -m pip install paddlepaddle -i https://mirror.baidu.com/pypi/simple
```

该命令用于安装 CPU 版本的 Paddle，如果要安装其他计算平台或操作系统支持的版本，可以参考 3.1.2 节查看安装向导。

安装完成后，需要在 Python 解释器中使用 import 导入 Paddle，即可开始实践深度学习任务。可以在个人计算机上或者 AI Studio 上进行测试，代码如下：

```
import paddle
print(paddle.__version__)
```

若操作成功，将会打印输出 Paddle 的版本号。

另外，正式的任务开始之前还需要安装 Python 的 matplotlib 库和 numpy 库。其中 matplotlib 实现静态、动画和交互式可视化，具有使用简单、数据可视化方式多样、对图像元素控制力强、可输出多种格式图片等特点；numpy 是 Python 生态系统中数据分析、机器学习和科学计算的主力军，它极大地简化了向量和矩阵的操作处理。Python 的一些主要软件包（如 scikit-learn、scipy、pandas）都以 numpy 作为其架构的基础部分，安装代码如下：

```
#使用 pip 工具安装 matplotlib 和 numpy
!Python3 -m pip install matplotlib numpy -i https: //mirror.baidu.com/pypi/simple
```

安装完成后，导入 matplotlib 库和 numpy 库，导入代码如下：

```
from matplotlib import pyplot as plt
import numpy as np
```

### 3.2.2　数据集定义与加载

深度学习模型需要大量数据完成训练和评估，这些数据样本可能是图片、文本、语音等多种类型。而模型训练过程实际是数学计算的过程，因此数据样本在送入模型前需要经过一系列处理，如转换数据格式、划分数据集、变换数据形状、制作数据迭代读取器以备分批训练等。

在 Paddle 框架中，可通过如下两个核心步骤完成数据集的定义与加载。

1）定义数据集：将原始图片、文字等样本和对应的标签映射到 Dataset，方便后续通过索引读取数据，还可以进行一些数据变换、数据增广等预处理操作。在 Paddle 框架中推荐使用 paddle.io.Dataset 自定义数据集，另外在 paddle.vision.datasets 和 paddle.text 目录下内置了一些经典数据集，方便直接调用。

2）迭代读取数据集：自动将数据集的样本进行分批、乱序等操作，方便训练时迭代读取，同时支持多进程异步读取功能，以加快数据读取速度。在 Paddle 框架中可使用 paddle.io.DataLoader 迭代读取数据集。

下面将对数据集定义与加载进行详细介绍。

#### 1. 定义数据集

（1）直接加载内置数据集

Paddle 框架在 paddle.vision.datasets 和 paddle.text 目录下内置了一些经典数据集，可直接调用，通过如下代码可查看 Paddle 框架中的内置数据集。

```
import paddle
print('计算机视觉(CV)相关数据集:', paddle.vision.datasets.__all__)
print('自然语言处理(NLP)相关数据集: ', paddle.text.__all__)
```

注意：Paddle 内置了 CV 领域的 MNIST、FashionMNIST、Flowers、Cifar10、Cifar100、VOC2012 数据集，以及 NLP 领域的 Conll05st、Imdb、Imikolov、Movielens、UCIHousing、WMT14、WMT16 数据集。

在手写数字识别任务中，先后加载 MNIST 中的训练集（mode=′train′）和测试集（mode=′test′）。模型在训练过程中学习训练集中的数据特征并更新模型参数。通过验证集评估模型在未知数据上的表现，以判断是否出现过拟合或欠拟合等问题，同时用来调整模型的超参数，达到更好的模型性能。模型经过训练和验证后，使用测试集来评估其泛化能力，以确定模型是否可以在实际应用中达到较好的效果。在示例中，仅使用训练集用于训练模型，测试集用于评估模型效果。

数据在使用之前，需要进行一些预处理，以便模型的训练和验证。Paddle 在 paddle. vision. transforms 中提供了一些常用的图像变换操作，如对图像进行中心裁剪、水平翻转和归一化等，可以加快模型训练的收敛速度。

如下代码，首先定义对数据集的处理方式，包括归一化的均值和标准差值的设置、数据格式的设置，然后对加载的数据集进行初始化，并打印输出测试集和验证集的数量。

```
#导入 Normalize 对图像进行归一化
from paddle.vision.transforms import Normalize
#用均值和标准差归一化输入数据，mean:设置每个通道归一化的均值，std:设置每个通道归一化的标准
 差值
#data_format 数据的格式，必须为‘HIC’或‘CHN'，默认值:'CHw'
transform=Normalize(mean=[127.5],std=[127.5],data_format='CHw')
#下载数据集并初始化 Dataset
train_dataset=paddle.vision.datasets.NWNIST(mode='train', transform=transform)
test_dataset=paddle.vision.datasets.MNIST(mode= 'test', transform=transform)
#打印数据集里图片数量
print('The number of train_dataset is {}'.format(len(train_dataset)))
print('The number of test_dataset is {}'.format(len(test_dataset)))
```

程序成功执行后，会打印输出训练集和测试集的数量，输出内容如下：

```
The number of train_dataset is 60000
The number of test_dataset is 10000
```

完成数据集初始化后，可以使用如下代码直接对数据集进行迭代读取。

```
for data in train_dataset:
    image, label = data
    print('shape of image: ',image.shape)
    plt.title(str(label))
    plt.imshow(image[0])
    break
```

代码输出结果为训练集中示例图像的尺寸和对应的图像，如图 3-14 所示。

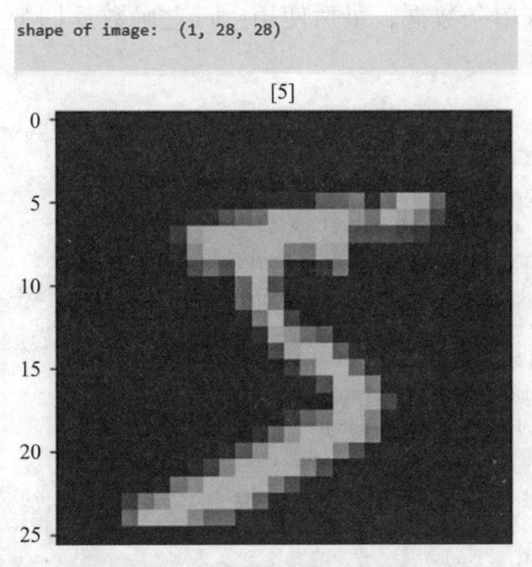


图 3-14 MNIST 训练集中示例图像

（2）使用 paddle. io. Dataset 自定义数据集

在实际场景中，一般需要使用已有的数据来定义数据集，这时可以通过 paddle. io. Dataset 实现自定义数据集。

一般通过构建一个子类继承 paddle. io. Dataset，并且实现下面的三个函数。

__init__：完成数据集初始化操作，将磁盘中的样本文件路径和对应标签映射到一个列表中。

__getitem__：定义指定索引时如何获取样本数据，最终返回对应索引的单条数据（样本数据、对应的标签）。

__len__：返回数据集的样本总数。

下载 MNIST 原始数据集文件后，使用 paddle. io. Dataset 定义数据集的代码示例如下：

```
#下载原始的 MNIST 数据集并解压
!wget https://paddle-imagenet-models-name.bj.bcebos.com/data/mnist.tar
!tar -xf mnist.tar
```

下载好 MNIST 数据集后并解压，执行过程如图 3-15 所示。

```
--2023-04-13 20:11:44--  https://paddle-imagenet-models-name.bj.bcebos.com/data/mnist.tar
正在解析主机 paddle-imagenet-models-name.bj.bcebos.com (paddle-imagenet-models-name.bj.bcebos.com)... 182.61.200.229, 182.61.200.195, 2409:8c04:1001:100
2:0:ff:b001:368a
正在连接 paddle-imagenet-models-name.bj.bcebos.com (paddle-imagenet-models-name.bj.bcebos.com)|182.61.200.229|:443... 已连接。
已发出 HTTP 请求，正在等待回应... 200 OK
长度： 104252416 (99M) [application/x-tar]
正在保存至: “mnist.tar”

mnist.tar           100%[===================>]  99.42M  12.8MB/s    in 12s

2023-04-13 20:11:56 (8.63 MB/s) - 已保存 “mnist.tar” [104252416/104252416])
```

图 3-15 MNIST 数据集下载和解压

下面通过自定义的 MyDataset 类进行数据集的加载，整个过程包括四个步骤：首先继承 paddle. io. Dataset 类，然后通过__init__函数完成数据集初始化操作，再次通过

__getitem__函数定义获取单条数据，最后使用__len__函数返回数据集的样本总数。代码如下：

```
    import osimport cv2import numpy as npfrom paddle.io import Datasetfrom paddle.vision.
transforms import Normalize
    class MyDataset(Dataset):
        """ 步骤一：继承 paddle.io.Dataset 类 """
        def __init__(self, data_dir, label_path, transform=None):
            """步骤二：实现 __init__ 函数，初始化数据集，将样本和标签映射到列表中"""
            super().__init__()
            self.data_list = []
            with open(label_path,encoding='utf-8') as f:
                for line in f.readlines():
                    image_path, label = line.strip().split('\t')
                    image_path = os.path.join(data_dir, image_path)
                    self.data_list.append([image_path, label])
            #传入定义好的数据处理方法，作为自定义数据集类的一个属性
            self.transform=transform
        def __getitem__(self, index):
            """步骤三：实现 __getitem__ 函数，定义指定 index 时如何获取数据，并返回单条数据（样
本数据、对应的标签）"""
            #根据索引，从列表中取出一个图像
            image_path, label=self.data_list[index]
            #读取灰度图
            image=cv2.imread(image_path, cv2.IMREAD_GRAYSCALE)
            #Paddle 训练时内部数据格式默认为 float32，将图像数据格式转换为 float32
            image=image.astype('float32')
            #应用数据处理方法到图像上
            if self.transform is not None:
                image=self.transform(image)
            #CrossEntropyLoss 要求 label 格式为 int，将 label 格式转换为 int
            label=int(label)
            #返回图像和对应标签
            return image, label
        def __len__(self):
            """ 步骤四:实现__len__函数,返回数据集的样本总数"""
            return len(self.data_list)
    #定义图像归一化处理方法，这里的 CHW 指图像格式需为 [C 通道数，H 图像高度，W 图像宽度]
     transform=Normalize(mean=[127.5], std=[127.5], data_format='CHW')
    #打印数据集样本数
    train_custom_dataset=MyDataset('mnist/train','mnist/train/label.txt', transform)
    test_custom_dataset=MyDataset('mnist/val','mnist/val/label.txt',transform)
    print('train_custom_dataset images: ',len(train_custom_dataset),
'test_custom_dataset images: ',len(test_custom_dataset))
```

上述代码成功执行后，将打印输出数据集的样本数，结果如下：

```
train_custom_dataset images: 60000 test_custom_dataset images: 10000
```

在上述代码中，自定义了一个数据集类 MyDataset，MyDataset 继承自 paddle.io.Dataset 基类，并且实现了__init__、__getitem__和__len__三个函数。

在__init__函数中完成了对标签文件的读取和解析，并将所有图像路径 image_path 和对应的标签 label 存放到一个列表 data_list 中。

在__getitem__函数中定义了指定 index 获取对应图像数据的方法，完成了图像的读取、预处理和图像标签格式的转换，最终返回图像 image 和对应的标签 label。

在__len__中返回__init__函数初始化好的数据集列表 data_list 的长度。

另外，在__init__函数和__getitem__函数中还可以实现一些数据预处理操作，如对图像的翻转、裁剪、归一化等，最终返回处理好的单条数据（样本数据、对应的标签）。该操作可以增加图像数据多样性，对增强模型的泛化能力带来帮助。Paddle 框架在 paddle. vision. transforms 中内置了几十种图像数据处理方法，详细内容可参考 3. 2. 3 节。

与内置数据集类似，可以使用如下代码直接对自定义数据集进行迭代读取。

```
for data in train_custom_dataset:
image, label=data
print('shape of image: ',image.shape)
plt.title(str(label))
plt.imshow(image[0])
break
```

代码输出结果为训练集中示例图像的尺寸和对应的图像，如图 3-16 所示。

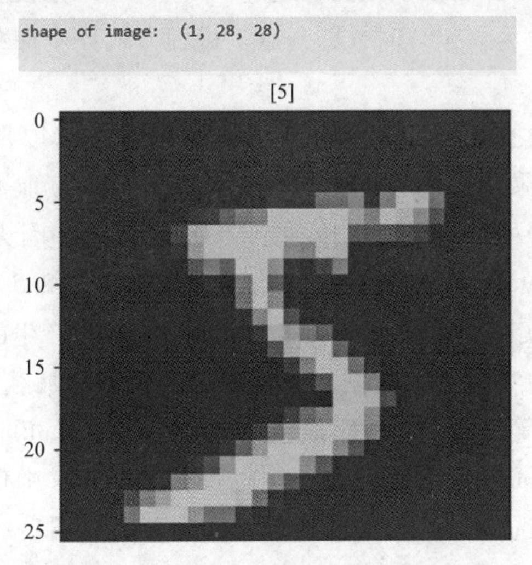


图 3-16　MNIST 训练集中示例图像

2. 迭代读取数据集

（1）使用 paddle. io. DataLoader 定义数据读取器

通过前面介绍的直接迭代读取 Dataset 的方式虽然可实现对数据集的访问，但是这种访问方式只能单线程进行，并且需要手动分批次读取。在 Paddle 框架中，更推荐使用 paddle. io. DataLoader API 对数据集进行多进程读取，还可自动完成划分 batch 的工作。

如下示例代码，实现了数据读取器的定义。

```
#定义并初始化数据读取器
train_loader=paddle.io.DataLoader(train_custom_dataset, batch_size=64, shuffle=
True, num_workers=1, drop_last=True)
#调用 DataLoader 迭代读取数据
for batch_id, data in enumerate(train_loader()):
```

```
        images, labels=data
        print("batch_id: {}, 训练数据 shape: {}, 标签数据 shape: {}".format(batch_id,
images.shape, labels.shape))
        break
```

上述代码成功执行后，会输出如下 batch 信息。

```
batch_id: 0, 训练数据 shape: [64, 1, 28, 28], 标签数据 shape: [64]
```

通过上述方法，初始化了一个数据读取器 train_loader，用于加载训练数据集 train_custom_dataset。在数据读取器中，几个常用字段如下：

batch_size 是每批次读取的样本数，示例中 batch_size=64 表示每批次读取 64 个样本数据。

shuffle 表示样本乱序，示例中 shuffle=True 表示在读取数据时打乱样本顺序，以减少过拟合发生的可能性。

drop_last 表示丢弃不完整的批次样本，示例中 drop_last=True 表示丢弃因数据集样本数不能被 batch_size 整除而产生的最后一个不完整的 batch 样本。

num_workers 是同步/异步读取数据，通过 num_workers 来设置加载数据的子进程个数。num_workers 的值设为大于 0 时，即开启多进程方式异步加载数据，可提升数据读取速度。

定义好数据读取器之后，便可用 for 循环方便地迭代读取批次数据，用于模型训练。值得注意的是，如果使用高层 API 的 paddle. model. fit 读取数据集进行训练，则只需定义数据集 Dataset 即可，不需要再单独定义 DataLoader，因为 paddle. model. fit 中实际已经封装了一部分 DataLoader 的功能，详细内容可参考 3. 2. 5 节。

注意：DataLoader 实际上是通过批采样器 BatchSampler 产生的批次索引列表，并根据索引取得 Dataset 中的对应样本数据，以实现批次数据的加载。DataLoader 中定义了采样的批次大小、顺序等信息，对应字段包括 batch_size、shuffle、drop_last。这三个字段也可以用一个 batch_sampler 字段代替，并在 batch_sampler 中传入自定义的批采样器实例。以上两种方式二选一即可，实现效果相同。下面介绍后一种自定义采样器的使用方法，该用法可以更灵活地定义采样规则。

（2）自定义数据采样器

采样器定义了从数据集中的采样行为，如顺序采样、批次采样、随机采样、分布式采样等。采样器会根据设定的采样规则，返回数据集中的索引列表，然后数据读取器 DataLoader 即可根据索引列表从数据集中取出对应的样本。

Paddle 框架在 paddle. io 目录下提供了多种采样器，如批采样器 BatchSampler、分布式批采样器 DistributedBatchSampler、顺序采样器 SequenceSampler、随机采样器 RandomSampler 等。下面通过示例代码，介绍采样器的用法。

首先，以 BatchSampler 为例，在 DataLoader 中使用 BatchSampler 获取采样数据，代码如下：

```
from paddle.io import BatchSampler
#定义一个批采样器，并设置采样的数据集源、采样批大小、是否乱序等
```

```
    bs=BatchSampler(train_custom_dataset, batch_size=8, shuffle=True, drop_last=True)
    print("BatchSampler 每轮迭代返回一个索引列表")
    for batch_indices in bs:
        print(batch_indices)
        break
    #在 DataLoader 中使用 BatchSampler 获取采样数据
    train_loader=paddle.io.DataLoader(train_custom_dataset, batch_sampler=bs, num_
workers=1)
    print("在 DataLoader 中使用 BatchSampler,返回索引对应的一组样本和标签数据 ")
    for batch_id, data in enumerate(train_loader()):
        images, labels=data
        print("batch_id: {}, 训练数据 shape: {}, 标签数据 shape: {}".format(batch_id,
images.shape, labels.shape))
        break
```

上述代码成功执行后，会输出每轮迭代返回的索引列表，如下所示。

```
BatchSampler 每轮迭代返回一个索引列表
[10771, 19915, 58230, 49965, 29310, 7393, 47444, 22686]
在 DataLoader 中使用 BatchSampler,返回索引对应的一组样本和标签数据
batch_id: 0, 训练数据 shape: [8, 1, 28, 28], 标签数据 shape: [8]
```

以上示例代码中，定义了一个批采样器实例 bs，每轮迭代会返回一个 batch_size 大小的索引列表（示例中一轮迭代返回 8 个索引值）。数据读取器 train_loader 通过 batch_sampler=bs 字段传入批采样器，即可根据这些索引获取对应的一组样本数据。另外，可以看到 batch_size、shuffle、drop_last 这三个参数只在 BatchSampler 中设定。

如下代码，可对比几个不同采样器的采样行为。

```
    from paddle.io import SequenceSampler, RandomSampler, BatchSampler,
DistributedBatchSampler
    class RandomDataset(paddle.io.Dataset):
        def __init__(self, num_samples):
            self.num_samples=num_samples
        def __getitem__(self, idx):
            image=np.random.random([784]).astype('float32')
            label=np.random.randint(0, 9, (1, )).astype('int64')
            return image, label
        def __len__(self):
            return self.num_samples
        train_dataset = RandomDataset(100)
    print('-----------------顺序采样----------------')
    sampler=SequenceSampler(train_dataset)
    batch_sampler = BatchSampler(sampler=sampler, batch_size=10)
    for index in batch_sampler:
        print(index)
        print('-----------------随机采样----------------')
        sampler=RandomSampler(train_dataset)
        batch_sampler=BatchSampler(sampler=sampler, batch_size=10)
    for index in batch_sampler:
        print(index)
    print('-----------------分布式采样----------------')
    batch_sampler=DistributedBatchSampler(train_dataset, num_replicas=2, batch_size=10)
    for index in batch_sampler:
        print(index)
```

上述代码成功执行后，会分别输出几种采样器返回的迭代索引，输出结果如下：

```
----------------顺序采样---------------
[0, 1, 2, 3, 4, 5, 6, 7, 8, 9]
[10, 11, 12, 13, 14, 15, 16, 17, 18, 19]
[20, 21, 22, 23, 24, 25, 26, 27, 28, 29]
[30, 31, 32, 33, 34, 35, 36, 37, 38, 39]
[40, 41, 42, 43, 44, 45, 46, 47, 48, 49]
[50, 51, 52, 53, 54, 55, 56, 57, 58, 59]
[60, 61, 62, 63, 64, 65, 66, 67, 68, 69]
[70, 71, 72, 73, 74, 75, 76, 77, 78, 79]
[80, 81, 82, 83, 84, 85, 86, 87, 88, 89]
[90, 91, 92, 93, 94, 95, 96, 97, 98, 99]
----------------随机采样---------------
[73, 97, 33, 49, 43, 19, 69, 47, 71, 31]
[61, 87, 68, 76, 62, 60, 56, 12, 11, 91]
[79, 13, 40, 14, 36, 34, 37, 75, 74, 42]
[23, 10, 53, 32, 52, 63, 89, 0, 84, 27]
[64, 30, 7, 51, 93, 65, 59, 45, 86, 38]
[15, 99, 39, 50, 55, 28, 58, 83, 72, 66]
[85, 48, 78, 90, 67, 26, 94, 2, 41, 77]
[80, 16, 5, 98, 24, 88, 92, 57, 54, 96]
[20, 82, 95, 29, 8, 9, 21, 6, 18, 25]
[17, 70, 4, 3, 22, 1, 44, 35, 46, 81]
----------------分布式采样---------------
[0, 1, 2, 3, 4, 5, 6, 7, 8, 9]
[20, 21, 22, 23, 24, 25, 26, 27, 28, 29]
[40, 41, 42, 43, 44, 45, 46, 47, 48, 49]
[60, 61, 62, 63, 64, 65, 66, 67, 68, 69]
[80, 81, 82, 83, 84, 85, 86, 87, 88, 89]
```

从输出信息可以看出，不同采样器的采样行为具有不同特点：顺序采样按照顺序的方式输出各个样本的索引；随机采样先将样本顺序打乱，再输出乱序后的样本索引；分布式采样常用于分布式训练场景，将样本数据切分成多份，分别放到不同卡上训练。

示例中设置了 num_replicas=2，样本会被划分到两张卡上，所以这里只输出一半样本的索引。

本节介绍了在 Paddle 框架中将数据送入模型训练之前的处理流程，总结了整个流程和用到的关键 API，如图 3-17 所示。

数据集定义和加载主要包括定义数据集和定义数据读取器两个步骤，另外在数据读取器中可调用采样器实现更灵活的采样。其中，在定义数据集时，本节仅对数据集进行了归一化处理，如需了解更多数据增强操作，可以参考 3.2.3 节。

### 3.2.3 数据预处理

在模型训练过程中有时会遇到过拟合的问题，其中一个解决方法就是对训练数据做数据增强处理。通过对图像的裁剪、翻转、亮度等处理，可以增加样本的多样性，从而增强模型的泛化能力。本节以图像数据为例，介绍数据预处理的方法。

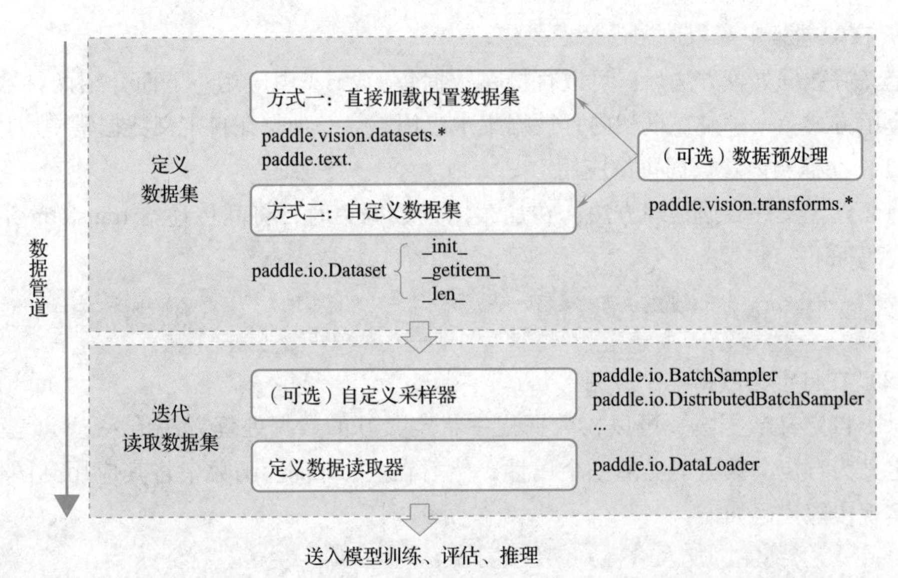


图 3-17　数据集定义和加载流程

### 1. paddle. vision. transforms 介绍

Paddle 框架在 paddle. vision. transforms 下内置了数十种图像数据处理方法，包括图像随机裁剪、旋转变换、改变亮度、改变对比度等操作，可以通过如下代码查看。

```
import paddle
print('图像数据处理方法:', paddle.vision.transforms.__all__)
```

上述代码成功执行后，会输出 Paddle 的所有图像数据处理方法，如下所示。

```
图像数据处理方法: ['BaseTransform', 'Compose', 'Resize', 'RandomResizedCrop',
'CenterCrop', 'RandomHorizontalFlip', 'RandomVerticalFlip', 'Transpose', 'Normalize',
'BrightnessTransform', 'SaturationTransform', 'ContrastTransform', 'HueTransform',
'ColorJitter', 'RandomCrop', 'Pad', RandomAffine', 'RandomRotation', 'RandomPerspective',
'Grayscale', 'ToTensor', RandomErasing', 'to_tensor', 'hflip', 'vflip', 'resize',
'pad', 'affine', 'rotate', 'perspective', 'to_grayscale', 'crop', 'center_crop',
'adjust_brightness', 'adjust_contrast', 'adjust_hue', 'normalize', 'erase']
```

具体可以通过 paddle. vision. transforms 下的 API 查看。

对于 Paddle 框架内置的数据处理方法，可以单个调用，也可以将多个数据处理方法进行组合使用。

（1）单个使用

单个使用的代码如下：

```
from paddle.vision.transforms import Resize
#定义一个待使用的数据处理方法，这里定义了一个调整图像大小的方法 transform = Resize(size=28)
```

（2）多个组合使用

多个组合使用模式需要先定义好每个数据处理方法，然后用 Compose 进行组合，代码如下：

```
from paddle.vision.transforms import Compose, RandomRotation
#定义待使用的数据处理方法，这里包括随机旋转和改变图片大小两个组合处理
transform = Compose([RandomRotation(10), Resize(size=32)])
```

### 2. 在数据集中应用数据预处理操作

定义好数据处理方法后，可以直接在数据集 Dataset 中应用。下面介绍两种数据预处理应用方式：一种是在框架内置数据集中应用；另一种是在自定义数据集中应用。

（1）在框架内置数据集中应用

前面已定义好数据处理方法，在加载内置数据集时，将其传递给 transform 字段即可，代码如下：

```
#通过 transform 字段传递定义好的数据处理方法，即可完成对框架内置数据集的增强 train_dataset
 = paddle.vision.datasets.MNIST(mode='train', transform=transform)
```

（2）在自定义数据集中应用

对于自定义数据集，可以在数据集中将定义好的数据处理方法传入__init__函数，将其定义为自定义数据集类的一个属性，然后在__getitem__函数中将其应用到图像上。具体实现步骤代码如下：

```
import osimport cv2import numpy as npfrom paddle.io import Dataset
class MyDataset(Dataset):
    """
    步骤一：继承 paddle.io.Dataset 类
    """
    def __init__(self, data_dir, label_path, transform=None):
        """
    步骤二：实现 __init__ 函数，初始化数据集，将样本和标签映射到列表中"""
        super().__init__()
        self.data_list = []
        with open(label_path,encoding='utf-8') as f:
            for line in f.readlines():
                image_path, label=line.strip().split('\t')
                image_path=os.path.join(data_dir, image_path)
                self.data_list.append([image_path, label])
        #传入定义好的数据处理方法，作为自定义数据集类的一个属性
        self.transform=transform
    def __getitem__(self, index):
        """
    步骤三：实现 __getitem__ 函数，定义指定 index 时如何获取数据，并返回单条数据（样本数据、
对应的标签）
        """
        image_path, label=self.data_list[index]
        image=cv2.imread(image_path, cv2.IMREAD_GRAYSCALE)
        image=image.astype('float32')
        #应用数据处理方法到图像上
        if self.transform is not None:
            image=self.transform(image)
        label=int(label)
        return image, label
    def __len__(self):
        """
    步骤四：实现 __len__ 函数，返回数据集的样本总数
        """
        return len(self.data_list)
#定义随机旋转和改变图片大小的数据处理方法
transform=Compose([RandomRotation(10), Resize(size=32)])
custom_dataset=MyDataset('mnist/train','mnist/train/label.txt', transform)
```

在以上示例代码中，定义了随机旋转和改变图片大小两种数据处理方法，并传入__init__函数，然后在__getitem__函数中将其应用到具体的图像上，同样由__len__函数返回数据集的样本总数。

3. 总结

本节介绍了数据预处理方法在数据集中的使用方式，可先将一个或多个方法组合定义到一个实例中，再应用到数据集中。数据预处理流程如图 3-18 所示。

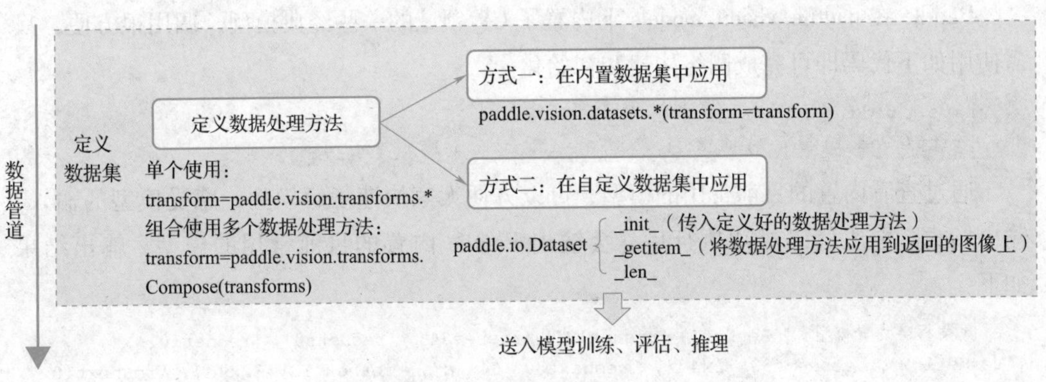


图 3-18 数据预处理流程

### 3.2.4 模型组网

模型组网是深度学习任务中的重要一环，该环节定义了神经网络的层次结构、数据从输入到输出的计算过程（即前向计算）等。

Paddle 框架提供了多种模型组网方式，本节将介绍直接使用内置模型和使用 paddle. nn. Sequential 两种组网方式。

另外，Paddle 框架提供了 paddle. summary 函数方便查看网络结构、每层输入输出的形式和参数信息。

手写数字识别任务比较简单，普通的神经网络就能达到很高的精度，因此可以使用识别手写数字任务中经典的卷积神经网络——LeNet5 模型。LeNet5 模型结构如图 3-19 所示。

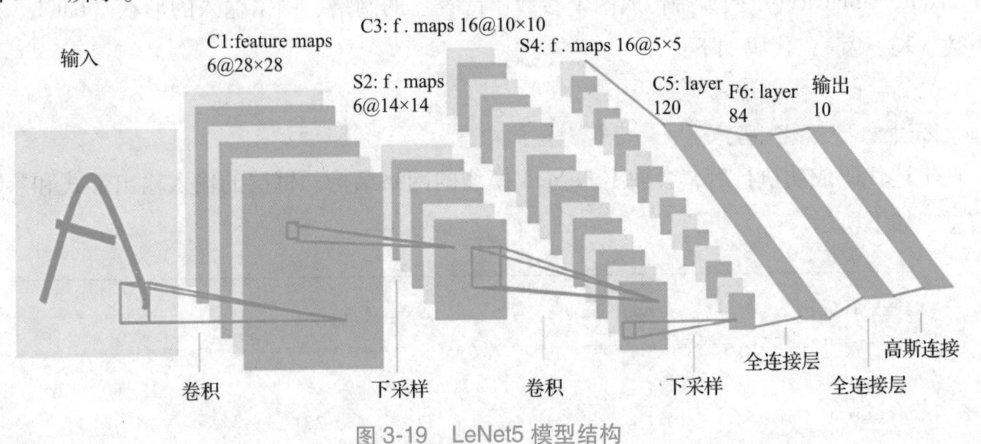


图 3-19 LeNet5 模型结构

从图 3-19 可以看出，LetNet5 共有 5 层，包括 2 层卷积层和 3 层全连接层。输入的图片尺寸为 28×28，经过 Convolutions 卷积层，获得输出的特征图 C1 尺寸为 28×28；然后经过 Subsampling 进行下采样，获得输出的特征图 S2 尺寸为 14×14；再分别经过另外的卷积层和下采样，获得输出的特征图尺寸分别为 10×10 和 5×5；最后经过 3 层全连接层，获得最终的分类结果。

1. 直接使用内置模型

Paddle 在 paddle. vision. models 下内置了 CV 领域的一些经典模型，调用很方便，只需使用如下代码即可完成网络构建和初始化。

```
import paddle
print('Paddle 框架内置模型:', paddle.vision.models.__all__)
```

通过查看内置的目前常用的模型，可以方便大家快速了解模型，感受模型的输入、输出形式。上述代码成功执行后，会输出 Paddle 内置的目前常用的模型，输出结果如下：

```
飞桨框架内置模型: ['ResNet', 'resnet18', 'resnet34', 'resnet50', 'resnet101',
'resnet152', 'resnext50_32x4d', 'resnext50 _64x4d', 'resnext101_32x4d', 'resnext101_
64xd, 'resnext152_32x4d', 'resnext152_64x4d', 'wide_resnet50_2', 'wide_resnet101_2',
'VGG', 'vgg11', 'vgg13', 'vgg16', 'vgg19', 'MobileNetV1', 'mobilenet_v1',
'MobileNetV2', 'mobilenet_v2', 'MobileNetV3Small', 'MobileNetV3Large', 'mobilenet _v3_
small', 'mobilenet_v3_large', 'LeNet', 'DenseNet', 'densenet121', 'densenet161',
'densenet169', 'densenet201', 'densenet264', 'AlexNet', 'alexnet', 'InceptionV3',
'inception_v3', 'SqueezeNet', 'squeezenet1_0', 'squeezenet1_1', 'GoogLeNet', 'googlenet',
'ShuffleNetV2', 'shufflenet_v2_x0_25', 'shufflenet_v2_x0_33', 'shufflenet_v2_x0_5',
'shufflenet_v2_x1_0', 'shufflenet_v2_x1_5', 'shufflenet_v2_x2_0', 'shufflenet _v2_swish']
```

接下来，可以用 LeNet5 模型实现手写数字识别。首先对网络进行初始化，代码如下：

```
#模型组网并初始化网络
lenet=paddle.vision.models.LeNet(num_classes=10)
```

其中 num_classes 字段中定义分类的类别数，因为需要对 0~9 十个数字进行分类，所以 num_classes 设为 10。

另外，通过 paddle. summary() 函数可打印网络的基础结构和参数信息。这里只需要在 paddle. summary() 函数中传入两个参数：待查看的网络、网络输入的形状（batch、通道数、长、宽），代码如下：

```
#可视化模型组网结构和参数
paddle.summary(lenet,(1, 1, 28, 28))
```

上述代码成功执行后，会输出 LeNet5 模型的网络结构、每层的输入输出形式和参数信息，如下所示。

```
---------------------------------------------------------------------------
 Layer (type)       Input Shape          Output Shape         Param #
===========================================================================
   Conv2D-1       [[1, 1, 28, 28]]      [1, 6, 28, 28]          60
    ReLU-1        [[1, 6, 28, 28]]      [1, 6, 28, 28]           0
```

```
  MaxPool2D-1         [[1, 6, 28, 28]]        [1, 6, 14, 14]            0
   Conv2D-2           [[1, 6, 14, 14]]        [1, 16, 10, 10]         2,416
    ReLU-2           [[1, 16, 10, 10]]        [1, 16, 10, 10]           0
  MaxPool2D-2        [[1, 16, 10, 10]]        [1, 16, 5, 5]             0
   Linear-1             [[1, 400]]              [1, 120]              48,120
   Linear-2             [[1, 120]]              [1, 84]               10,164
   Linear-3             [[1, 84]]               [1, 10]                 850
=============================================================================
Total params: 61,610
Trainable params: 61,610
Non-trainable params: 0
-----------------------------------------------------------------------------
Input size (MB): 0.00
Forward/backward pass size (MB): 0.11
Params size (MB): 0.24
Estimated Total Size (MB): 0.35
-----------------------------------------------------------------------------

{'total_params': 61610, 'trainable_params': 61610}
```

通过 paddle.summary()函数可清晰地查看神经网络层次结构、每一层的输入数据和输出数据的形状（shape）、模型的参数量（params）等信息，方便可视化地了解模型结构、分析数据计算和传递过程。从打印结果可以看出，LeNet5 模型包含 2 个 Conv2D 卷积层、2 个 ReLU 激活层、2 个 MaxPool2D 池化层以及 3 个 Linear 全连接层，将这些层堆叠组成 LeNet5 模型。

2. 使用 paddle.nn.Sequential 组网

（1）Paddle.nn 简介

经典模型可以满足一些简单深度学习任务的需求，更多情况下，需要使用深度学习框架构建一个自己的神经网络，这时可以使用 Paddle 框架中 paddle.nn 下的 API 构建网络。其中定义了丰富的神经网络层和相关函数 API，如卷积网络相关的 Conv1D、Conv2D、Conv3D，循环神经网络相关的 RNN、LSTM、GRU 等，方便组网调用。

Paddle 提供继承类的方式构建网络，并提供了几个基类，如 paddle.nn.Sequential、paddle.nn.Layer 等，构建一个继承基类的子类，并在子类中添加层（如卷积层、全连接层等）以实现网络的构建。不同基类对应不同的组网方式，本节介绍使用 paddle.nn.Sequential 组网和使用 paddle.nn.Layer 组网（推荐）两种方法。

（2）使用 paddle.nn.Sequential 组网

如果构建顺序线性网络结构，则可以选择该方式，只需要按模型的结构顺序，一层一层加到 paddle.nn.Sequential 子类中即可。

参照前面 LeNet5 模型结构，构建该网络结构的代码如下：

```
from paddle import nn
#使用 paddle.nn.Sequential 构建 LeNet5 模型 lenet_Sequential=nn.Sequential(
    nn.Conv2D(1, 6, 3, stride=1, padding=1),
```

```
        nn.ReLU(),
        nn.MaxPool2D(2, 2),
        nn.Conv2D(6, 16, 5, stride=1, padding=0),
        nn.ReLU(),
        nn.MaxPool2D(2, 2),
        nn.Flatten(),
        nn.Linear(400, 120),
        nn.Linear(120, 84),
        nn.Linear(84, 10)
        )
#可视化模型组网结构和参数 paddle.summary(lenet_Sequential,(1, 1, 28, 28))
```

从上述代码中可以看到，通过 nn. Sequential 构建 LeNet5 模型，按照 LeNet5 模型结构图进行模型的组网，依次通过两组卷积层 Conv2D、激活层 RELU、池化层 MaxPool2D；然后通过 Flatten() 函数将特征图转换为一维；最后通过三层全连接层 Linear。可以通过 paddle. summary() 函数查看模型结构、每一层的输入数据和输出数据的形状（shape）、模型的参数量（params）等信息。

上述代码成功执行后，会输出与内置 LeNet5 模型同样的结构和参数。

使用 paddle. nn. Sequential 组网时，会自动按照层次堆叠顺序完成网络的前向计算过程，简略了定义前向计算函数的代码。由于 paddle. nn. Sequential 组网只能完成简单的线性结构模型，所以对于需要进行分支判断的模型，就要使用 paddle. nn. Layer 组网方式实现。

（3）使用 paddle. nn. Layer 组网

如果构建一些比较复杂的网络结构，则可以选择该方式。组网包括三个步骤：创建一个继承自 paddle. nn. Layer 的类，在类的构造函数__init__中定义组网用到的神经网络层（layer），在类的前向计算函数 forward() 中使用定义好的 layer 执行前向计算。

仍然以 LeNet5 模型为例，使用 paddle. nn. Layer 组网的代码如下：

```
#使用 Subclass 方式构建 LeNet5 模型 class LeNet(nn.Layer):
    def __init__(self, num_classes=10):
        super().__init__()
        self.num_classes=num_classes
        #构建 features 子网，用于对输入图像进行特征提取
        self.features=nn.Sequential(
            nn.Conv2D(
                1, 6, 3, stride=1, padding=1),
            nn.ReLU(),
            nn.MaxPool2D(2, 2),
            nn.Conv2D(
                6, 16, 5, stride=1, padding=0),
            nn.ReLU(),
            nn.MaxPool2D(2, 2))
        #构建 linear 子网，用于分类
        if num_classes > 0:
            self.linear=nn.Sequential(
                nn.Linear(400, 120),
                nn.Linear(120, 84),
```

```
            nn.Linear(84, num_classes)
        )
    #执行前向计算
    def forward(self, inputs):
        x = self.features(inputs)
        if self.num_classes > 0:
            x=paddle.flatten(x, 1)
            x=self.linear(x)
        return xlenet_SubClass=LeNet()
#可视化模型组网结构和参数
params_info=paddle.summary(lenet_SubClass,(1, 1, 28, 28))
print(params_info)
```

上述代码成功执行后，会输出与前面内置 LeNet5 模型同样的结构和参数。

在上面的代码中，将 LeNet5 分为 features 和 linear 两个子网，features 用于对输入图像进行特征提取，linear 用于输出十个数字的分类。

3. 总结

本节介绍了 Paddle 框架中模型组网的两种方式，并且以 LeNet5 为例介绍了如何使用这两种方式实现组网。模型组网流程如图 3-20 所示。

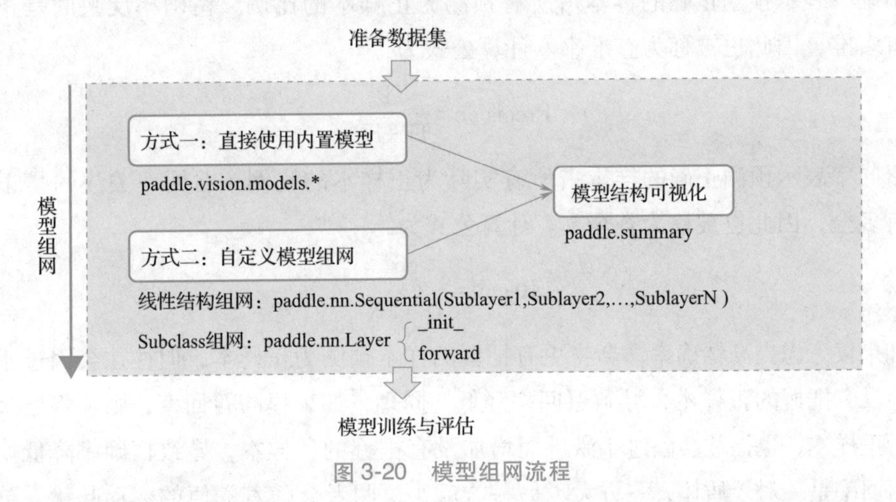


图 3-20 模型组网流程

### 3.2.5 模型训练、评估与推理

在准备好数据集和模型后，就可以将数据送入模型中启动训练评估了，包括模型训练、模型评估、模型推理三个步骤。Paddle 框架提供了使用高层 API 和使用基础 API 进行模型训练、评估与推理，本节先介绍高层 API 的使用方法，然后将高层 API 拆解为基础 API，方便对比学习。

1. 使用高层 API 训练、评估与推理

（1）使用 paddle. Model 封装模型

使用 paddle. Model 将已搭建的网络结构 LeNet5，组合成可快速使用高层 API 进行训练、评估、推理的实例，代码如下：

```
#封装模型，便于进行后续的训练、评估和推理
model=paddle.Model(lenet)
```

（2）使用 model. prepare 配置训练准备参数

用 paddle. Model 完成模型的封装后，需通过 model. prepare 进行训练前的配置准备工作，包括设置 loss 计算方法、优化算法、评价指标计算方法等。

模型的评价指标采用的是混淆矩阵，其形式如图 3-21 所示。

在图 3-21 中，TP 表示标签和预测都是正样本；FP 表示标签是负样本，但预测为正样本；FN 表示标签为正样本，但预测为负样本；TN 表示标签和预测都是负样本。

| 混淆矩阵 | | 真实值 | |
|---|---|---|---|
| | | 正样本 | 负样本 |
| 预测值 | 正样本 | TP | FP |
| | 负样本 | FN | TN |

图 3-21　混淆矩阵

在分类任务中，常见的评价指标包括准确率、精确率、召回率、调和平均数等。

准确率表示所有预测正确的正样本和负样本占所有样本的比例。计算公式为

$$\mathrm{acc}=\frac{\mathrm{TP}+\mathrm{TN}}{\mathrm{TP}+\mathrm{TN}+\mathrm{FP}+\mathrm{FN}} \tag{3-1}$$

精确率表示预测正确的样本占所有预测为正样本的比例。精确率反映的是正样本预测有多准，因此也被称为查准率。计算公式为

$$\mathrm{Precision}=\frac{\mathrm{TP}}{\mathrm{TP}+\mathrm{FP}} \tag{3-2}$$

召回率表示预测正确的样本占所有实际为正样本的比例。召回率关注的是正样本预测有多全，因此也被称为查全率。计算公式为

$$\mathrm{Recall}=\frac{\mathrm{TP}}{\mathrm{TP}+\mathrm{FN}} \tag{3-3}$$

如果仅考虑提高精确率，会将更有把握的样本预测为正样本，但往往会因过于保守而漏掉没有把握的正样本，导致召回率降低。同理，如果提高召回率，则会将更多样本预测为正样本，也往往会因过于激进而增加没有把握的负样本，导致精确率降低。精确率和召回率是一对矛盾体，一方大了另一方就小，两者会随着阈值的变动起伏，单一的评价指标无法较全面地评估模型，因此采用调和平均数对模型进行评估。F1-score 是精确率和召回率的调和平均数，用于综合评估模型性能。它是统计学中用来衡量二分类模型精确度的一种指标，同时兼顾了分类模型的精确率和召回率。计算公式为

$$\mathrm{F1\text{-}score}=\frac{2\times \mathrm{Precision}\mathrm{Recall}}{\mathrm{Precision}+\mathrm{Recall}} \tag{3-4}$$

对上述基础知识有了一定了解就可以用 model. prepare() 函数进行模型训练的配置。

在分类任务示例中，使用 SGD 优化器，设置优化器的学习率 learning_rate = 0. 0001，并传入封装好的全部模型参数，model. parameters 用于后续更新。使用交叉熵损失函数 CrossEntropyLoss() 进行分类模型评估，使用分类任务常用的准确率指标 Accuracy 计算模型在训练集上的精度，代码如下：

```
#模型训练的配置准备，准备损失函数、优化器和评价指标
model.prepare (paddle. optimizer. sGD (learning _ rate = 0. 0001, parameters = model.
parameters()),
        paddle.nn.CrossEntropyLoss(),
        paddle.metric.Accuracy())
```

(3) 使用 model. fit 训练模型

做好模型训练的前期准备工作后，调用 paddle. model. fit 接口来启动训练。训练过程采用两层循环嵌套方式：内层循环完成整个数据集的一次遍历，采用分批次方式；外层循环根据设置的训练轮次完成数据集的多次遍历。因此需要指定至少三个关键参数：训练数据集、训练轮次和每批次大小。启动模型训练代码如下：

```
#启动模型训练，指定训练数据集，设置训练轮次，设置每次数据集计算的批次大小，设置日志格式
model.fit(train_dataset,
          epochs=5,
          batch_size=64,
          verbose=1)
```

开始训练后，会输出训练过程的日志，如下所示。

```
The loss value printed in the log is the current step, and the metric is the average
value of previous steps.
Epoch 1/5
step 938/938 [======================] - loss: 0.1065 - acc: 0.9380 - 27ms/step
Epoch 2/5
step 938/938 [======================] - loss: 0.0721 - acc: 0.9387 - 28ms/step
Epoch 3/5
step 938/938 [======================] - loss: 0.0367 - acc: 0.9393 - 28ms/step
Epoch 4/5
step 938/938 [======================] - loss: 0.0926 - acc: 0.9396 - 28ms/step
Epoch 5/5
step 938/938 [======================] - loss: 0.1984 - acc: 0.9403 - 28ms/step
```

示例中传入数据集 train_dataset 进行迭代训练，共遍历 5 轮（epochs=5），每轮迭代中分批次读取数据进行训练，每批次 64 个样本（batch_size=64），并打印训练过程中的日志（verbose=1）。如果从打印日志中观察到损失函数 loss 值减小，精度指标 acc 值提高的趋势，说明模型训练取得了成效。

(4) 使用 model. evaluate 评估模型

训练好模型后，可在事先定义好的测试数据集上，使用 model. evaluate 接口完成模型评估操作，结束后根据在 model. prepare 中定义的 loss 和 metric 计算并返回相关评估结果，代码如下：

```
#用 evaluate 在测试集上对模型进行验证
eval_result=model.evaluate(test_dataset, verbose=1)
print(eval_result)
```

评估完成后，输出对模型的评估结果。评估结果包括评估的进度显示、损失值、准确率以及评估的样本数，输出结果如下：

```
Eval begin...
step 10000/ 10000 [======================] - loss: 2.5353e-04 - acc: 0.9413
- 2ms/step
```

```
Eval samples: 10000
{'loss': [0.00025353068], 'acc': 0.9413}
```

(5) 使用 model. predict 执行推理

高层 API 提供了 model. predict 接口，可对训练好的模型进行推理验证。只需传入待执行推理验证的样本数据，即可计算并返回推理结果，代码如下：

```
#用 predict 在测试集上对模型进行推理
test_result=model.predict(test_dataset)
#由于模型是单一输出，test_result 的形状为[1, 10000]，10000 是测试数据集的数据量。这里打印第
 一个数据的结果，这个数组表示每个数字的预测概率
print(len(test_result))print(test_result[0][0])
#从测试集中取出一张图片
img, label=test_dataset[0]
#打印推理结果，这里的 argmax 函数用于取出预测值中概率最高的一个值的下标，作为预测标签
pred_label=test_result[0][0].argmax()
print('true label: {}, pred label: {}'.format(label[0], pred_label))#使用 matplotlib
库，可视化图片
from matplotlib import pyplot as plt
plt.imshow(img[0])
```

推理完成后，会输出模型在测试集上的推理结果，并且抽取一张数据打印模型的推理结果，输出结果如下：

```
Predict samples: 10000
1
[[ -1.6390152  -2.578997    1.5092022   3.9538226   -5.1315384   -2.3978696
   -10.29132   12.974162   -2.3329685   3.7516925]]
true label: 7, pred label: 7
```

示例中对测试集 test_dataset 中每一个样本执行预测，测试数据集中包含 10 000 个数据，因此将取得 10 000 个预测输出。

打印第一个样本数据的预测输出。可以看到，经过模型的计算得到一个数组[[-1. 6390152 -2. 578997 1. 5092022 3. 9538226 -5. 1315384 -2. 3978696 -10. 29132 12. 974162 -2. 3329685 3. 7516925]]，取其中最大值（12. 974162）的下标（对应的 label 为 7），即得到该样本数据的预测结果（pred label：7），可视化该样本图像（true label：7），与预测结果一致，说明模型准确预测了样本图像上的数字。输出结果图像如图 3-22 所示。

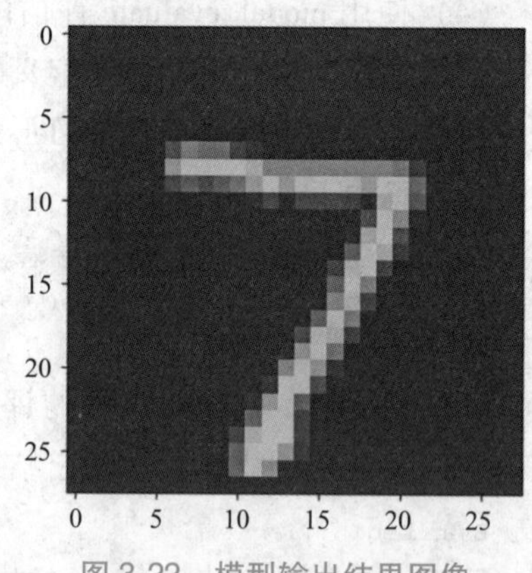

图 3-22 模型输出结果图像

### 2. 使用基础 API 完成训练、评估与推理

除了通过高层 API 实现模型的训练、评估与推理，Paddle 框架也支持通过基础 API 进行实现。简单来说，model. prepare、model. fit、model. evaluat、model. predict 都是由基础 API 封装而来。下面通过拆解高层 API 到基础 API 的方式，来了解如何用基础 API 完成模型训练、评估与推理。

（1）模型训练（拆解 model. prepare、model. fit）

Paddle框架通过基础 API 对模型进行训练，对应高层 API 的 model. prepare 与 model. fit，一般包括加载训练数据集、声明模型，设置模型实例为 train 模式，设置优化器、损失函数与各个超参数，设置模型训练的二层循环嵌套等步骤。这里搭建好的模型不再需要使用 paddle. Model 封装，而是直接进行训练，代码如下：

```
#dataset与mnist的定义与使用高层API的内容一致
#用DataLoader实现数据加载
train_loader=paddle.io.DataLoader(train_dataset, batch_size=64, shuffle=True)
#将mnist模型及其所有子层设置为训练模式
#设置迭代次数epochs = 5
#设置优化器
optim=paddle.optimizer.Adam(parameters=mnist.parameters())
#设置损失函数
loss_fn=paddle.nn.CrossEntropyLoss()for epoch in range(epochs):
    for batch_id, data in enumerate(train_loader()):
        x_data=data[0] #训练数据
        y_data=data[1] #训练数据标签
        predicts=mnist(x_data) #预测结果
        #计算损失等价于prepare中loss的设置
        loss = loss_fn(predicts, y_data)
        #计算准确率等价于prepare中metrics的设置
        acc = paddle.metric.accuracy(predicts, y_data)
        #下面的反向传播、打印训练信息、更新参数、梯度清零都被封装到Model.fit()中
        #反向传播
        loss.backward()
        if (batch_id+1) % 900 == 0:
            print("epoch: {}, batch_id: {}, loss is: {}, acc is: {}".format(epoch,
batch_id+1, loss.numpy(), acc.numpy()))
        #更新参数
        optim.step()
        #梯度清零
        optim.clear_grad()
```

上述代码成功执行后，会输出模型的训练日志，如下所示。

```
epoch: 0, batch_id: 900, loss is: [0.03480719], acc is: [1.]
epoch: 1, batch_id: 900, loss is: [0.01327262], acc is: [1.]
epoch: 2, batch_id: 900, loss is: [0.07666061], acc is: [0.96875]
epoch: 3, batch_id: 900, loss is: [0.09568892], acc is: [0.96875]
epoch: 4, batch_id: 900, loss is: [0.12505418], acc is: [0.953125]
```

训练日志的参数如下：

1）epoch——训练的代数。

2）batch_id——数据集的批次。

3）loss——损失值。

4）acc——准确率。

（2）模型评估（拆解 model. evaluate）

下面将通过基础 API 对训练好的模型进行评估，对应高层 API 的 model. evaluate。与模型训练相比，模型评估时，加载的数据从训练数据集改为测试数据集，模型实例

从 train 模式改为 eval 模式，不需要反向传播、优化器参数更新和优化器梯度清零操作，代码如下：

```
#加载测试数据集
test_loader = paddle.io.DataLoader(test_dataset, batch_size=64, drop_last=True)
#设置损失函数
loss_fn=paddle.nn.CrossEntropyLoss()
#将该模型及其所有子层设置为预测模式。这只会影响某些模块，如 Dropout 和 BatchNorm
mnist.eval()
#禁用动态图梯度计算 for batch_id, data in enumerate(test_loader()):
    x_data=data[0] #测试数据
    y_data=data[1] #测试数据标签
    predicts=mnist(x_data) #预测结果
    #计算损失与精度
    loss=loss_fn(predicts, y_data)
    acc=paddle.metric.accuracy(predicts, y_data)
    #打印信息
    if (batch_id+1)% 30==0:
        print("batch_id: {}, loss is: {}, acc is: {}".format(batch_id+1,
loss.numpy(), acc.numpy()))
```

上述代码执行成功后，会输出模型测试的损失与精度的评估信息，输出结果如下：

```
batch_id: 30, loss is: [0.26415682], acc is: [0.96875]
batch_id: 60, loss is: [0. 30546772], acc is: [0.921875]
batch_id: 90,loss is: [0.09549281], acc is: [0.96875]
batch_id: 120, loss is: [0.00315203], acc is: [1.]
batch_id: 150, loss is: [0.18798295], acc is: [0.953125]
```

上述输出结果的参数如下：

1）batch_id——数据集的批次号。

2）loss——每批次的损失值。

3）acc——准确率。

（3）模型推理（拆解 model. predict）

Paddle 框架通过基础 API 对训练好的模型执行推理，对应高层 API 的 Model. predict。模型推理过程相对独立，是在模型训练与评估之后单独进行的，代码如下：

```
#加载测试数据集
test_loader=paddle.io.DataLoader(test_dataset, batch_size=64, drop_last=True)
#将该模型及其所有子层设置为预测模式
mnist.eval()for batch_id, data in enumerate(test_loader()):
    #取出测试数据
    x_data=data[0]
    #获取预测结果
    predicts=mnist(x_data)print("predict finished")
#从测试集中取出一组数据
img, label = test_loader().next()
#执行推理并打印结果
pred_label=mnist(img)[0].argmax()
print('true label: {}, pred label: {}'.format(label[0].item(), pred_label[0].item()))
#可视化图片
from matplotlib import pyplot as plt
plt.imshow(img[0][0])
```

上述代码成功执行后，会输出第一个预测结果，如图 3-23 所示。

```
predict finished
Tensor(shape=[10], dtype=float32, place=Place(cpu), stop_gradient=False,
       [-3.83191252,  2.86984634, -4.03947115,  3.30468416, -3.77149153,
        -3.78910327,  3.49848390, -0.59316915, -4.40850019, -3.23085332])
true label: 7, pred label: 7

<matplotlib.image.AxesImage at 0x7f3981cb7110>
```

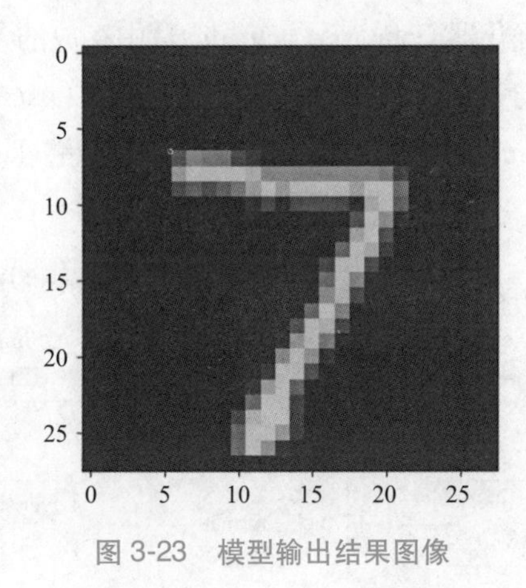


图 3-23 模型输出结果图像

其中输出 Tensor 的每一个结果代表对 10 个数字的预测，对应的数值越大代表预测的概率越高。true_label 和 pred_label 分别代表正确标签和预测标签。显示的图片为对应标签的图像。

3. 总结

本节介绍了在 Paddle 框架中使用高层 API 进行模型训练、评估和推理的方法，并拆解出对应的基础 API 的实现方法。需要注意的是，这里的推理仅用于模型效果验证，实际应用中可使用 Paddle 提供的一系列推理部署工具，满足服务器端、移动端、网页、小程序等多种环境的模型部署上线需求。同时，Paddle 的高层 API 和基础 API 可以组合使用，这样有助于开发者更便捷地完成算法迭代。

### 3.2.6 模型保存与加载

模型训练后，训练好的模型参数保存在内存中，通常需要使用模型保存功能将其持久化保存到磁盘文件中。当后续需要训练调优或推理部署时，再加载到内存中运行。本节详细介绍不同场景下模型保存与加载的方法。

1. 概述

在模型训练过程中，通常会在训练调优和推理部署两种场景下保存和加载模型。Paddle 框架推荐使用的模型保存与加载基础 API 主要包括 paddle. save、paddle. load、paddle. jit. save 和 paddle. jit. load，模型保存与加载高层 API 主要包括 paddle. model. save 和 paddle. model. load。

在深度学习模型构建上，Paddle 框架同时支持动态图编程和静态图编程，由于动态图编程采用 Python 的编程风格，解析式地执行每一行网络代码，同时返回计算结果，编程体验更佳、更易调试，所以 Paddle 框架推荐采用动态图进行模型开发。下面介绍动态图模型的保存和加载方法。

2. 用于训练调优场景

（1）保存和加载机制介绍

如图 3-24 所示，在动态图模式下，模型结构指 Python 前端组网代码；模型参数主要指网络层 Layer. state_dict() 和优化器 Optimizer. state_dict() 中存放的参数字典。state_dict() 中存放了模型参数信息，包括所有可学习的和不可学习的参数（parameters 和 buffers），从网络层（Layer）和优化器（Optimizer）中获取，以字典形式存储，key 为参数名，value 为对应参数数据（Tensor）。

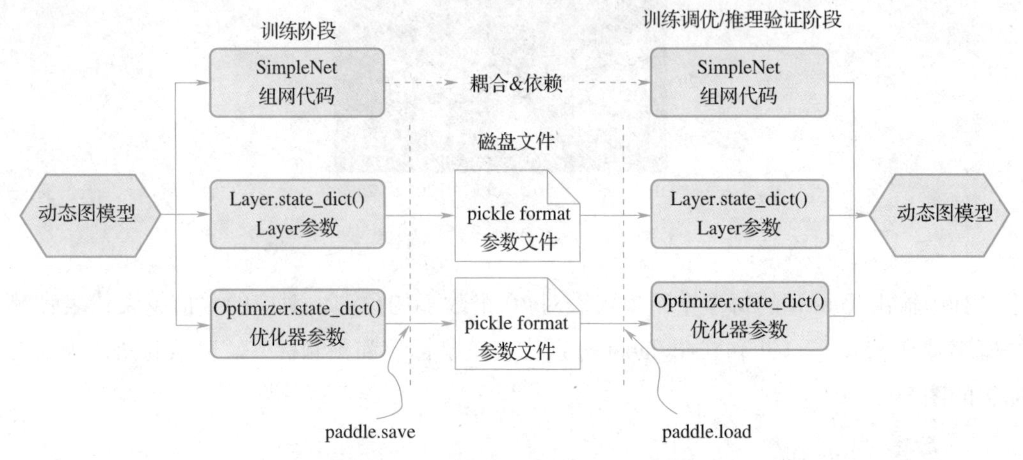


图 3-24 训练调优场景下的保存和加载机制

（2）使用基础 API

结合一个简单示例，介绍基础 API 参数保存和载入的方法。首先按照下述代码完成一个简单网络的训练过程。

```
import numpy as np
import paddleimport paddle.nn as nn
import paddle.optimizer as opt
BATCH_SIZE=16
BATCH_NUM=4
EPOCH_NUM=4
IMAGE_SIZE=784
CLASS_NUM=10
final_checkpoint=dict()
#定义一个随机数据集 class RandomDataset(paddle.io.Dataset):
    def __init__(self, num_samples):
        self.num_samples = num_samples
    def __getitem__(self, idx):
        image=np.random.random([IMAGE_SIZE]).astype('float32')
        label=np.random.randint(0, CLASS_NUM - 1, (1, )).astype('int64')
return image, label
    def __len__(self):
        return self.num_samples
```

```
class LinearNet(nn.Layer):
    def __init__(self):
        super().__init__()
        self._linear=nn.Linear(IMAGE_SIZE, CLASS_NUM)
    def forward(self, x):
        return self._linear(x)
def train(layer, loader, loss_fn, opt):
    for epoch_id in range(EPOCH_NUM):
        for batch_id, (image, label) in enumerate(loader()):
            out=layer(image)
            loss=loss_fn(out, label)
            loss.backward()
            opt.step()
            opt.clear_grad()
            print("Epoch {} batch {}: loss={}".format(
                epoch_id, batch_id, np.mean(loss.numpy())))
        #最后一个 epoch 保存检查点 checkpoint
        if epoch_id == EPOCH_NUM - 1:
            final_checkpoint["epoch"]=epoch_id
            final_checkpoint["loss"]=loss
#创建网络、loss 和优化器
layer = LinearNet()loss_fn = nn.CrossEntropyLoss()adam = opt.Adam(learning_rate=
0.001, parameters=layer.parameters())
#创建用于载入数据的 DataLoader
dataset=RandomDataset(BATCH_NUM * BATCH_SIZE)
loader=paddle.io.DataLoader(dataset,
    batch_size=BATCH_SIZE,
    shuffle=True,
    drop_last=True,
    num_workers=2)
#开始训练
train(layer, loader, loss_fn, adam)
```

注意：如果要在训练过程中保存模型参数，通常称为保存检查点（checkpoint），则需在训练过程中自行设置保存检查点的代码，如设置定时每几个 epoch 保存一个检查点、设置保存精度最高的检查点等。上述代码中设置了在最后一个 epoch 保存检查点。

1）保存模型。参数保存时，先获取目标对象（Layer 或者 Optimzier）的 state_dict，然后将 state_dict 保存至磁盘，同时可以保存模型训练 checkpoint 的信息。保存的 checkpoint 的对象已在上文示例代码中进行了设置，保存代码如下（接上个示例代码）：

```
#保存 Layer 参数
paddle.save(layer.state_dict(), "linear_net.pdparams")
#保存优化器参数
paddle.save(adam.state_dict(), "adam.pdopt")
#保存检查点 checkpoint 信息
paddle.save(final_checkpoint, "final_checkpoint.pkl")
```

执行完上述代码后，会在当前文件路径下生成三个文件，如图 3-25 所示。

注意：paddle. save 的文件名称是自定义的，通过输入参数 path（如"linear_net. pdparams"）直接作为存储结果的文件名。

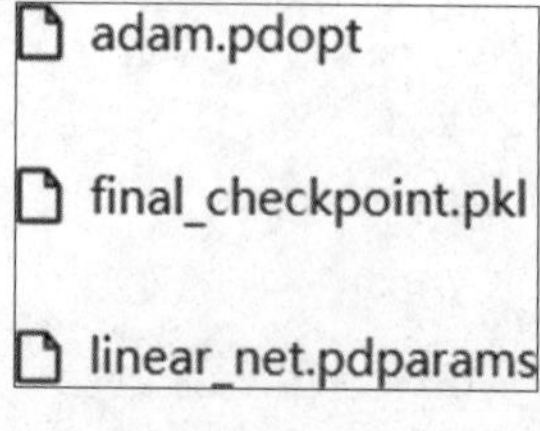


图 3-25　生成的三个文件

2）加载模型。参数载入时，先从磁盘载入保存的 state_dict，然后通过 set_state_dict()方法将 state_dict 配置到目标对象中。载入之前保存的 checkpoint 信息可以打印出来，代码如下（接上文示例代码）：

```
#载入模型参数、优化器参数和最后一个 epoch 保存的检查点
layer_state_dict=paddle.load("linear_net.pdparams")
opt_state_dict=paddle.load("adam.pdopt")
final_checkpoint_dict = paddle.load("final_checkpoint.pkl")
#将 load 后的参数与模型关联起来
layer.set_state_dict(layer_state_dict)
adam.set_state_dict(opt_state_dict)
#打印出来之前保存的 checkpoint 信息
print("Loaded Final Checkpoint. Epoch : {}, Loss : {}".format(final_checkpoint_dict
["epoch"], final_checkpoint_dict["loss"].numpy()))
```

加载以后就可以继续对动态图模型进行训练调优，或者验证预测效果。

（3）使用高层 API

1）保存模型。通过如下示例代码，介绍一个简单网络的训练和保存动态图模型的过程，以及保存动态图模型的两种方式。

```
import paddle
import paddle.nn as nn
import paddle.vision.transforms as T
from paddle.vision.models import LeNet
model = paddle.Model(LeNet())
optim = paddle.optimizer.SGD(learning_rate=1e-3,
    parameters=model.parameters())
    model.prepare(optim, paddle.nn.CrossEntropyLoss())
transform = T.Compose([
    T.Transpose(),
    T.Normalize([127.5], [127.5])
])
data = paddle.vision.datasets.MNIST(mode='train', transform=transform)
#方式一：设置训练过程中保存模型
model.fit(data, epochs=1, batch_size=32, save_freq=1)
#方式二：设置训练后保存模型
model.save('checkpoint/test')  #save for training
```

方式一：开启训练时调用的 model. fit()函数可自动保存模型，通过它的参数save_freq 可以设置保存动态图模型的频率，即多少个 epoch 保存一次模型。为方便演示，默认值设为 1。

方式二：调用 model. save()函数，只需要传入保存的模型文件的前缀，格式如

dirname/file_prefix 或者 file_prefix，即可保存训练后的模型参数和优化器参数，保存后的文件扩展名固定为 . pdparams 和 . pdopt。

2）加载模型。高层 API 加载动态图模型所需要调用的 API 是 paddle. model. load，从指定的文件中载入模型参数和优化器参数（可选）以继续训练。paddle. model. load 需要传入的核心参数是待加载的模型参数或者优化器参数文件（可选）的前缀（需要保证后缀符合 . pdparams 和 . pdopt）。

上面的示例代码已经完成了参数保存过程，如下代码会加载已保存的参数以继续训练。

```
import paddle
import paddle.nn as nn
import paddle.vision.transforms as Tfrom paddle.vision.models
import LeNet
model=paddle.Model(LeNet())
optim = paddle.optimizer.SGD(learning_rate=1e-3,
    parameters=model.parameters())
    model.prepare(optim, paddle.nn.CrossEntropyLoss())
transform = T.Compose([
    T.Transpose(),
    T.Normalize([127.5], [127.5])])
    data = paddle.vision.datasets.MNIST(mode='train', transform=transform)
#加载模型参数和优化器参数
model.load('checkpoint/test')
model.fit(data, epochs=1, batch_size=32, save_freq=1)
model.save('checkpoint/test_1')  #save for training
```

上面代码在设置完继续训练的参数后，通过 paddle. model. load 加载之前训练的模型参数和优化器参数，通过 paddle. model. save 保存训练完成的模型参数。

### 3.2.7　推理部署

#### 1. 动态图与静态图简介

在深度学习模型构建上，Paddle 框架支持动态图编程和静态图编程两种方式，其代码编写和执行方式均存在差异。动态图编程采用 Python 编程风格，解析式地执行每一行代码，同时返回计算结果，前述代码主要是动态图编程方式。静态图编程采用先编译后执行的方式，需先在代码中预定义完整的神经网络结构，Paddle 框架会将神经网络描述为 Program 的数据结构，并对 Program 进行编译优化，再调用执行器获得计算结果。

在设计 Paddle 框架时，考虑同时兼顾动态图的高易用性和静态图的高性能优势，采用动静统一的方案：在模型开发和训练时，推荐采用动态图编程，可获得更好的编程体验、更易用的接口、更友好的调试交互机制；在模型推理部署时，推荐采用动态图转静态图的方式，平滑衔接将训练好的动态图模型自动保存为静态图模型，可获得更好的模型运行性能。

以上是 Paddle 框架推荐的使用方法，即训练调优用动态图，推理部署采用动态图转静态图。但是在某些对模型训练性能有更高要求的场景，也可以使用动转静训练，即在动态图组网代码中添加一个装饰器@ to_static，便可在底层转为性能更优的静态图模式下训练。动态图与静态图转换示意图如图 3-26 所示。

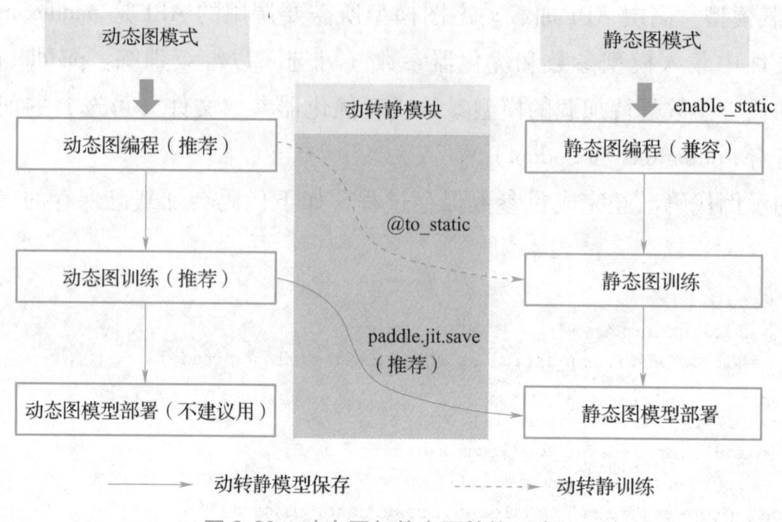

图 3-26　动态图与静态图转换示意图

从图 3-26 可以看出，在动态图模式下能够更加便捷地进行编程和训练，通过动转静模块中的@ to_static 和 paddle. jit. save 可实现动态图到静态图的快速转换。

注意：Paddle 框架 2. 0 及以上版本默认的编程模式是动态图模式，包括使用高层 API 编程和基础 API 编程。如果想切换到静态图模式编程，可以在程序的开始执行 enable_static() 函数。如果程序已经使用动态图的模式编写了，想转成静态图模式训练或者保存模型用于部署，则可以使用装饰器@ to_static。

2. 动转静训练

在 Paddle 框架中，通常情况下使用动态图训练即可满足大部分场景需求。经过多个版本的持续优化，动态图模型训练的性能已经可以和静态图媲美。如果在某些场景下确实需要使用静态图模式训练，则可以使用动转静训练功能，即仍然采用更易用的动态图编程，添加少量代码，便可在底层转为静态图训练。其实际操作只需在待转化的函数前添加一个装饰器@ paddle. jit. to_static，框架便通过解析 Python 代码等方法自动完成动静转换。

动转静训练一般应用在模型训练 CPU 向 GPU 调度不充分和提升模型训练性能两个场景中。图 3-27 是模型训练时执行单个 step 的 timeline 示意图，框架通过 CPU 调度底层 Kernel 计算。某些情况下，如果 CPU 调度时间过长，进行计算时出现空闲情况，会导致 GPU 利用率不高。

因此，如果发现由于 CPU 调度时间过长，导致 GPU 利用率低的情况，便可以采用动转静训练提升性能。从应用层面看，如果模型任务本身的 Kernel 计算时间很长，相对来说调度到 Kernel 造成的影响不大，这种情况一般用动态图训练即可。反之可以用 HRNet 等模型观察 GPU 利用率，来决定是否使用动转静训练。

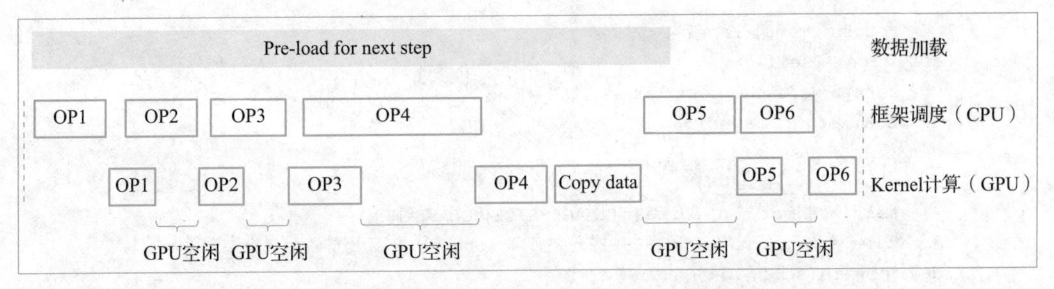


图 3-27 执行单个 step 的 timeline 示意图

相对于动态图按行代码解释执行，动转静后能够获取模型的整张计算图，即拥有了全局视野，因此可以借助算子融合等技术对计算图进行局部改写，替换为更高效的计算单元，称之为“图优化”。

图 3-28 是应用了算子融合策略后，模型训练时执行单个 step 的 timeline 示意图。

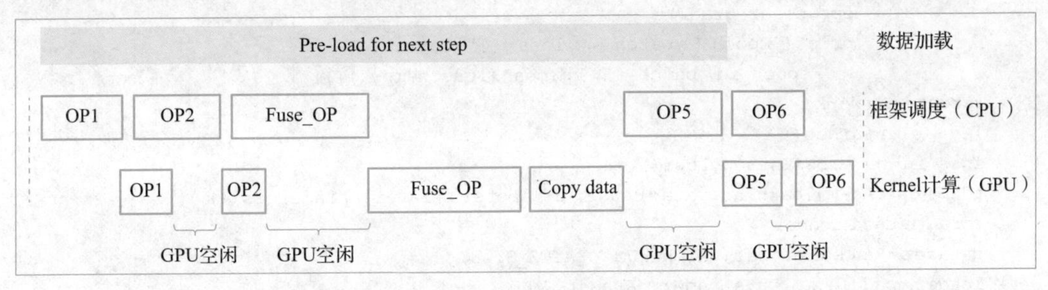


图 3-28 算子融合后执行单个 step 的 timeline 示意图

相对于图 3-27，图 3-28 中框架获取了整张计算图，按照一定规则匹配到 OP3 和 OP4 可以融合为 Fuse_OP，因此可以减少 GPU 的空闲时间，提升执行效率。

另外，调用@ paddle. jit. to_static 进行动转静训练时可以使用 build_strategy 参数开启 fuse_elewise_add_act_op、enable_addto 等优化策略来对计算图进行优化。

以下结合一个简单的网络训练示例，介绍动转静训练的方法。主要有两种方式：

1）使用 @ paddle. jit. to_static 装饰器。

通过如下示例代码，展示如何使用动转静训练 LinearNet 网络。

```
import numpy as np
import paddleimport paddle.nn as nn
import paddle.optimizer as opt
BATCH_SIZE=16
BATCH_NUM=4
EPOCH_NUM=4
IMAGE_SIZE=784
CLASS_NUM=10
#define a random dataset
class RandomDataset(paddle.io.Dataset):
    def __init__(self, num_samples):
        self.num_samples=num_samples
    def __getitem__(self, idx):
        image=np.random.random([IMAGE_SIZE]).astype('float32')
        label=np.random.randint(0, CLASS_NUM, (1, )).astype('int64')
```

```
        return image, label
    def __len__(self):
        return self.num_samples
class LinearNet(nn.Layer):
    def __init__(self):
        super().__init__()
        self._linear = nn.Linear(IMAGE_SIZE, CLASS_NUM)
    @ paddle.jit.to_static #<----在前向计算 forward() 函数前添加一个装饰器
    def forward(self, x):
        return self._linear(x)
def train(layer, loader, loss_fn, opt):
    for epoch_id in range(EPOCH_NUM):
        for batch_id, (image, label) in enumerate(loader()):
            out=layer(image)
            loss=loss_fn(out, label)
            loss.backward()
            opt.step()
            opt.clear_grad()
            print("Epoch {} batch {}: loss={}".format(
                epoch_id, batch_id, np.mean(loss.numpy())))
#create network
layer=LinearNet()
loss_fn=nn.CrossEntropyLoss()
adam=opt.Adam(learning_rate=0.001, parameters=layer.parameters())
#create data loader
dataset=RandomDataset(BATCH_NUM * BATCH_SIZE)
loader=paddle.io.DataLoader(dataset,
    batch_size=BATCH_SIZE,
    shuffle=True,
    drop_last=True,
    num_workers=2)
#train
train(layer, loader, loss_fn, adam)
```

从上述代码可以看出，只需在前向计算 forward() 函数前添加一个装饰器，即可将动态图网络转为静态图网络。对于其他动态图下的训练代码无须进行改动，即可进行动转静训练。

2）使用@ paddle. jit. to_static() 函数。

除了装饰器的方式外，也可以在组网后，增加一行代码 layer = paddle. jit. to_static (layer) 将动态图网络转为静态图网络，示例代码如下：

```
import numpy as np
import paddle
import paddle.nn as nn
import paddle.optimizer as opt
BATCH_SIZE=16
BATCH_NUM=4
EPOCH_NUM=4
IMAGE_SIZE=784
CLASS_NUM=10
#define a random dataset
class RandomDataset(paddle.io.Dataset):
```

```
    def __init__(self, num_samples):
        self.num_samples=num_samples
    def __getitem__(self, idx):
        image=np.random.random([IMAGE_SIZE]).astype('float32')
        label=np.random.randint(0, CLASS_NUM, (1, )).astype('int64')
        return image, label
    def __len__(self):
        return self.num_samples
class LinearNet(nn.Layer):
    def __init__(self):
        super().__init__()
        self._linear=nn.Linear(IMAGE_SIZE, CLASS_NUM)
    def forward(self, x):
        return self._linear(x)
def train(layer, loader, loss_fn, opt):
    for epoch_id in range(EPOCH_NUM):
        for batch_id, (image, label) in enumerate(loader()):
            out=layer(image)
            loss=loss_fn(out, label)
            loss.backward()
            opt.step()
            opt.clear_grad()
            print("Epoch {} batch {}: loss={}".format(
                epoch_id, batch_id, np.mean(loss.numpy())))
#create network
layer=LinearNet()
layer=paddle.jit.to_static(layer)
#<----通过函数式调用 paddle.jit.to_static(layer) 一键实现动转静
loss_fn=nn.CrossEntropyLoss()
adam=opt.Adam(learning_rate=0.001, parameters=layer.parameters())
#create data loader
dataset=RandomDataset(BATCH_NUM * BATCH_SIZE)
loader=paddle.io.DataLoader(dataset,
    batch_size=BATCH_SIZE,
    shuffle=True,
    drop_last=True,
    num_workers=2)
#train
train(layer, loader, loss_fn, adam)
```

动转静训练的基本执行流程如图3-29所示。

### 3. 动转静模型保存与加载

采用动态图模式将模型训练好后，如果需要将模型的结构和参数持久化保存到磁盘文件中，用于后续推理部署，则可以使用paddle. jit. save实现动转静模型保存。保存的模型可使用paddle. jit. load载入，用于验证推理效果，如图3-30所示。

在动态图模式下，模型结构指Python前端组网代码，模型参数指model. state_dict()中存放的权重数据。

（1）使用基础API

无论是动态图训练，还是动转静训练，都支持通过paddle. jit. save自动转为静态图模型，只是使用过程中有一些配置差异，下面通过示例进行介绍。

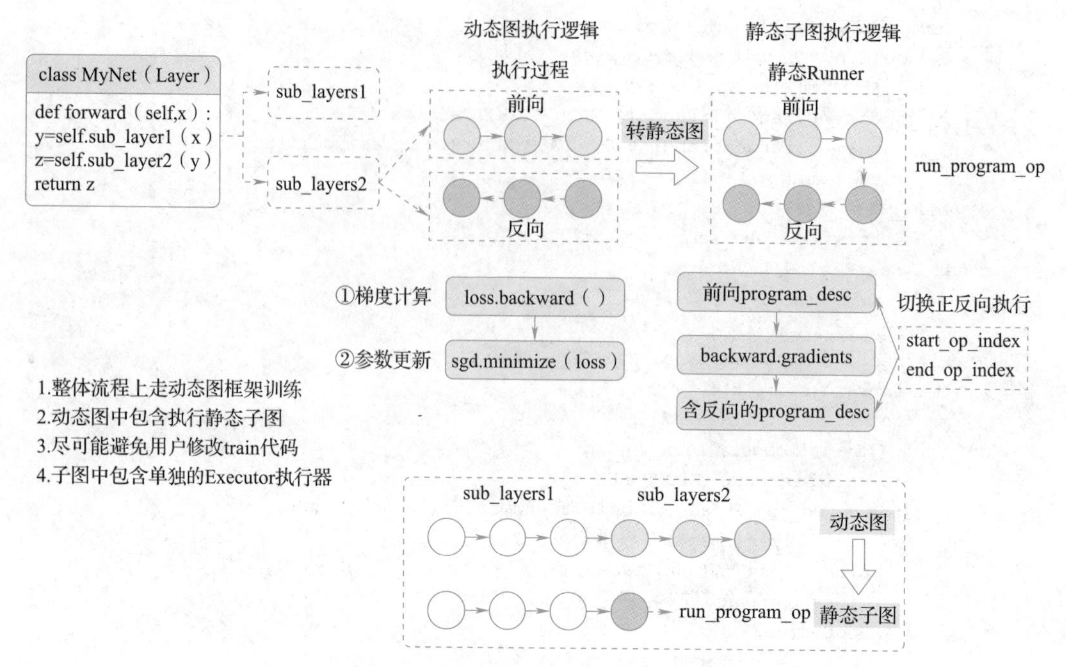


图 3-29 动转静训练的基本执行流程

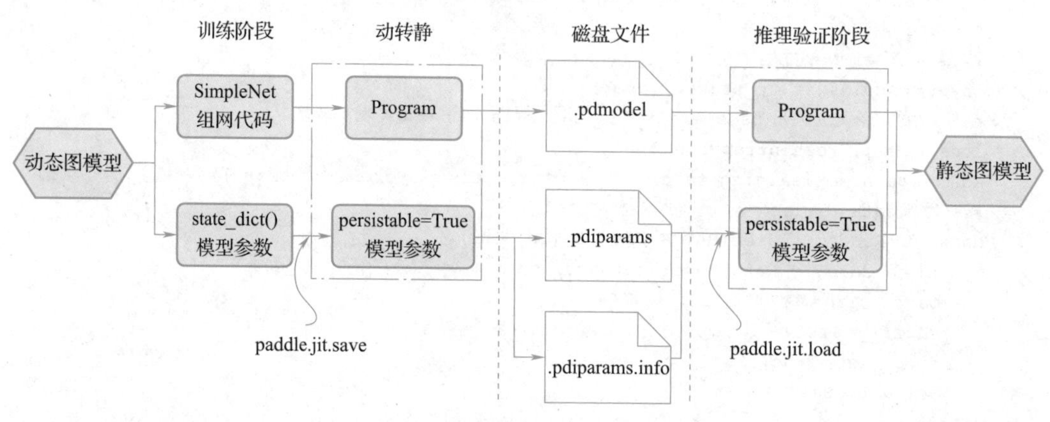


图 3-30 动转静模型保存与加载执行流程

接前文动转静训练的示例代码，训练完成后，使用 paddle. jit. save 对模型和参数进行存储，代码如下：

```
#如果保存模型用于推理部署，则需切换 eval()模式
#layer.eval()
#使用 paddle.jit.save 保存训练好的静态图模型
path="example.model/linear"
paddle.jit.save(layer, path)
```

注意：由于类似 Dropout、LayerNorm 等接口在 train()和 eval()状态的行为存在较大差异，在模型导出前，请务必确认模型已切换到正确的模式，否则导出的模型在预测阶段可能出现输出结果不符合预期的情况。如果保存模型用于推理部署，则需切换到 eval()模式；如果保存模型用于后续训练调优，则切换到 train()模式。

执行上述代码后，会在当前目录下生成如下三个文件，即代表成功导出静态图模型。

```
linear.pdiparams       //存放模型中所有的权重数据
linear.pdmodel         //存放模型的网络结构
linear.pdiparams.info  //存放和参数状态有关的额外信息
```

导出的模型可用于在云、边、端不同的硬件环境中部署，可以支持不同语言环境部署，如C++、Java、Python等。Paddle提供了服务器端部署的Paddle Inference、移动端/IoT端部署的Paddle Lite、服务化部署的Paddle Serving等，以实现模型的快速部署上线。

动转静训练保存模型后，如果需要再加载用于训练调优或验证推理效果，可以选择使用paddle.jit.load或paddle.load API。使用paddle.jit.load可以载入模型结构和参数，传入数据即可训练或推理。使用paddle.jit.load载入后得到的是一个Layer的派生类对象TranslatedLayer，TranslatedLayer具有Layer的通用特征，可以进行模型调优。

注意：使用paddle.jit.load载入模型，如果要用于训练调优，在paddle.jit.save的时候不能切换成eval()模式进行保存。另外，为了避免变量名字冲突，载入之后需重命名变量。

使用paddle.jit.load模型加载的示例代码如下：

```
import numpy as np
import paddle
import paddle.nn as nn
import paddle.optimizer as opt
BATCH_SIZE=16
BATCH_NUM=4
EPOCH_NUM=4
IMAGE_SIZE=784
CLASS_NUM=10
#载入 paddle.jit.save 保存的模型
path="example.model/linear"
loaded_layer=paddle.jit.load(path)
```

载入模型及参数后进行预测，代码如下：

```
#执行预测
loaded_layer.eval()
x=paddle.randn([1, IMAGE_SIZE], 'float32')
pred = loaded_layer(x)
```

载入模型及参数后进行调优，代码如下：

```
#定义一个随机数据集
class RandomDataset(paddle.io.Dataset):
    def __init__(self, num_samples):
        self.num_samples=num_samples
    def __getitem__(self, idx):
        image = np.random.random([IMAGE_SIZE]).astype('float32')
        label = np.random.randint(0, CLASS_NUM, (1, )).astype('int64')
        return image, label
```

```
    def __len__(self):
        return self.num_samples
def train(layer, loader, loss_fn, opt):
    for epoch_id in range(EPOCH_NUM):
        for batch_id, (image, label) in enumerate(loader()):
            out=layer(image)
            loss=loss_fn(out, label)
            loss.backward()
            opt.step()
            opt.clear_grad()
            print("Epoch {} batch {}: loss={}".format(
                epoch_id, batch_id, np.mean(loss.numpy())))
#对载入后的模型进行训练调优
loaded_layer.train()
dataset=RandomDataset(BATCH_NUM * BATCH_SIZE)
loader=paddle.io.DataLoader(dataset,
    batch_size=BATCH_SIZE,
    shuffle=True,
    drop_last=True,
    num_workers=2)
loss_fn=nn.CrossEntropyLoss()
adam=opt.Adam(learning_rate=0.001, parameters=loaded_layer.parameters())
train(loaded_layer, loader, loss_fn, adam)
#训练调优后再次保存
paddle.jit.save(loaded_layer, "fine-tune.model/linear", input_spec=[x])
```

运行结果如下，可以在原有基础上继续进行训练。

```
Epoch 0 batch 0: loss =2.357879161834717
Epoch 0 batch 1: loss =2.4139552116394043
Epoch 0 batch 2: loss =2.470794200897217
Epoch 0 batch 3: loss =2.581662654876709
Epoch 1 batch 0: loss =2.5335371494293213
Epoch 1 batch 1: loss =2.33054780960083
Epoch 1 batch 2: loss =2.4985244274139404
Epoch 1 batch 3: loss =2.4735703468322754
Epoch 2 batch 0: loss =2.3785862922668457
Epoch 2 batch 1: loss =2.3138046264648438
Epoch 2 batch 2: loss =2.5017359256744385
Epoch 2 batch 3: loss =2.4369711875915527
Epoch 3 batch 0: loss =2.489631175994873
Epoch 3 batch 1: loss =2.3689236640930176
Epoch 3 batch 2: loss =2.4190332889556885
Epoch 3 batch 3: loss =2.572436809539795
```

paddle. jit. save 同时保存了模型和参数，如果已有组网代码，只需要从存储结果中载入模型的参数，即可以使用 paddle. load 接口载入，返回所存储模型的 state_dict，并使用 set_state_dict 方法将模型参数与 Layer 关联。使用 paddle. load 模型加载的示例代码如下：

```
import paddle
import paddle.nn as nn
IMAGE_SIZE=784
CLASS_NUM=10
```

```
#网络定义
class LinearNet(nn.Layer):
    def __init__(self):
        super().__init__()
        self._linear=nn.Linear(IMAGE_SIZE, CLASS_NUM)
    @paddle.jit.to_static
    def forward(self, x):
        return self._linear(x)
#创建一个网络
layer=LinearNet()
#载入paddle.jit.save保存好的参数
path="example.model/linear"
state_dict=paddle.load(path)
#将加载后的参数赋给layer并进行预测
layer.set_state_dict(state_dict, use_structured_name=False)
layer.eval()
x=paddle.randn([1, IMAGE_SIZE], 'float32')
pred=layer(x)
```

结合一个简单的网络训练示例，介绍动态图训练后，转为静态图模型保存的方法。先用动态图模式训练一个模型，代码如下：

```
import numpy as np
import paddle
import paddle.nn as nn
import paddle.optimizer as opt
BATCH_SIZE=16
BATCH_NUM=4
EPOCH_NUM=4
IMAGE_SIZE=784
CLASS_NUM=10
#定义一个随机数数据集 class RandomDataset(paddle.io.Dataset):
    def __init__(self, num_samples):
        self.num_samples=num_samples
    def __getitem__(self, idx):
        image=np.random.random([IMAGE_SIZE]).astype('float32')
        label=np.random.randint(0, CLASS_NUM, (1, )).astype('int64')
        return image, label
    def __len__(self):
        return self.num_samples
#定义神经网络
class LinearNet(nn.Layer):
    def __init__(self):
        super().__init__()
        self._linear=nn.Linear(IMAGE_SIZE, CLASS_NUM)
    def forward(self, x):
        return self._linear(x)
#定义训练过程
def train(layer, loader, loss_fn, opt):
    for epoch_id in range(EPOCH_NUM):
        for batch_id, (image, label) in enumerate(loader()):
            out=layer(image)
            loss=loss_fn(out, label)
            loss.backward()
```

```
            opt.step()
            opt.clear_grad()
            print("Epoch {} batch {}: loss={}".format(
                epoch_id, batch_id, np.mean(loss.numpy())))
#构建神经网络
layer=LinearNet()
#设置损失函数 loss_fn=nn.CrossEntropyLoss()
#设置优化器
adam=opt.Adam(learning_rate=0.001, parameters=layer.parameters())
#构建 DataLoader 数据读取器
dataset=RandomDataset(BATCH_NUM * BATCH_SIZE)
loader=paddle.io.DataLoader(dataset,
    batch_size=BATCH_SIZE,
    shuffle=True,
    drop_last=True,
    num_workers=2)
#开始训练
train(layer, loader, loss_fn, adam)
```

动态图模型训练完成后，保存为静态图模型用于推理部署，主要包括切换 eval() 模式、构造 InputSpec 信息、调用 save 接口三个步骤，示例代码如下：

```
from paddle.static import InputSpec
#切换 eval()模式
layer.eval()
#构造 InputSpec 信息
input_spec=InputSpec([None, 784], 'float32', 'x')
#调用 paddle.jit.save 接口转为静态图模型
path="example.dy_model/linear"paddle.jit.save(
    layer=layer,
    path=path,
    input_spec=[input_spec])
```

执行上述代码后，会在当前目录生成如下三个文件，即代表成功导出可用于推理部署的静态图模型。

```
linear.pdiparams          //存放模型中所有的权重数据
linear.pdmodel            //存放模型的网络结构
linear.pdiparams.info     //存放和参数状态有关的额外信息
```

动态图训练保存模型后，模型加载通常是用于验证推理效果。使用 paddle. jit. load 载入，示例代码如下：

```
import numpy as np
import paddle
import paddle.nn as nn
import paddle.optimizer as opt
BATCH_SIZE=16
BATCH_NUM=4
EPOCH_NUM=4
IMAGE_SIZE=784
CLASS_NUM=10
#载入 paddle.jit.save 保存的模型
path="example.dy_model/linear"
loaded_layer=paddle.jit.load(path)
```

载入模型及参数后进行预测，示例代码如下：

```
#执行预测
loaded_layer.eval()
x=paddle.randn([1, IMAGE_SIZE], 'float32')
pred=loaded_layer(x)
```

（2）使用高层 API

高层 API 中 paddle. Model. save 支持保存推理使用的模型，此时高层 API 在动态图下实际上是对 paddle. jit. save 的封装，在静态图下是对 paddle. static. save_inference_model 的封装，会自动将训练好的动态图模型保存为静态图模型。

paddle. Model. save 的第一个参数需要设置为待保存的模型和参数等文件的前缀名，第二个参数 training 表示是否保存动态图模型以继续训练，默认是 True，这里需要设为 False，即保存推理部署所需的参数与文件。接前文高层 API 训练的示例代码，保存推理模型示例代码如下：

```
#保存为推理模型
Model.save('inference_model',False)
```

执行上述代码后，会在当前目录生成如下三个文件，即代表成功导出可用于推理部署的静态图模型。

```
inference_model.pdiparams          //存放模型中所有的权重数据
inference_model.pdmodel            //存放模型的网络结构
inference_model.pdiparams.info     //存放和参数状态有关的额外信息
```

至此通过 Paddle API 完成了一个深度学习任务，总结整个流程和用到的关键 API，如图 3-31 所示。

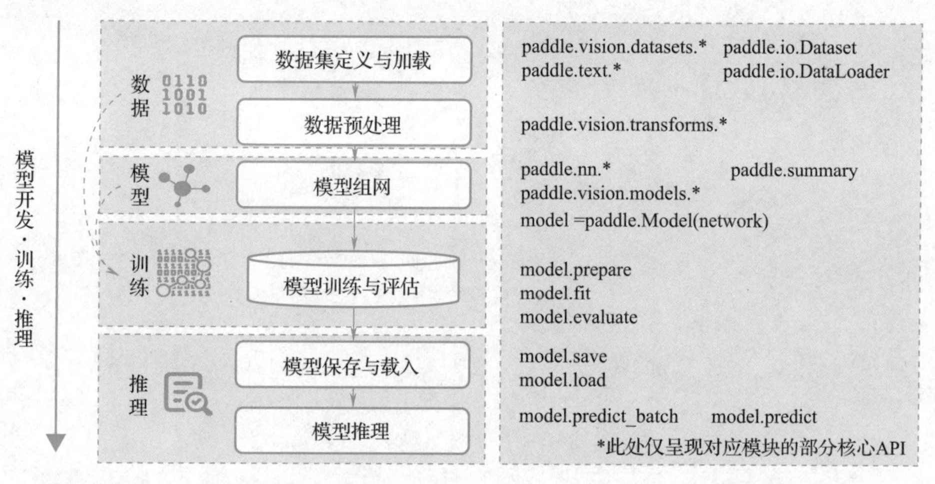


图 3-31 通过 Paddle API 完成了一个深度学习任务的流程图

Paddle 提供了功能丰富的 API 可以帮助开发者完成更复杂的深度学习任务，开发更强大的模型，比如对数据集应用数据增强、使用更复杂的 CNN 模型、调优性能等。

## 本章小结

本章首先详细介绍了 Paddle 安装、工具箱、API 以及 AI Studio 平台，然后使用 API 实现了手写数字识别，从环境配置到数据集定义、加载和数据预处理，再到模型组网、训练、评估和推理，最后实现模型的保存和加载。全流程介绍了如何使用 API 实现深度学习任务。

## 习题

在个人计算机安装 Paddle，可以自己选择版本。本地安装成功后，输入测试代码验证安装情况。

# 第4章 OCR文字识别原理与实战

导读 «

光学字符识别（OCR）是机器视觉技术的主要内容。本章首先介绍OCR系统的构成及评价指标；然后通过“数显屏数据自动识别系统”和“芯片表面序列码识别系统”两个案例，详细讲解了利用Paddle框架进行OCR项目开发的完整过程。通过对本章的学习，读者可以基本掌握OCR项目的开发流程。

本章知识点

- OCR系统的构成及评价指标
- Dbnet算法实现与解析
- CRNN算法实现与解析
- SVTR_Tiny网络结构
- PaddleOCR环境配置
- 基于PP-OCRv3预训练模型进行finetune优化
- OCR数据集的制作方法
- PaddleServing服务器部署
- 检测和识别模型进行Serving串联部署

## 4.1 OCR概述

光学字符识别（Optical Character Recognition，OCR）是指电子设备（如扫描仪或数码相机）检查纸上打印的字符，通过检测暗、亮的模式确定其形状，然后用字符识别方法将形状翻译成计算机文字的过程（即针对印刷体字符，采用光学的方式将纸质文档中的文字转换为黑白点阵的图像文件，并通过识别软件将图像中的文字转换为文本格式，供文字处理软件进一步编辑加工的技术）。如何减小识别错误率或利用辅助信息提高识别正确率，是OCR最重要的课题。

衡量一个OCR系统性能好坏的主要指标有拒识率、误识率、识别速度、用户界面友好性、产品稳定性、易用性和可行性等。传统定义的OCR一般面向扫描文档类对象，现在常说的OCR一般指场景文本识别（Scene Text Recognition，STR），主要面向自然场景，如图4-1所示的车辆牌照为自然场景可见文字。

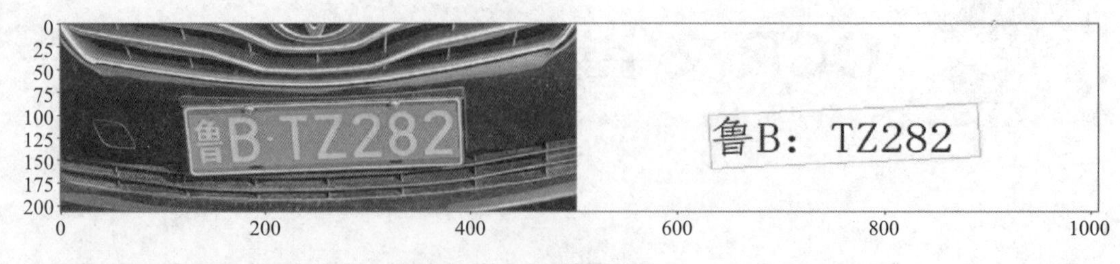


图 4-1 车辆牌照

### 4.1.1 OCR 技术介绍

OCR 技术的概念最早在 1929 年由德国科学家 Tausheck 提出，20 世纪六七十年代各国开始研究 OCR。研究初期多以文字识别方法为主（0~9 的阿拉伯数字）[8]，之后出现了一些简单的研究产品，如对邮件上的印刷邮件编码的识别。1986 年，我国研发出可以识别汉字的 OCR 产品，并相继推出中文 OCR 产品，但是早期的 OCR 产品的指标未能满足实际应用的需求。20 世纪 90 年代后，扫描仪的大范围使用推动了 OCR 技术的进步，OCR 的识别准确率、识别速度逐渐满足客户实际应用的需要。2013 年，MNIST 数据集的建立使得 OCR 技术开始应用深度学习算法，OCR 技术得到了进一步发展。

现有 OCR 技术广泛应用于金融、交通、物流等领域，其应用范围可以大致分为针对某一场景定制的 OCR 产品和识别多种场景下的通用 OCR 产品。前者是在某一特定场景下设计的，在需求方面优化特定指标，力求达到最好的实现效果；后者要求在多场景、复杂场景下同样适用，要求有广泛的适用性，因为在应用过程中场景有较大的不确定性，如图片背景杂糅、光线不均衡、文字模糊、手写字体等。

传统 OCR 技术识别过程可以分为输入、图片预处理、文本检测、文本识别、输出等步骤。OCR 技术的关键在于文本检测和文本识别，而深度学习算法可以在这两方面进行充分的优化。基于深度学习的 OCR 实现流程如图 4-2 所示。

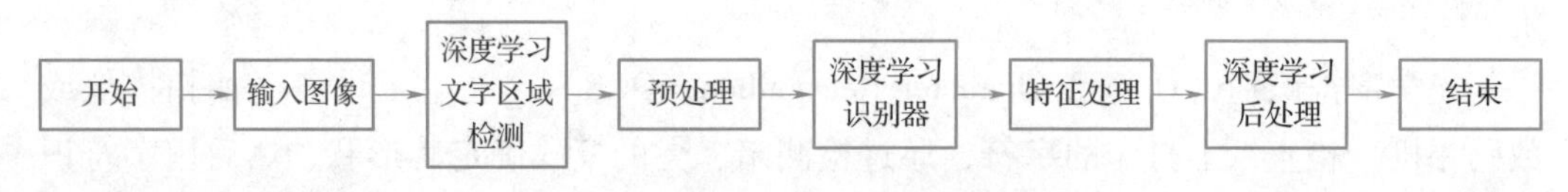


图 4-2 基于深度学习的 OCR 实现流程

Paddle 框架中的 OCR 实现称为 PP-OCR。PP-OCR 采用的是典型的两阶段 OCR 算法，即检测模型+识别模型的方式，算法框架如图 4-3 所示。

可以看到，除输入输出外，PP-OCR 算法框架包含三个模块，分别是文本检测模块（Text Detection）、检测框矫正模块（Detection Boxes Rectify）、文本识别模块（Text Recognition）。文本检测模块核心是一个基于可微分阈值（DB）检测算法训练的文本检测模型，检测出图像中的文字区域。检测框矫正模块将检测到的文本框输入到检测框矫正模块，将四点表示的文本框矫正为矩形框，方便后续进行文本识别；另外，也对文本方向进行判断和校正，例如，如果判断文本行是倒立的情况，则进行转正。最后，文本识别模块对矫正后的检测框进行文本识别，得到每个文本框内的文字内容。PP-OCR 中使用的经典文本识别算法是 CRNN[9]。

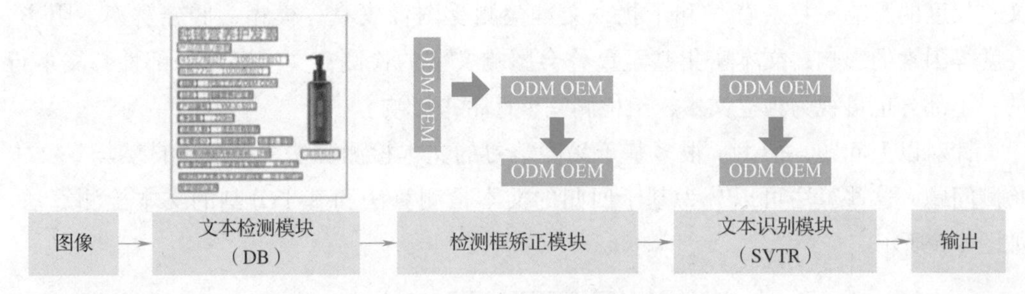


图 4-3　PP-OCR 算法框架

### 4.1.2　文本检测

文本在图像中的表现形式可以视为一种“目标”，通用的目标检测方法也适用于文本检测。从任务本身来看，目标检测和文本检测的区别是：目标检测是通过给定的图像或者视频，找出目标的位置，并给出目标的类别，如图 4-4 所示；而文本检测是通过给定输入图像或者视频，找出文本的区域，可以是单字符位置或者整个文本行位置，如图 4-5 所示。

图 4-4　目标检测示意图

图 4-5　文本检测示意图

目标检测和文本检测同属于“定位”问题。但是文本检测无须对目标分类，并且文本形状复杂多样。当前所说的文本检测一般是自然场景文本检测，其难点在于：自然场景中文本的多样性，文本检测受文字颜色、大小、字体、形状、方向、语言以及文本长度的影响；复杂背景和干扰，文本检测受图像失真、模糊、低分辨率、阴影、亮度等因素的影响；文本密集甚至重叠会影响文字的检测；文字存在局部性，文本行的一小部分也可视为独立文本，给检测完整性带来影响。

针对以上问题，衍生了很多基于深度学习的文本检测算法，来解决自然场景文本检测问题，这些算法可以分为基于回归的文本检测算法和基于分割的文本检测算法，如图 4-6 所示。

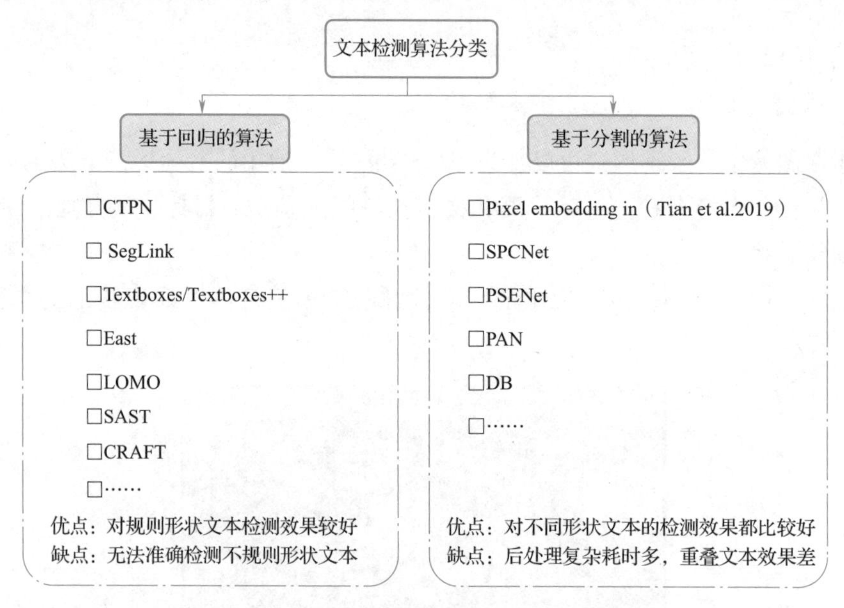


图 4-6 文本检测算法分类

### 4.1.3 文本识别

文本识别是 OCR 的另一个子任务，目的是识别一个固定区域的文本内容，是文本检测后的下一个阶段任务，即将识别出来的图像信息转换为文字信息。具体地，模型输入一张定位好的文本行，由文本识别模块预测出图片中的文字内容和置信度，其可视化结果如图 4-7 所示。

汉阳鹦鹉家居建材市场E区25-26号
Predicts of word_2.jpg:['汉阳鹦鹉家居建材市场E区25-26号', 0.9957605]
原装电池
Predicts of word_3004.jpg:['原装电池', 0.99971426]

图 4-7 文本识别可视化结果

文本识别的应用场景很多，有文档识别、路标识别、车牌识别、工业编号识别等。根据实际场景，文本识别任务分为两大类：规则文本识别和不规则文本识别。规则文本识别主要指对印刷字体、扫描文本等的识别，文本大致处在水平线位置；不规则文本识别往往出现在自然场景中，且由于文本曲率、方向、变形等方面差异大，文字往往不在水平位置，存在弯曲、遮挡、模糊等问题。

图 4-8、图 4-9 分别展示了不规则文本和规则文本样例。可以看出，不规则文本往往存在扭曲、模糊、字体差异大等问题，更贴近真实场景。因此，目前研究的 OCR 算法都试图在不规则数据集上获得更好的效果。

图 4-8　不规则文本的图片样例

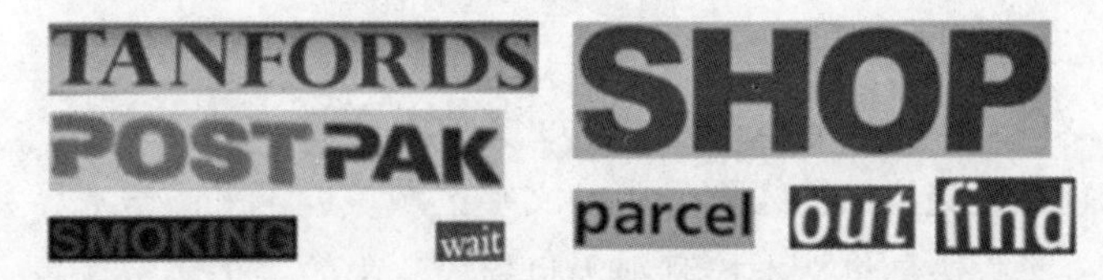


图 4-9　规则文本的图片样例

为了更客观对比不同识别算法的效果，产生了一些用于算法性能测试的公开数据集，可以从多个维度对比算法的效果。目前，较为通用的用于测试文本识别算法性能的开源数据集如图 4-10 所示。

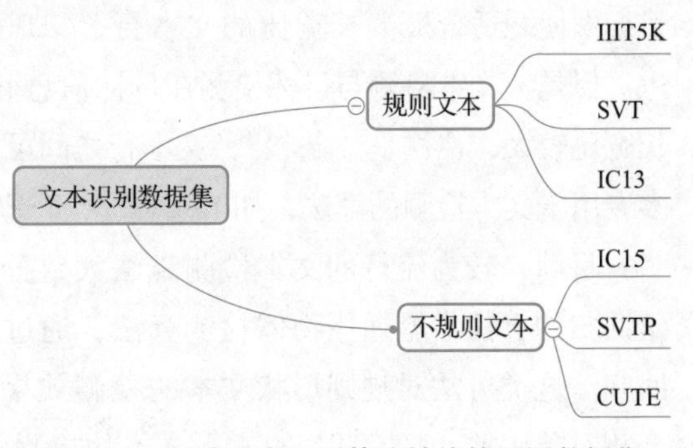


图 4-10　测试文本识别算法性能的开源数据集

注意：不只是 OCR 算法，本书介绍的目标检测算法、语义分割算法都有用于测试算法性能的开源数据集。学会使用开源数据集（以及开源工具）进行算法测试，可以加快算法的开发、设计和优化过程。

## 4.2　数显屏数据自动识别系统

OCR 技术已知应用领域包括身份证识别、车牌识别等，在生活中比较常见。随着技术不断成熟，OCR 技术也开始在化工、环保等领域得到应用，其中计量设备数显屏数据识别就是一个典型案例。

当前，计量设备存在无数据传输接口或接口协议未知，数显屏数据仍然采用人工读取、记录，整个系统存在工作效率低、人为干扰因素多、稳定性差等问题。所以，提高数据读取的自动化、智能化水平成为业界的迫切需求。

计量设备数显屏数据自动识别系统需要解决的问题的关键点主要包括识别速度、识别精度、自动化程度三个方面。

通过对问题的分析，明确系统需要解决的关键技术，就可以开始系统设计。

### 4.2.1 系统结构设计

在数显屏数据自动识别系统中，工业相机通过相机运动系统进行多台计量设备数显屏数据的定点采集，将采集的图片通过客户端计算机，上传到服务器；将 OCR 算法部署到服务器，当服务器接收到上传的图片后，利用 OCR 算法进行文本识别，返回识别结果到客户端计算机，进行后续操作。其系统框架如图 4-11 所示。

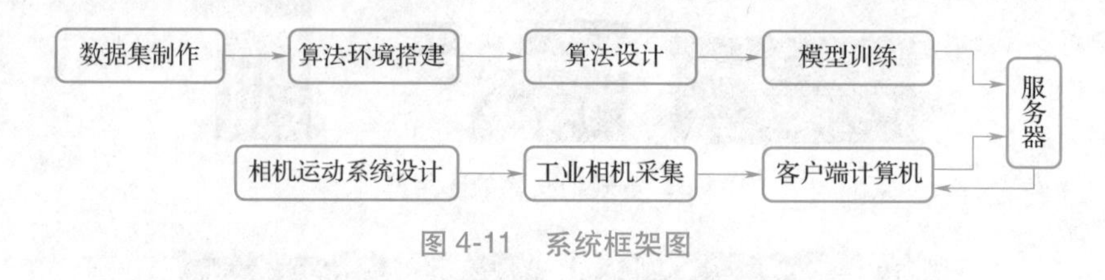


图 4-11 系统框架图

本案例采用文本检测+文本识别的方式进行 OCR 算法设计。

文本检测的任务是定位出输入图像中的文字区域。近年来，学术界关于文本检测的研究非常丰富，一类方法是将文本检测视为目标检测中的一个特定场景，基于通用目标检测算法进行改进适配。例如，TextBoxes[10] 基于一阶段目标检测器 SSD 算法[11]，调整目标框使之适合极端长宽比的文本行；CTPN[12] 则是基于 Faster RCNN[13] 架构进行改进。但是，文本检测与目标检测在目标信息和任务本身上仍存在一些区别，如文本一般长宽比较大，往往呈“条状”，文本行之间可能比较密集，弯曲文本等，因此又衍生了很多专用于文本检测的算法，如 EAST[14]、PSENet[15]、DBNet[16] 等。

目前，较为流行的文本检测算法大致分为基于回归和基于分割的两大类算法。基于回归的算法借鉴通用物体检测算法，通过设定 anchor 回归检测框，或者直接做像素回归。这类方法对规则形状文本的检测效果较好，但是对不规则形状文本的检测效果会相对差一些。如 CTPN 对水平文本的检测效果较好，但对倾斜、弯曲文本的检测效果较差；SegLink[17] 对长文本的检测效果较好，但对分布稀疏的文本效果较差。基于分割的算法引入了 Mask-RCNN[18]，这类算法在各种场景、对各种形状文本的检测效果都可以达到一个更高的水平，但缺点是后处理一般会比较复杂，因此常存在速度问题，并且无法解决重叠文本的检测问题。

基于分割的文本检测结果示例如图 4-12 所示，算法对图片中的文字区域用文本框进行截取。

文本识别的任务是识别出图像中的文字内容，其输入一般来自文本检测得到的文本框截取出的图像文字区域。文本识别一般根据待识别文本形状分为规则文本识别和不规则文本识别两大类。

1）规则文本识别算法根据解码方式不同大致分为 CTC 和 Sequence2Sequence 两种，主要区别是将序列特征转化为最终识别结果的处理方式不同。CTC 的经典算法是 CRNN。

2）不规则文本识别算法比较丰富，如 STAR-Net[19] 等方法通过加入 TPS 等矫正模块，将不规则文本矫正为规则的矩形后再进行识别；基于分割的方法将文本行的每个字符作为独立个体，识别分割出的单个字符更加容易。此外，随着 Transfomer[20] 的快速发展和在各类任务中的有效性验证，出现了一批基于 Transformer 的文本识别算法，这类方法利用 Transformer 结构解决 CNN 在长依赖建模上的局限性问题，也取得了不错的效果。

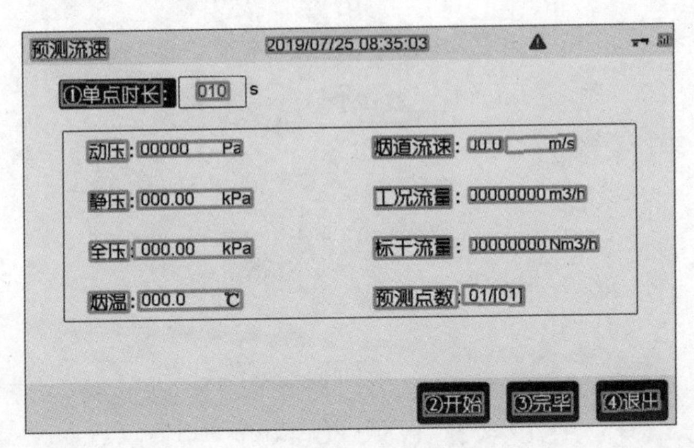


图 4-12　基于分割的文本检测结果示例

本案例以 PP-OCRv3 模型为基础，针对数显屏数据识别场景进行优化。PP-OCRv3 是一个采用两阶段 OCR 算法的框架，其中文本检测算法选用 DB 算法（见图 4-13），文本识别算法选用 CRNN（见图 4-14）。检测和识别模块之间添加文本方向分类器，以应对不同方向的文本识别。

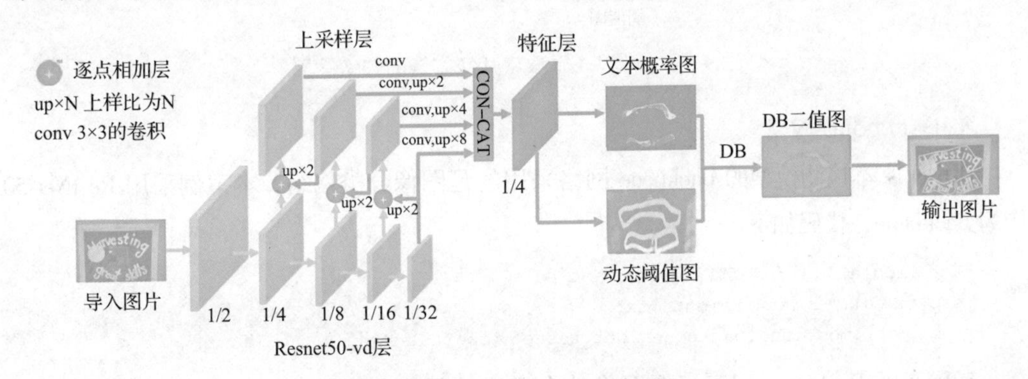


图 4-13　DB 算法网络结构示意图

### 4.2.2　DBNet 算法实现与解析

DBNet 算法是一个基于分割的文本检测算法，提出可微分阈值模型（Differenttiable Binarization module，DB module）的方法动态调整阈值，以区分文本区域和背景。图 4-15 表示了 DBNet 算法与其他方法的关键区别。

DBNet 算法与其他方法最大的不同是有一个阈值图，通过网络预测图片每个位置处的阈值，而不是采用一个固定值，能够更好地分离文本背景与前景。

构建 DBNet 文本检测模型可以分为 Backbone 网络、FPN 网络和 Head 网络三个部分。以下将使用 Paddle 分别实现上述三个网络模块，并完成完整的网络构建。

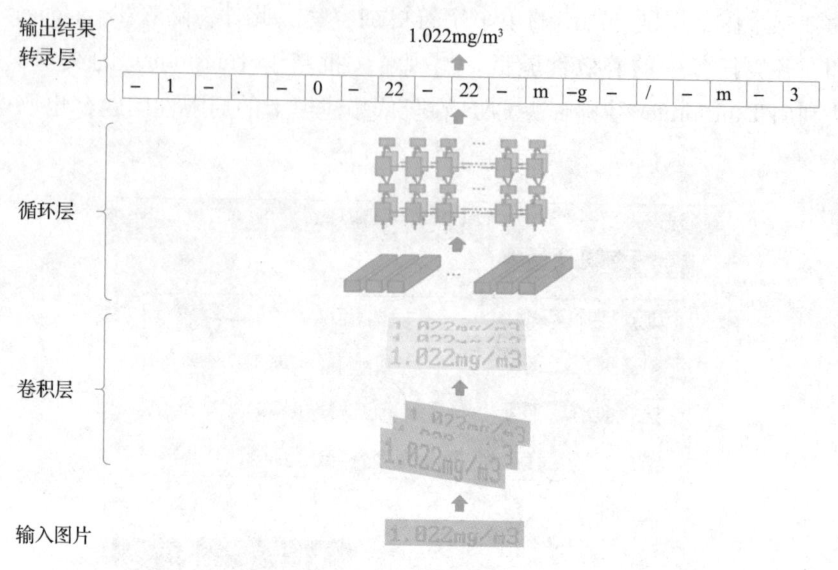


图 4-14 CRNN 网络结构示意图

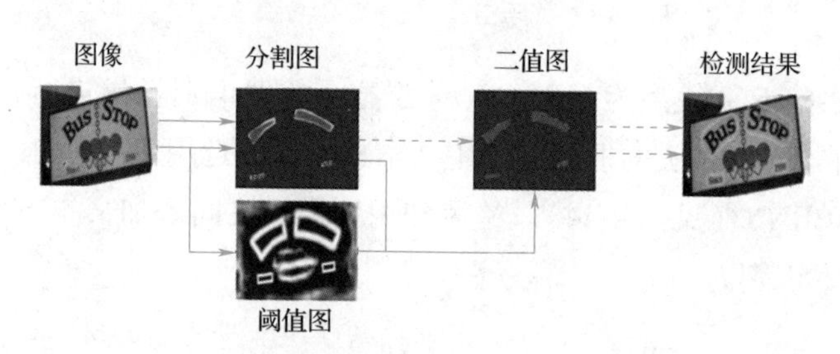


图 4-15 DBNet 算法与其他方法的关键区别

1. Backbone 网络

DBNet 文本检测模型的 Backbone 网络采用的是图像分类网络，本案例采用 RestNet-50 作为 Backbone，代码如下：

```
#安装 PaddleOCR 第三方依赖
!pip install -r requirements.txt
from ppocr.modeling.backbones.det_resnet import ResNet
```

DBNet 的 Backbone 用于提取图像的多尺度特征。假设输入的形状为 [640, 640]，Backbone 网络的输出有四个特征，其形状分别是 [1, 16, 160, 160]，[1, 24, 80, 80]，[1, 56, 40, 40]，[1, 480, 20, 20]，代码如下：

```
import paddle
fake_inputs = paddle.randn([1, 3, 640, 640], dtype="float32")
#声明 Backbone
model_backbone = ResNet()
model_backbone.eval()
#执行预测
outs = model_backbone(fake_inputs)
#打印网络结构
print(model_backbone)
```

```
#打印输出特征形状
for idx, out in enumerate(outs):
    print("The index is ", idx, "and the shape of output is ", out.shape)
```

运行上述代码会打印出ResNet网络结构及输出特征形状。图4-16为ResNet部分网络结构。

```
ResNet(
  (conv): ConvBNLayer(
    (_pool2d_avg): AvgPool2D(kernel_size=2, stride=2, padding=0)
    (_conv): Conv2D(3, 64, kernel_size=[7, 7], stride=[2, 2], padding=3, data_format=NCHW)
    (_batch_norm): BatchNorm()
  )
  (pool2d_max): MaxPool2D(kernel_size=3, stride=2, padding=1)
  (res2a): BottleneckBlock(
    (conv0): ConvBNLayer(
      (_pool2d_avg): AvgPool2D(kernel_size=2, stride=2, padding=0)
      (_conv): Conv2D(64, 64, kernel_size=[1, 1], data_format=NCHW)
      (_batch_norm): BatchNorm()
    )
    (conv1): ConvBNLayer(
      (_pool2d_avg): AvgPool2D(kernel_size=2, stride=2, padding=0)
      (_conv): Conv2D(64, 64, kernel_size=[3, 3], padding=1, data_format=NCHW)
      (_batch_norm): BatchNorm()
    )
    (conv2): ConvBNLayer(
      (_pool2d_avg): AvgPool2D(kernel_size=2, stride=2, padding=0)
      (_conv): Conv2D(64, 256, kernel_size=[1, 1], data_format=NCHW)
      (_batch_norm): BatchNorm()
    )
    (short): ConvBNLayer(
      (_pool2d_avg): AvgPool2D(kernel_size=2, stride=2, padding=0)
      (_conv): Conv2D(64, 256, kernel_size=[1, 1], data_format=NCHW)
      (_batch_norm): BatchNorm()
    )
  )
  (res2b): BottleneckBlock(
    (conv0): ConvBNLayer(
      (_pool2d_avg): AvgPool2D(kernel_size=2, stride=2, padding=0)
      (_conv): Conv2D(256, 64, kernel_size=[1, 1], data_format=NCHW)
      (_batch_norm): BatchNorm()
    )
    (conv1): ConvBNLayer(
      (_pool2d_avg): AvgPool2D(kernel_size=2, stride=2, padding=0)
      (_conv): Conv2D(64, 64, kernel_size=[3, 3], padding=1, data_format=NCHW)
      (_batch_norm): BatchNorm()
    )
    (conv2): ConvBNLayer(
      (_pool2d_avg): AvgPool2D(kernel_size=2, stride=2, padding=0)
      (_conv): Conv2D(64, 256, kernel_size=[1, 1], data_format=NCHW)
      (_batch_norm): BatchNorm()
    )
  )
```

图4-16　ResNet部分网络结构

### 2. FPN网络

特征图金字塔网络（Feature Pyramid Networks，FPN）[21] 是2017年提出的一种网络，主要解决物体检测中的多尺度问题。通过简单的网络连接改变，在基本不增加原有模型计算量的情况下，大幅度提升小物体检测的性能。低层的特征语义信息比较少，但是目标位置准确；高层的特征语义信息比较丰富，但是目标位置比较粗略。另外，虽然也有些算法采用多尺度特征融合的方式，但是一般采用融合后的特征做预测，而 FPN 不一样的地方在于预测是在不同特征层独立进行的。运行如下代码可定义 FPN 网络结构。

```
import paddle
from paddle import nn
import paddle.nn.functional as F
from paddle import ParamAttr
class DBFPN(nn.Layer):
    def __init__(self, in_channels, out_channels, **kwargs):
        super(DBFPN, self).__init__()
        self.out_channels = out_channels
    def forward(self, x):
        c2, c3, c4, c5 = x
        in5 = self.in5_conv(c5)
        in4 = self.in4_conv(c4)
        in3 = self.in3_conv(c3)
        in2 = self.in2_conv(c2)
        #特征上采样
        out4 = in4 + F.upsample(
            in5, scale_factor=2, mode="nearest", align_mode=1) #1/16
        out3 = in3 + F.upsample(
            out4, scale_factor=2, mode="nearest", align_mode=1) #1/8
        out2 = in2 + F.upsample(
            out3, scale_factor=2, mode="nearest", align_mode=1) #1/4
        p5 = self.p5_conv(in5)
        p4 = self.p4_conv(out4)
        p3 = self.p3_conv(out3)
        p2 = self.p2_conv(out2)
        #特征上采样
        p5 = F.upsample(p5, scale_factor=8, mode="nearest", align_mode=1)
        p4 = F.upsample(p4, scale_factor=4, mode="nearest", align_mode=1)
        p3 = F.upsample(p3, scale_factor=2, mode="nearest", align_mode=1)
        fuse = paddle.concat([p5, p4, p3, p2], axis=1)
        return fuse
```

FPN 网络的输入为 Backbone 部分的输出，输出特征图的高度和宽度为原图的 1/4。假设输入图像的形状为［1, 3, 640, 640］，则 FPN 输出特征的高度和宽度为［160, 160］。运行如下代码可打印 FPN 网络结构及输出特征形状。

```
import paddle
#从 PaddleOCR 中 import DBFPN
from ppocr.modeling.necks.db_fpn import DBFPN
#获得 Backbone 网络输出结果
fake_inputs = paddle.randn([1, 3, 640, 640], dtype="float32")
model_backbone = ResNet ()
in_channles = model_backbone.out_channels
#声明 FPN 网络
model_fpn = DBFPN(in_channels=in_channles, out_channels=256)
#打印 FPN 网络
print(model_fpn)
#计算得到 FPN 结果输出
```

```
outs = model_backbone(fake_inputs)
fpn_outs = model_fpn(outs)
#打印 FPN 输出特征形状
print(f"The shape of fpn outs {fpn_outs.shape}")
```

输出结果如图 4-17 所示。

```
DBFPN(
  (in2_conv): Conv2D(256, 256, kernel_size=[1, 1], data_format=NCHW)
  (in3_conv): Conv2D(512, 256, kernel_size=[1, 1], data_format=NCHW)
  (in4_conv): Conv2D(1024, 256, kernel_size=[1, 1], data_format=NCHW)
  (in5_conv): Conv2D(2048, 256, kernel_size=[1, 1], data_format=NCHW)
  (p5_conv): Conv2D(256, 64, kernel_size=[3, 3], padding=1, data_format=NCHW)
  (p4_conv): Conv2D(256, 64, kernel_size=[3, 3], padding=1, data_format=NCHW)
  (p3_conv): Conv2D(256, 64, kernel_size=[3, 3], padding=1, data_format=NCHW)
  (p2_conv): Conv2D(256, 64, kernel_size=[3, 3], padding=1, data_format=NCHW)
)
The shape of fpn outs [1, 256, 160, 160]
```

图 4-17 FPN 网络结构及输出特征形状

### 3. Head 网络

Head 网络用于计算文本区域概率图、文本区域阈值图和文本区域二值图。运行如下代码可定义 Head 网络。

```
import math
import paddle
from paddle import nn
import paddle.nn.functional as F
from paddle import ParamAttr
class DBHead(nn.Layer):
    """
    Differentiable Binarization (DB) for text detection:
        see https://arxiv.org/abs/1911.08947
    args:
        params(dict): super parameters for build DB network
    """
    def __init__(self, in_channels, k=50, **kwargs):
        super(DBHead, self).__init__()
        self.k = k
    def step_function(self, x, y):
        #可微二值化实现，通过概率图和阈值图计算文本分割二值图
        return paddle.reciprocal(1 + paddle.exp(-self.k * (x - y)))
    def forward(self, x, targets=None):
        shrink_maps = self.binarize(x)
        if not self.training:
            return {'maps': shrink_maps}
        threshold_maps = self.thresh(x)
        binary_maps = self.step_function(shrink_maps, threshold_maps)
        y = paddle.concat([shrink_maps, threshold_maps, binary_maps], axis=1)
        return {'maps': y}
```

Head 网络会在 FPN 特征的基础上进行上采样，将 FPN 特征由原图的 1/4 映射到原图大小。运行如下代码可打印查看 Head 网络结构。

```
#从 PaddleOCR 中 imort DBHead, DBFPN,ResNet
from ppocr.modeling.heads.det_db_head import DBHead
import paddle
from ppocr.modeling.backbones.det_resnet import ResNet
from ppocr.modeling.necks.db_fpn import DBFPN
#计算 DBFPN 网络输出结果
fake_inputs = paddle.randn([1, 3, 640, 640], dtype="float32")
model_backbone = ResNet ()
in_channles = model_backbone.out_channels
model_fpn = DBFPN(in_channels=in_channles, out_channels=256)
outs = model_backbone(fake_inputs)
fpn_outs = model_fpn(outs)
#声明 Head 网络
model_db_head = DBHead(in_channels=256)
#打印 DBhead 网络
print(model_db_head)
#计算 Head 网络的输出
db_head_outs = model_db_head(fpn_outs)
print(f"The shape of fpn outs {fpn_outs.shape}")
print(f"The shape of DB head outs {db_head_outs['maps'].shape}")
```

Head 网络结构及输出特征形状如图 4-18 所示。

```
DBHead(
  (binarize): Head(
    (conv1): Conv2D(256, 64, kernel_size=[3, 3], padding=1, data_format=NCHW)
    (conv_bn1): BatchNorm()
    (conv2): Conv2DTranspose(64, 64, kernel_size=[2, 2], stride=[2, 2], data_format=NCHW)
    (conv_bn2): BatchNorm()
    (conv3): Conv2DTranspose(64, 1, kernel_size=[2, 2], stride=[2, 2], data_format=NCHW)
  )
  (thresh): Head(
    (conv1): Conv2D(256, 64, kernel_size=[3, 3], padding=1, data_format=NCHW)
    (conv_bn1): BatchNorm()
    (conv2): Conv2DTranspose(64, 64, kernel_size=[2, 2], stride=[2, 2], data_format=NCHW)
    (conv_bn2): BatchNorm()
    (conv3): Conv2DTranspose(64, 1, kernel_size=[2, 2], stride=[2, 2], data_format=NCHW)
  )
)
The shape of fpn outs [1, 256, 160, 160]
The shape of DB head outs [1, 3, 640, 640]
```

图 4-18 Head 网络结构及输出特征形状

### 4.2.3 CRNN 算法实现与解析

1. 数据输入

数据输入部分需要将送入网络的数据先缩放到统一尺寸（3，32，320），并对其进行归一化处理。下面以单张图片为例展示预处理的必须步骤，代码如下：

```
import cv2
import math
import numpy as np
def resize_norm_img(img):
    """
    数据缩放和归一化
```

```
        :param img: 输入图片
        """
        # 默认输入尺寸
        imgC = 3
        imgH = 32
        imgW = 320
        #图片的真实高宽
        h, w = img.shape[:2]
        #图片真实长宽比
        ratio = w / float(h)
        #按比例缩放
        if math.ceil(imgH * ratio) > imgW:
            #如大于默认宽度，则宽度为 imgW
            resized_w = imgW
        else:
            #如小于默认宽度，则以图片真实宽度为准
            resized_w = int(math.ceil(imgH * ratio))
        #缩放
        resized_image = cv2.resize(img, (resized_w, imgH))
        resized_image = resized_image.astype('float32')
        #归一化
        resized_image = resized_image.transpose((2, 0, 1)) / 255
        resized_image -= 0.5
        resized_image /= 0.5
        #对宽度不足的位置，补 0
        padding_im = np.zeros((imgC, imgH, imgW), dtype=np.float32)
        padding_im[:, :, 0:resized_w] = resized_image
        #转置 padding 后的图片用于可视化
        draw_img = padding_im.transpose((1,2,0))
    return padding_im, draw_img
    import matplotlib.pyplot as plt
    #读图
    raw_img = cv2.imread("/home/aistudio/work/word_1.png")
    plt.figure()
    plt.subplot(2,1,1)
    #可视化原图
    plt.imshow(raw_img)
    #缩放并归一化
    padding_im, draw_img = resize_norm_img(raw_img)
    plt.subplot(2,1,2)
    #可视化网络输入图
    plt.imshow(draw_img)
    plt.show()
```

### 2. Backbone 网络

卷积神经网络作为底层骨干网络，用于从输入图像中提取特征序列。由于 conv、max-pooling、elementwise 和激活函数都作用在局部区域上，所以它们是平移不变的。因此，特征映射的每一列对应于原始图像的一个矩形区域（称为感受野），并且这些矩形区域与它们在特征映射上对应的列从左到右顺序相同。由于 CNN 需要将输入的图像缩放到固定的尺寸，以满足其固定的输入维数，因此它不适合长度变化很大的序列对象。为了更好地支持变长序列，CRNN 将 Backbone 最后一层输出的特征向量送到了 RNN

层，转换为序列特征。

PaddleOCR 使用 MobileNetV3 作为骨干网络，组网顺序与网络结构一致，需定义网络中的公共模块：ConvBNLayer、ResidualUnit 和 make_divisible。

3. Neck 网络

Neck 网络将 Backbone 输出的视觉特征图转换为一维向量输入送到 LSTM 网络中，输出序列特征。运行如下代码可定义 Neck 网络。

```
class Im2Seq(nn.Layer):
    def __init__(self, in_channels, **kwargs):
        """
        图像特征转换为序列特征
        :param in_channels: 输入通道数
        """
        super().__init__()
        self.out_channels = in_channels
    def forward(self, x):
        B, C, H, W = x.shape
        assert H == 1
        x = x.squeeze(axis=2)
        x = x.transpose([0, 2, 1])  # (NWC)(batch, width, channels)
        return x
class EncoderWithRNN(nn.Layer):
    def __init__(self, in_channels, hidden_size):
        super(EncoderWithRNN, self).__init__()
        self.out_channels = hidden_size * 2
        self.lstm = nn.LSTM(
            in_channels, hidden_size, direction='bidirectional', num_layers=2)
    def forward(self, x):
        x, _ = self.lstm(x)
        return x
class SequenceEncoder(nn.Layer):
    def __init__(self, in_channels, hidden_size=48, **kwargs):
        """
        序列编码
        :param in_channels: 输入通道数
        :param hidden_size: 隐藏层 size
        """
        super(SequenceEncoder, self).__init__()
        self.encoder_reshape = Im2Seq(in_channels)
        self.encoder = EncoderWithRNN(
            self.encoder_reshape.out_channels, hidden_size)
        self.out_channels = self.encoder.out_channels
    def forward(self, x):
        x = self.encoder_reshape(x)
        x = self.encoder(x)
        return x
ctc_head = CTCHead(in_channels=96, out_channels=37)
predict = ctc_head(sequence)
print("predict shape:", predict.shape)
result = F.softmax(predict, axis=2)
pred_id = paddle.argmax(result, axis=2)
pred_socres = paddle.max(result, axis=2)
```

```
print("pred_id:", pred_id)
print("pred_scores:", pred_socres)
```

### 4. Head 网络

Head 网络由全连接层和 Softmax 组成，用于计算序列特征时间步上的标签概率分布。本示例仅支持模型识别小写英文字母和数字共计 36 个类别，运行如下代码可定义 Head 网络。

```
class CTCHead(nn.Layer):
    def __init__(self,
                 in_channels,
                 out_channels,
                 **kwargs):
        """
        CTC 预测层
        :param in_channels: 输入通道数
        :param out_channels: 输出通道数
        """
        super(CTCHead, self).__init__()
        self.fc = nn.Linear(
            in_channels,
            out_channels)
        self.out_channels = out_channels
    def forward(self, x):
        predicts = self.fc(x)
        result = predicts
        if not self.training:
            predicts = F.softmax(predicts, axis=2)
            result = predicts
        return result
```

在网络随机初始化的情况下，输出结果是无序的。经过 Softmax 之后，可以得到各时间步上的概率最大的预测结果。其中，pred_id 代表预测的标签 ID，pre_scores 代表预测结果的置信度。运行如下代码可定义 pred_id 和 pre_scores。

```
ctc_head = CTCHead(in_channels=96, out_channels=37)
predict = ctc_head(sequence)
print("predict shape:", predict.shape)
result = F.softmax(predict, axis=2)
pred_id = paddle.argmax(result, axis=2)
pred_socres = paddle.max(result, axis=2)
print("pred_id:", pred_id)
print("pred_scores:", pred_socres)
```

### 5. 后处理

识别网络最终返回的结果是各个时间步上的最大索引值，最终期望的输出是对应的文字结果，因此 CRNN 的后处理是一个解码过程。主要逻辑代码如下：

```
def decode(text_index, text_prob=None, is_remove_duplicate=False):
    """ convert text-index into text-label. """
    character = "-0123456789abcdefghijklmnopqrstuvwxyz"
    result_list = []
    #忽略 tokens [0] 代表 ctc 中的 blank 位
```

```
        ignored_tokens = [0]
        batch_size = len(text_index)
        for batch_idx in range(batch_size):
            char_list = []
            conf_list = []
            for idx in range(len(text_index[batch_idx])):
                if text_index[batch_idx][idx] in ignored_tokens:
                    continue
                #合并blank之间相同的字符
                if is_remove_duplicate:
                    # only for predict
                    if idx > 0 and text_index[batch_idx][idx - 1] == text_index[
                            batch_idx][idx]:
                        continue
                #将解码结果存在char_list内
                char_list.append(character[int(text_index[batch_idx][
                    idx])])
                #记录置信度
                if text_prob is not None:
                    conf_list.append(text_prob[batch_idx][idx])
                else:
                    conf_list.append(1)
            text = ''.join(char_list)
            #输出结果
            result_list.append((text, np.mean(conf_list)))
    return result_list
    pred_id = paddle.argmax(result, axis=2)
    pred_socres = paddle.max(result, axis=2)
    print(pred_id)
    decode_out = decode(pred_id, pred_socres)
    print("decode out:", decode_out)
    #替换模型预测好的结果
    right_pred_id = paddle.to_tensor([['xxxxxxxxxxxxx']])
    tmp_scores = paddle.ones(shape=right_pred_id.shape)
    out = decode(right_pred_id, tmp_scores)
    print("out:",out)
```

上述步骤完成了网络的搭建，也实现了一个简单的前向预测过程。

### 4.2.4 数据自动识别算法开发

近年来，深度学习在很多机器学习领域都有着非常出色的表现，面对繁多的应用场景，百度公司提出的深度学习框架 Paddle，节省了大量烦琐的外围工作，更聚焦业务场景和模型设计本身。所以，学会使用开源框架，对于初学者而言是非常重要的。

#### 1. PaddleOCR 环境配置

Windows 操作系统的用户推荐使用 Anaconda 搭建 Python 环境，推荐配置环境 PaddlePaddle >= 2.1.2、Python 3.7、CUDA10.1/CUDA10.2、CUDNN 7.6。

成功配置环境后安装 PaddleOCR，输入如下指令。

```
pip install "paddleocr>=2.0.1" # 推荐使用 2.0.1+版本
```

注意：对于 Windows 操作系统的用户，直接通过 pip 安装的 shapely 库可能出现

[winRrror 126] 找不到指定模块的问题，建议从官网下载 shapely 安装包完成安装。

PaddleOCR 提供了一系列测试图片，下载并解压，然后在终端切换到相应目录。如果不使用提供的测试图片，可以将下方代码--image_dir 参数替换为相应的测试图片路径。

```
cd /path/to/ppocr_img
paddleocr --image_dir ./imgs/11.jpg --use_angle_cls true --use_gpu false
```

注意：如要使用检测+方向分类器+识别的检测流程，需在代码后加入--use_angle_cls true，设置使用方向分类器识别 180°旋转文字，加入--use_gpu false 设置不使用 GPU。

输出如下结果是一个 list，每个 item 包含了文本框、文字和识别置信度。

```
[[[28.0, 37.0], [302.0, 39.0], [302.0, 72.0], [27.0, 70.0]], ('纯臻营养护发素',
0.9658738374710083)]
......
```

此外，PaddleOCR 支持输入 pdf 文件，并且可以通过指定参数 page_num 的数量来控制推理整个 pdf 的页数。默认为 0，表示推理所有页。代码如下：

```
paddleocr --image_dir ./xxx.pdf --use_angle_cls true --use_gpu false --page_num 2
```

注意：如果单独使用检测，则设置--rec 为 false，代码如下：

```
paddleocr --image_dir ./imgs/11.jpg --rec false
```

输出如下结果是一个 list，每个 item 只包含文本框。

```
[[27.0, 459.0], [136.0, 459.0], [136.0, 479.0], [27.0, 479.0]]
[[28.0, 429.0], [372.0, 429.0], [372.0, 445.0], [28.0, 445.0]]
......
```

注意：单独使用识别，则设置--det 为 false，代码如下：

```
paddleocr --image_dir ./imgs_words/ch/word_1.jpg --det false
```

输出如下结果是一个 list，每个 item 只包含识别结果和识别置信度。

```
['韩国小馆', 0.994467]
```

### 2. 在 AI Studio 平台完成算法搭建

本案例基于 PaddleOCR 开源套件，以 PP-OCRv3 模型为基础，针对数显屏数据识别场景进行优化。首先搭建安装环境，代码如下：

```
#首先 git 官方的 PaddleOCR 项目，安装需要的依赖
#第一次运行打开该注释
#!git clone https://gitee.com/PaddlePaddle/PaddleOCR.git
%cd /home/aistudio/PaddleOCR
!pip install -r requirements.txt
```

(1) 数据准备

1) 检测数据集。本案例数据来源于实际项目中各种计量设备以及合成的一些其他数显屏数据，包含训练集 755 张、测试集 355 张。运行如下代码，准备检测数据集。

```
%cd /home/aistudio/PaddleOCR
#在 PaddleOCR 下创建新的文件夹 train_data
!mkdir train_data
```

```
#查看当前挂载的数据集目录
!ls /home/aistudio/data/
#解压挂载的字符检测数据集到指定路径下
!unzip /home/aistudio/data/data127845/icdar2015.zip  -d train_data
```

运行如下代码，查看检测数据集示例图片。

```
%cd /home/aistudio/PaddleOCR
#随机查看文字检测数据集图片
from PIL import Image
import matplotlib.pyplot as plt
import numpy as np
import os
train = './train_data/icdar2015/text_localization/test'
#从指定目录中选取一张图片
def get_one_image(train):
    plt.figure()
    files = os.listdir(train)
    n = len(files)
    ind = np.random.randint(0,n)
    img_dir = os.path.join(train,files[ind])
    image = Image.open(img_dir)
    plt.imshow(image)
    plt.show()
    image = image.resize([208, 208])
#get_one_image(train)
```

运行结果如图 4-19 所示。

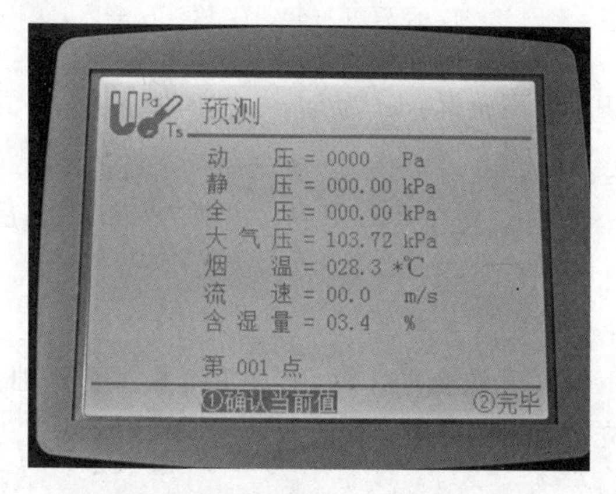


图 4-19 检测数据集示例图片

2）识别数据集。识别数据集包括设备采集以及在网上搜集的一些其他数据，其中训练集 19 912 张，测试集 4 099 张。运行如下代码，准备识别数据集。

```
%cd /home/aistudio/PaddleOCR
#解压挂载的数据集到指定路径下
!unzip /home/aistudio/data/data128714/ic15_data.zip -d train_data
```

运行如下代码，查看识别数据集图片示例。

```
%cd /home/aistudio/PaddleOCR
#随机查看文字识别数据集图片
```

```
from PIL import Image
import matplotlib.pyplot as plt
import numpy as np
import os
train = './train_data/ic15_data/train'
#从指定目录中选取一张图片
def get_one_image(train):
    plt.figure()
    files = os.listdir(train)
    n = len(files)
    ind = np.random.randint(0,n)
    img_dir = os.path.join(train,files[ind])
    image = Image.open(img_dir)
    plt.imshow(image)
    plt.show()
    image = image.resize([208, 208])
#get_one_image(train)
```

运行结果如图 4-20 所示。

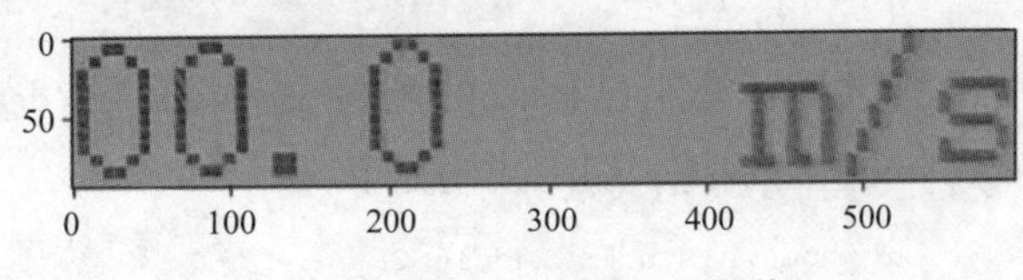


图 4-20　识别数据集示例图片

（2）检测算法优化

本部分基于 PP-OCRv3 检测模型进行优化，以该模型的学生模型作为 base 模型，为了提升模型精度进行了四种优化，包括基于 PP-OCRv3 检测预训练模型进行 cml 优化、基于 PP-OCRv3 检测的学生模型进行 finetune 优化、基于 PP-OCRv3 检测的教师模型进行 finetune 优化、基于 finetune 好的学生和教师模型进行 cml 优化。

优化前，首先需要下载 PP-OCRv3 检测预训练模型，代码如下：

```
%cd /home/aistudio/PaddleOCR
#使用该指令下载需要的预训练模型
!wget -P ./pretrained_models/
https://paddleocr.bj. bcebos. com/PP - OCRv3/chinese/ch _ PP - OCRv3 _ det _ distill _
train.tar
#解压预训练模型文件
!tar -xf ./pretrained_models/ch_PP-OCRv3_det_distill_train.tar -C pretrained_models
#训练之前，用如下指令评估预训练模型的效果
%cd /home/aistudio/PaddleOCR
#评估预训练模型
!python tools/eval.py \
    -c configs/det/ch_PP-OCRv3/ch_PP-OCRv3_det_cml.yml \
    -o Global.pretrained_model = "./pretrained_models/ch _ PP - OCRv3 _ det _ distill _
train/best_ accuracy"
```

预训练模型的评估效果如图 4-21 所示。

```
[2022/05/23 17:51:52] ppocr INFO: metric eval ***************
[2022/05/23 17:51:52] ppocr INFO: precision:0.4652930001461347
[2022/05/23 17:51:52] ppocr INFO: recall:0.48521792136543734
[2022/05/23 17:51:52] ppocr INFO: hmean:0.47504662439388284
[2022/05/23 17:51:52] ppocr INFO: fps:3.3995260150232203
```

图 4-21　预训练模型的评估效果

可以看出，直接使用预训练模型的准确率并不是很高，因此需要基于预训练模型进行优化。

1）基于PP-OCRv3检测预训练模型进行cml优化。

训练前需要修改配置文件configs/det/ch_PP-OCRv3/ch_PP-OCRv3_det_cml.yml，主要修改训练轮数和学习率等相关参数，设置预训练模型路径、数据集路径等。另外，batch_size可根据个人计算机显存大小进行调整。具体修改的参数如图4-22所示。

```
epoch:100
save_epoch_step:10
eval_batch_step:[0, 50]
save_model_dir: ./output/ch_PP-OCR_v3_det/
pretrained_model: ./pretrained_models/ch_PP-OCRv3_det_distill_train/best_accuracy
learning_rate: 0.00025
num_workers: 0
```

图4-22　cml优化参数修改示例

修改后，使用已修改的配置文件configs/det/ch_PP-OCRv3/ch_PP-OCRv3_det_cml.yml进行训练，训练代码如下：

```
%cd /home/aistudio/PaddleOCR
#开始训练模型
!python tools/train.py \
    -c configs/det/ch_PP-OCRv3/ch_PP-OCRv3_det_cml.yml \
    -o Global.pretrained_model=./pretrained_models/ch_PP-OCRv3_det_distill_train/best_accuracy
```

训练后，进行效果评估，评估代码如下：

```
%cd /home/aistudio/PaddleOCR
#评估训练好的模型
!python tools/eval.py \
    -c configs/det/ch_PP-OCRv3/ch_PP-OCRv3_det_cml.yml \
    -o Global.pretrained_model="./output/ch_PP-OCR_v3_det/best_accuracy"
```

cml优化后的评估结果如图4-23所示。

```
[2022/06/01 15:53:52] ppocr INFO: load pretrain successful from ./output/ch_PP-OCR_v3_det/best_accuracy
eval model:: 100%|██████████| 355/355 [02:48<00:00, 2.73it/s]
[2022/06/01 15:56:41] ppocr INFO: metric eval ***************
[2022/06/01 15:56:41] ppocr INFO: precision:0.6425506731765054
[2022/06/01 15:56:41] ppocr INFO: recall:0.6642704190884062
[2022/06/01 15:56:41] ppocr INFO: hmean:0.6532300518914042
[2022/06/01 15:56:41] ppocr INFO: fps:3.3940032762213646
```

图4-23　cml优化后的评估结果

可以看出，经过cml优化后，精度有了明显提升，但并不很高，需要进一步优化。

2）基于PP-OCRv3检测的学生模型进行finetune优化。

训练前需要修改配置文件configs/det/ch_PP-OCRv3/ch_PP-OCRv3_det_student.yml，主要修改训练轮数和学习率等相关参数，设置预训练模型路径、数据集路径等。另外，

batch_size 可根据个人计算机显存大小进行调整。具体修改的参数如图 4-24 所示。

```
epoch:100
save_epoch_step:10
eval_batch_step:[0, 50]
save_model_dir: ./output/ch_PP-OCR_v3_det_student/
pretrained_model: ./pretrained_models/ch_PP-
OCRv3_det_distill_train/student
learning_rate: 0.00025
num_workers: 0
```

图 4-24　finetune 优化参数修改示例

修改后，使用已修改的配置文件 configs/det/ch_PP-OCRv3/ch_PP-OCRv3_det_student.yml 进行训练，训练代码如下：

```
%cd /home/aistudio/PaddleOCR
!python tools/train.py \
    -c configs/det/ch_PP-OCRv3/ch_PP-OCRv3_det_student.yml \
    -o Global.pretrained_model=./pretrained_models/ch_PP-OCRv3_det_distill_
train/student
```

训练后，进行效果评估，评估代码如下：

```
!python tools/eval.py \
    -c configs/det/ch_PP-OCRv3/ch_PP-OCRv3_det_student.yml \
    -o Global.pretrained_model="./output/ch_PP-OCR_v3_det_student/best_accuracy"
```

finetune 优化后的评估结果如图 4-25 所示。

```
[2022/06/01 15:56:51] ppocr INFO: load pretrain successful from
./output/ch_PP-OCR_v3_det_student/best_accuracy
eval model:: 100%|██████████████████████| 355/355 [01:38<00:00,
4.94it/s]
[2022/06/01 15:58:29] ppocr INFO: metric eval ***************
[2022/06/01 15:58:29] ppocr INFO: precision:0.7772969854319919
[2022/06/01 15:58:29] ppocr INFO: recall:0.8242581829305599
[2022/06/01 15:58:29] ppocr INFO: hmean:0.8000890802464553
[2022/06/01 15:58:29] ppocr INFO: fps:15.181820958874784
```

图 4-25　finetune 优化后的评估结果

可以看出，经过对学生模型的 finetune 优化，精度又有了进一步提升。

3）基于 PP-OCRv3 检测的教师模型进行 finetune 优化。

首先需要从提供的预训练模型 best_accuracy. pdparams 中提取 teacher 参数，组合成适合协同互学习训练的初始化模型，提取代码如下：

```
%cd /home/aistudio/PaddleOCR/pretrained_models/
#transform teacher params in best_accuracy.pdparams into teacher_dml.paramers
import paddle
#load pretrained model
all_params = \paddle.load("ch_PP-OCRv3_det_distill_train/best_accuracy.pdparams")
#print(all_params.keys())
#keep teacher params
t_params = {key[len("Teacher."):]: all_params[key] \
    for key in all_params if "Teacher." in key}
#print(t_params.keys())
```

```
s_arams = {"Student." + key: t_params[key] for key in t_params}
s2_params = {"Student2." + key: t_params[key] for key in t_params}
s_params = {**s_params, **s2_params}
#print(s_params.keys())
paddle.save(s_params, \"ch_PPOCRv3_det_distill_train/teacher_dml.pdparams")
```

训练前需要修改配置文件 configs/det/ch_PP-OCRv3/ch_PP-OCRv3_det_dml. yml，主要修改训练轮数和学习率等相关参数，设置预训练模型路径、数据集路径等。另外，batch_size 可根据个人计算机显存大小进行调整。具体修改的参数如图 4-26 所示。

```
epoch:100
save_epoch_step:10
eval_batch_step:[0, 50]
save_model_dir: ./output/ch_PP-OCR_v3_det_teacher/
pretrained_model: ./pretrained_models/ch_PP-
OCRv3_det_distill_train/teacher_dml
learning_rate: 0.00025
num_workers: 0
```

图 4-26　finetune 优化参数修改示例

修改后，使用已修改的配置文件 configs/det/ch_PP-OCRv3/ch_PP-OCRv3_det_dml. yml 进行训练，训练代码如下：

```
%cd /home/aistudio/PaddleOCR
!python tools/train.py \
    -c configs/det/ch_PP-OCRv3/ch_PP-OCRv3_det_dml.yml
    -o Global.pretrained_model=./pretrained_models/ch_PP-OCRv3_det_distill_train/
teacher_dml
```

训练后，进行效果评估，评估代码如下：

```
!python tools/eval.py \
    -c configs/det/ch_PP-OCRv3/ch_PP-OCRv3_det_dml.yml \
    -o Global.pretrained_model="./output/ch_PP-OCR_v3_det_teacher/best_accuracy"
```

评估精度为 0.848，可以看到精度进一步提升，但是教师模型较大，因此需要进一步采用 cml 策略进行优化。

4）基于 finetune 好的学生和教师模型进行 cml 优化。

需要从之前训练得到的 best_accuracy. pdparams 中提取各自代表 student 和 teacher 的参数，组合成适合 cml 训练的初始化模型，提取代码如下：

```
%cd /home/aistudio/PaddleOCR/
#transform teacher params and student parameters into cml model
import paddle
all_params = paddle.load("./pretrained_models/ch_PP-OCRv3_det_dis
till_train/best_accuracy.pdparams")
#print(all_params.keys())
t_params = paddle.load("./output/ch_PP-OCR_v3_det_teacher/best_accuracy.pdparams")
#print(t_params.keys())
s_params = paddle.load("./output/ch_PP-OCR_v3_det_student/best_ac
curacy.pdparams")
#print(s_params.keys())
for key in all_params:
```

```
        # teacher is OK
        if "Teacher." in key:
            new_key = key.replace("Teacher", "Student")
            #print("{} >> {}\n".format(key, new_key))
            assert all_params[key].shape == t_params[new_key].shape
            all_params[key] = t_params[new_key]
        if "Student." in key:
            new_key = key.replace("Student.", "")
            #print("{} >> {}\n".format(key, new_key))
            assert all_params[key].shape == s_params[new_key].shape
            all_params[key] = s_params[new_key]
        if "Student2." in key:
            new_key = key.replace("Student2.", "")
            print("{} >> {}\n".format(key, new_key))
            assert all_params[key].shape == s_params[new_key].shape
            all_params[key] = s_params[new_key]
    paddle.save(all_params,"./pretrained_models/ch_PP-OCRv3_det_distill_train/
teacher_cml_ student. pdparams")
```

使用已修改的配置文件 configs/det/ch_PP-OCRv3/ch_PP-OCRv3_det_cml. yml 进行最终模型训练，训练代码如下：

```
%cd /home/aistudio/PaddleOCR
!python tools/train.py \
    -c configs/det/ch_PP-OCRv3/ch_PP-OCRv3_det_cml.yml \
    -o Global.pretrained_model=./pretrained_models/ch_PP-OCRv3_det_distill_t rain/
teacher_ cml_student  Global.save_model_dir=./output/ch_PP-OCR_v3_det_finetune/
```

训练后，进行效果评估，评估代码如下：

```
!python tools/eval.py \
    -c configs/det/ch_PP-OCRv3/ch_PP-OCRv3_det_cml.yml \
    -o Global.pretrained_model="./output/ch_PP-OCR_v3_det_finetune/best_accuracy"
```

cml 优化后的评估结果如图 4-27 所示。

```
[2022/06/01 15:58:39] ppocr INFO: load pretrain successful from
./output/ch_PP-OCR_v3_det_finetune/best_accuracy
eval model:: 100%|██████████████████████████| 355/355 [02:51<00:00,
2.68it/s]
[2022/06/01 16:01:30] ppocr INFO: metric eval ***************
[2022/06/01 16:01:30] ppocr INFO: precision:0.8090084820122843
[2022/06/01 16:01:30] ppocr INFO: recall:0.8461303150810645
[2022/06/01 16:01:30] ppocr INFO: hmean:0.827153110047847
[2022/06/01 16:01:30] ppocr INFO: fps:3.3489724945867407
```

图 4-27　cml 优化后的评估结果

可以看出，经过四个部分的优化，检测精度已经提升到了 82.7%。

（3）模型推理

训练完成后，可以将训练模型转换为推理（inference）模型。推理模型会额外保存模型的结构信息，在预测部署、加速推理方面性能优越、灵活方便，适合于实际系统集成。

1）模型导出。导出代码如下：

```
%cd /home/aistudio/PaddleOCR
#转换为推理模型
!python tools/export_model.py \
    -c configs/det/ch_PP-OCRv3/ch_PP-OCRv3_det_cml.yml \
    -o Global.pretrained_model=./output/ch_PP-OCR_v3_det_finetune/best_accuracy \
    -o Global.save_inference_dir="./inference/det_ppocrv3"
```

2）模型测试。导出模型后，可以使用如下代码进行推理预测。

```
%cd /home/aistudio/PaddleOCR
#推理预测
!python tools/infer/predict_det.py --image_dir="train_data/icdar2015/text_localization/test/1.jpg" --det_model_dir="./inference/det_ppocrv3/Student"
```

模型推理预测结果如图 4-28 所示。

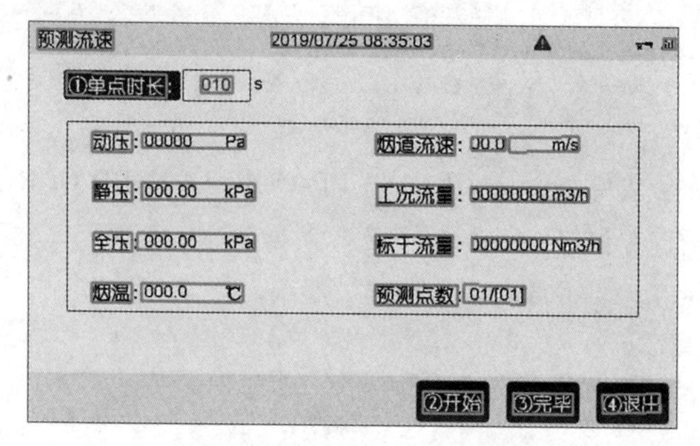


图 4-28　模型推理预测结果

### 3. 识别算法优化

首先需要下载解压预训练模型，代码如下：

```
%cd /home/aistudio/PaddleOCR
#使用该指令下载需要的预训练模型
!wget -P ./pretrained_models/
https://paddleocr.bj.bcebos.com/PP-OCRv3/chinese/ch_PP-OCRv3_rec_train.tar
#解压预训练模型文件
!tar -xf ./pretrained_models/ch_PP-OCRv3_rec_train.tar -C pretrained_models
```

在训练之前，可以使用如下代码评估预训练模型的效果。

```
%cd /home/aistudio/PaddleOCR
#评估预训练模型
!python tools/eval.py \
    -c configs/rec/PP-OCRv3/ch_PP-OCRv3_rec_distillation.yml \
    -o Global.pretrained_model="./pretrained_models/ch_PP-OCRv3_rec_train/best_accuracy"
```

预训练模型的评估结果如图 4-29 所示。

（1）训练识别模型

修改识别模型配置文件 configs/rec/PP-OCRv3/ch_PP-OCRv3_rec_distillation.yml，主要修改训练轮数和学习率等相关参数，设置预训练模型路径、数据集路径等。另外，batch_size 可根据个人计算机显存大小进行调整。

```
[2022/05/24 15:11:05] ppocr INFO: load pretrain successful from
./pretrained_models/ch_PP-OCRv3_rec_train/best_accuracy
eval model:: 100%|████████████████████| 65/65 [00:12<00:00,
5.02it/s]
[2022/05/24 15:11:18] ppocr INFO: metric eval ***************
[2022/05/24 15:11:18] ppocr INFO: acc:0.7040741627126759
[2022/05/24 15:11:18] ppocr INFO: norm_edit_dis:0.8892152963774622
[2022/05/24 15:11:18] ppocr INFO: Teacher_acc:0.706025858243411
[2022/05/24 15:11:18] ppocr INFO:
Teacher_norm_edit_dis:0.8905753265415874
[2022/05/24 15:11:18] ppocr INFO: fps:1405.813587576768
```

图 4-29　预训练模型的评估结果

使用已修改好的配置文件 configs/rec/PP-OCRv3/ch_PP-OCRv3_rec_distillation.yml 进行训练，训练代码如下：

```
%cd /home/aistudio/PaddleOCR
#开始训练识别模型
!python tools/train.py \
    -c configs/rec/PP-OCRv3/ch_PP-OCRv3_rec_distillation.yml
```

训练完成后，可以对训练模型中最好的模型进行测试评估，评估代码如下：

```
%cd /home/aistudio/PaddleOCR
#评估 finetune 效果
!python tools/eval.py \
    -c configs/rec/PP-OCRv3/ch_PP-OCRv3_rec_distillation.yml \
    -o Global.checkpoints="./output/ch_PP-OCR_v3_rec/best_accuracy"
```

评估结果：准确率为 82.20%，相比直接使用预训练模型评估（70.40%）提升了 11.8%。

（2）模型推理

训练完成后，可以将训练模型转换为推理模型。

首先将模型导出，导出代码如下：

```
%cd /home/aistudio/PaddleOCR
#转换为推理模型
!python tools/export_model.py \
    -c configs/rec/PP-OCRv3/ch_PP-OCRv3_rec_distillation.yml \
    -o Global.pretrained_model="./output/ch_PP-OCR_v3_rec/best_accuracy"  \
    Global.save_inference_dir="./inference/rec_ppocrv3/"
```

然后使用如下代码进行模型推理预测。

```
%cd /home/aistudio/PaddleOCR
#推理预测
!python tools/infer/predict_rec.py \
    --image_dir="train_data/ic15_data/test/1_crop_0.jpg" \
    --rec_model_dir="./inference/rec_ppocrv3/Student"
```

模型推理结果如下：

```
Predicts of train_data/ic15_data/test/1_crop_0.jpg: ('预测流速', 0.8959602117538452)
```

#### 4. 系统串联

基于 Python 引擎，将已训练好的检测模型和识别模型进行系统串联测试，代码如下：

```
#串联测试
!python3 tools/infer/predict_system.py \
    --image_dir="./train_data/icdar2015/text_localization/test/1.jpg" \
    --det_model_dir="./inference/det_ppocrv3/Student" \
    --rec_model_dir="./inference/rec_ppocrv3/Student"
```

测试结果保存在./inference_results/目录下，可以用如下代码进行可视化。

```
%cd /home/aistudio/PaddleOCR
#显示结果
import matplotlib.pyplot as plt
from PIL import Image
img_path= "./inference_results/142.jpg"
img = Image.open(img_path)
plt.figure("test_img", figsize=(30,30))
plt.imshow(img)
plt.show()
```

可视化结果如图 4-30 所示。

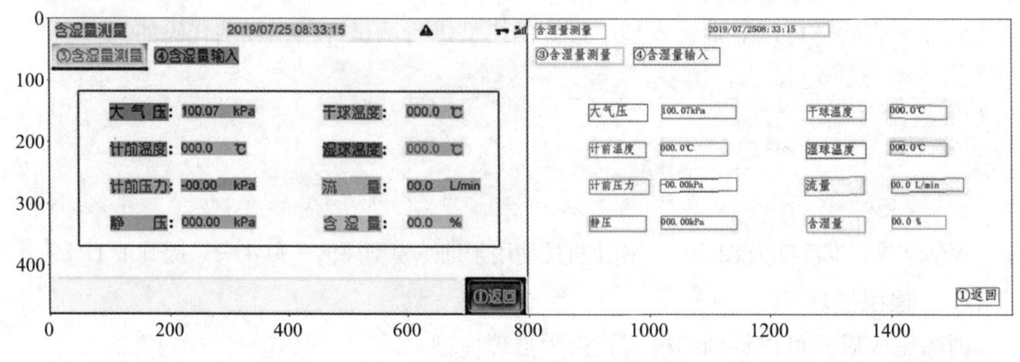


图 4-30　可视化结果

如果需要获取 key-value 信息，可以基于启发式规则，将识别结果与关键字库进行匹配。如果匹配上了，则取该字段为 key，后面一个字段为 value，代码如下：

```
def postprocess(rec_res):
    keys = ["型号", "厂家", "版本号", "检定校准分类", "计量器具编号", "烟尘流量",
            "累积体积", "烟气温度", "动压", "静压", "时间", "试验台编号", "预测流速",
            "全压", "烟温", "流速", "工况流量", "标杆流量", "烟尘直读嘴", "烟尘采样嘴",
            "大气压", "计前温度", "计前压力", "干球温度", "湿球温度", "流量", "含湿量"]
    key_value = []
    if len(rec_res) > 1:
        for i in range(len(rec_res) - 1):
            rec_str, _ = rec_res[i]
            for key in keys:
                if rec_str in key:
                    key_value.append([rec_str, rec_res[i + 1][0]])
                    break
    return key_value
key_value = postprocess(filter_rec_res)
```

### 4.2.5 案例总结

本案例通过 OCR 技术，基于 PaddleOCR 内的 PP-OCRv3 模型，对文本检测和文本识别两个主要模块进行优化，实现了数显屏数据的自动识别。具体优化结果汇总见表 4-1 和表 4-2。

表 4-1 检测模型优化结果

| 方案 | 调和平均数（Hmean） |
|---|---|
| PP-OCRv3 中英文超轻量检测预训练模型直接预测 | 47.50% |
| PP-OCRv3 中英文超轻量检测预训练模型 finetune | 65.20% |
| PP-OCRv3 中英文超轻量检测预训练模型 finetune 学生模型 | 80.00% |
| PP-OCRv3 中英文超轻量检测预训练模型 finetune 教师模型 | 84.80% |
| 基于训练好的模型进一步 finetune | 82.70% |

表 4-2 识别模型优化结果

| 方案 | 准确率（acc） |
|---|---|
| PP-OCRv3 中英文超轻量识别预训练模型直接预测 | 70.40% |
| PP-OCRv3 中英文超轻量识别预训练模型 finetune | 82.20% |

可以看出，经过优化之后，最终准确率达到 82%以上。算法准确率与样本数量、样本种类、算法参数都有关系，通过这些方面的优化，算法准确率会进一步提升。读者可以按照上述流程进行学习和改进。

## 4.3 芯片表面序列码识别系统

随着互联网的快速发展，电子制造业进入了快速发展时期。芯片作为集成电路上的载体，广泛应用在民用、工业、航天等各个领域。在工业应用中，芯片的分类、缺损检测、组装等工作大多是通过人工方式进行的。随着芯片行业需求量越来越大，提高芯片识别效率对提升工业生产效率具有重要意义。

传统人工识别芯片表面序列码存在费时、费力、容易出错等问题，难以满足大量芯片快速识别的要求。传统 OCR 算法易受使用环境影响，准确率易受干扰，通用性不强。基于上述问题，本案例在传统 OCR 算法的基础上，通过自适应阈值设置、多网络集成等方式，设计了一套芯片表面序列码识别系统，该系统具有使用简单、便于操作、准确率高（95%左右）等特点，可以满足实际应用要求。

### 4.3.1 OCR 算法实现

1. 图片预处理

系统采集的图像受环境光线不均匀、光源不稳定、检测台抖动等因素的影响，导致图像质量下降，出现图像噪声，给检测和识别造成很大干扰。因此，在检测和识别操作前必须对图片进行预处理。系统采用的图片预处理方法包括双边滤波和形态学处理。双边滤波同时考虑被滤波像素点的空域信息和值域信息，设置好参数坐标空间的标注方差，能够达到保护字符边缘并且去除噪声的效果。形态学处理利用形态学中的开处理操作，可以有效减弱字符周围一些斑点、轻微磨损造成的不规则形状的干扰；利用闭处理操作，填充字符中的斑点或不饱满的字符。

### 2. 序列码检测算法

传统工业场景的字符检测大多采用垂直投影的方法，对于小尺寸字符和字符间距较小的场景应用效果不理想。所以，本案例采用 DBNet 文本检测算法对图像中的序列码区域进行检测，将可微的二值化操作加入到训练网络，通过网络训练自适应设置每个像素点的字符阈值，以更好地区分序列码区域和背景，减少整个后处理的过程。

序列码检测算法使用 Resnet18[22] 作为轻量型骨干网络，利用深层神经网络提取更抽象的特征。颈部网络采用特征金字塔结构，对多尺度的特征图进行特征融合，将高层的语义信息与底层的细粒度信息融合，在感知图像序列码区域分布的同时，保证了对序列码区域边界的精细检测。将颈部网络产生的特征图进行级联，输出融合特征图，然后分别产生概率图和阈值图。后处理部分根据概率图用固定阈值生成二值图，确定最终的序列码区域边框。序列码检测算法网络结构如图 4-31 所示。

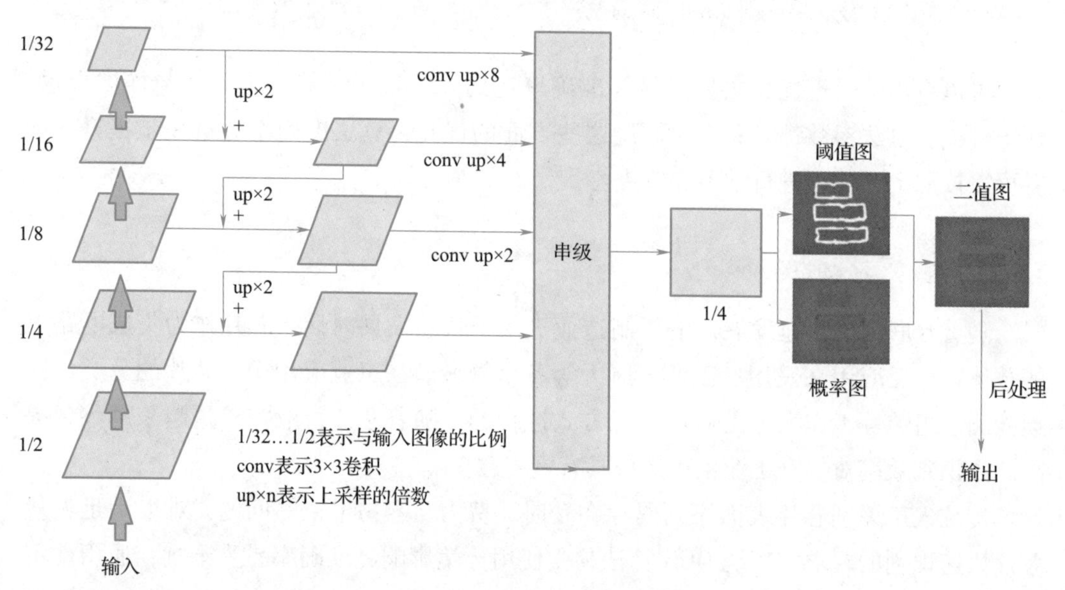


图 4-31　序列码检测算法网络结构图

### 3. 序列码识别算法

通过上述序列码检测算法，可以将图片中芯片表面的序列码区域分割成一组字符框。由于深层卷积神经网络无法产生可变长度的标签序列，所以循环神经网络不能进行端到端的训练和优化。系统字符识别采用 CRNN 算法，利用新的神经网络架构，将特征提取、序列建模和字符转录集成到统一的框架中。该算法可以灵活地处理任意长度的序列，不涉及字符级的标注和分割，提高了识别的精度和速度。序列码识别算法网络结构如图 4-32 所示。

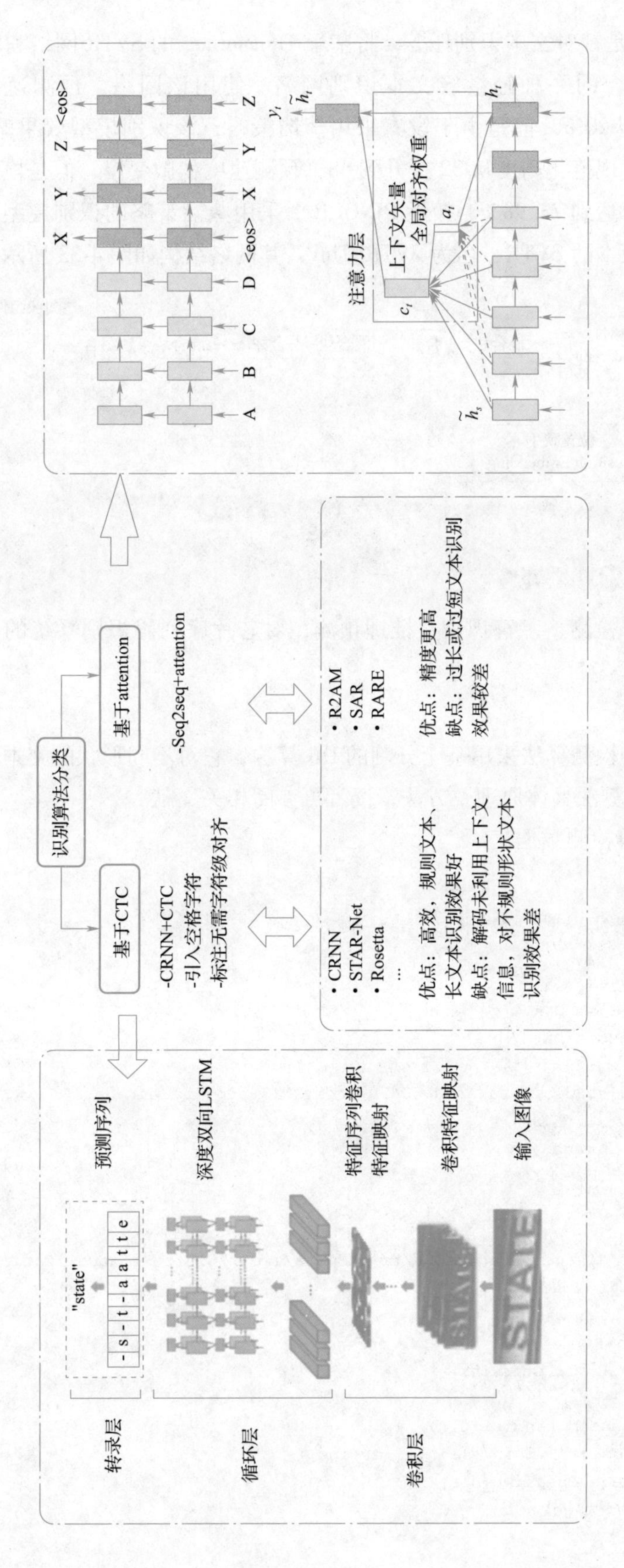


图4-32　序列码识别算法网络结构图

SVTR_LCNet 是针对文本识别任务，将基于 Transformer 的 SVTR 网络和轻量级 CNN 网络 PP-LCNet 融合的一种轻量级文本识别网络。使用该网络，预测速度优于 PP-OCRv2 的识别模型 20%，但是由于没有采用蒸馏策略，该识别模型效果略差。此外，进一步将输入图片规范化高度从 32 提升到 48，预测速度稍微变慢，但是模型效果大幅提升，识别准确率达到 73.98%，接近 PP-OCRv2 采用蒸馏策略的识别模型效果。本案例采用一个小型版本的 SVTR，名为 SVTR_Tiny，其网络结构如图 4-33 所示。

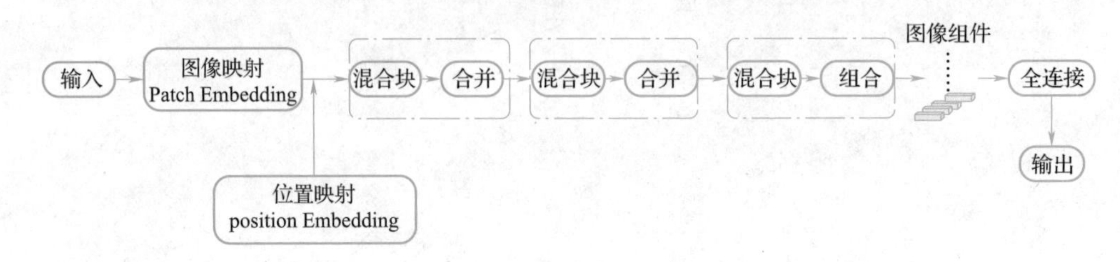


图 4-33　SVTR_Tiny 网络结构图

### 4.3.2　序列码识别算法开发

本节通过字符检测、字符识别、推理预测，对芯片序列码识别系统的开发流程进行详细介绍。

#### 1. 字符检测

本案例的字符检测算法采用基于分割的 DB 算法，它对不同形状的文本检测效果都比较好。对于 DB 算法具体原理及方法，读者可参阅相关文献。

(1) 准备字符检测数据集

代码如下：

```
#在 PaddleOCR 下创建新的文件夹 train_data,创建一次就可以
%cd PaddleOCR
!mkdir train_data
#查看当前挂载的数据集目录
!ls /home/aistudio/data/
#解压挂载的字符检测数据集到指定路径下
!unzip /home/aistudio/data/data180690/icdar2015.zip -d train_data
#随机查看文字检测数据集图片
from PIL import Image
import matplotlib.pyplot as plt
import numpy as np
import os
train = '/home/aistudio/PaddleOCR/train_data/icdar2015/text_localization/test'
#从指定目录中选取一张图片
def get_one_image(train):
    plt.figure()
    files = os.listdir(train)
    n = len(files)
    ind = np.random.randint(0,n)
    img_dir = os.path.join(train,files[ind])
    image = Image.open(img_dir)
    plt.imshow(image)
```

```
    plt.show()
    image = image.resize([208, 208])
get_one_image(train)
```

（2）检测模型训练

为了加快训练速度，在检测预训练模型的基础上进行 finetune。

注意：这里没有对数据集路径或者名称进行修改，是因为制作数据的时候，就已经将数据集按照 PaddleOCR 标准格式进行构建。操作时，需要根据具体情况进行调整。这里使用 PaddleOCR 中的 PP-OCRv3 模型进行文本检测和识别，代码如下：

```
#使用该指令下载需要的预训练模型
!wget -P ./pretrained_models/
https://paddleocr.bj.bcebos.com/PP-OCRv3/chinese/ch_PP-OCRv3_det_distill_train.tar
#解压预训练模型文件
!tar -xf ./pretrained_models/ch_PP-OCRv3_det_distill_train.tar -C pretrained_models
#评估预训练模型
!python tools/eval.py \
    -c configs/det/ch_PP-OCRv3/ch_PP-OCRv3_det_cml.yml \
    -o Global.pretrained_model="./pretrained_models/ch_PP- \
    OCRv3_det_distill_train/best_accuracy"
```

使用训练好的模型进行评估，评估结果指标见表 4-3。

表 4-3　评估结果指标

| 方案 | 调和平均数 | 效果提升 | 实验分析 |
|---|---|---|---|
| PP-OCRv3 英文超轻量检测预训练模型 | 64.64% | — | 预训练模型具有一定泛化能力 |
| PP-OCRv3 英文超轻量检测预训练模型+验证集 | 72.13% | 提升 7.5% | 可以提升尺寸较小图片的检测效果 |
| PP-OCRv3 英文超轻量检测预训练模型+finetune | 100% | 提升 27.9% | finetune 会提升场景效果 |

评估结果如图 4-34 所示。

```
eval model:: 100%|████████████████████| 194/194 [00:27<00:00,  6.97it/s]
[2022/12/02 14:35:08] ppocr INFO: metric eval ***************
[2022/12/02 14:35:08] ppocr INFO: precision:0.5611439842209073
[2022/12/02 14:35:08] ppocr INFO: recall:0.7332474226804123
[2022/12/02 14:35:08] ppocr INFO: hmean:0.635754189944134
[2022/12/02 14:35:08] ppocr INFO: fps:7.808607422472175
```

图 4-34　评估结果

图 4-34 所示的结果均是在 1500 张图片（1200 张训练集和 300 张测试集）上训练、评估得到的，由于本案例的数据集有差异，因此得到的指标也有相应差异。

直接使用预训练模型的调和平均数并不高，只有 63%，不能直接使用，应进行模型优化。

首先基于 PP-OCRv3 检测的学生模型进行优化，代码如下：

```
#迭代次数 epoch_num: 200
#加载预训练模型
pretrained_model:/home/aistudio/PaddleOCR/pretrained_models/ch_PP-OCRv3_det_distill_train/student
#模型保存路径 save_model_dir: ./output/ch_PP-OCR_v3_det_student/
```

```
#开启可视化 use_visualdl: true
#修改学习率 learning_rate: 0.00001
#batch_size_per_card 可根据自己服务器配置进行设置
#开始训练
!python tools/train.py \
    -c configs/det/ch_PP-OCRv3/ch_PP-OCRv3_det_student.yml
#进行评估
!python tools/eval.py \
    -c configs/det/ch_PP-OCRv3/ch_PP-OCRv3_det_student.yml
    -o Global.pretrained_model="/output/ch_PP-OCR_V3_det_student/best_accuracy"
```

优化后的评估结果如图 4-35 所示。

```
eval model:: 100%|██████████████████████████| 209/209 [00:10<00:00, 19.87it/s]
[2022/12/02 20:09:19] ppocr INFO: metric eval ***************
[2022/12/02 20:09:19] ppocr INFO: precision:0.703962703962704
[2022/12/02 20:09:19] ppocr INFO: recall:0.7312348668280871
[2022/12/02 20:09:19] ppocr INFO: hmean:0.7173396674584324
[2022/12/02 20:09:19] ppocr INFO: fps:26.94519494264541
```

图 4-35　优化后的评估结果

可以看到，调和平均数虽然提升了 8%，但还是达不到使用要求，继续基于 PP-OCRv3 检测的教师模型进行 finetune 优化。需要先从提供的预训练模型 best_accuracy. pdparams 中提取 teacher 参数，组合成适合深度互学习训练的初始化模型，代码如下：

```
%cd pretrained_models
import paddle
#加载预训练模型
all_params = paddle.load("ch_PPOCRv3_det_distill_train/best_accuracy.pdparams")
#提取教师参数
t_params = {key[len("Teacher."):]: all_params[key] for key in all_params if
"Teacher." in key}
#print(t_params.keys())
#提取学生参数
s_params = {"Student." + key: t_params[key] for key in t_params}
s2_params = {"Student2." + key: t_params[key] for key in t_params}
s_params = {**s_params, **s2_params}
#print(s_params.keys())
#保存教师参数
paddle.save(s_params,"ch_PPOCRv3_det_distill_train/teacher_dml.pdparams")
```

利用深度互学习蒸馏策略，继续进行优化 configs/det/ch_PP-OCRv3/ch_PP-OCRv3_det_dml. yml，代码如下：

```
#迭代次数 epoch_num: 200
#加载预训练模型
pretrained _ model:/home/aistudio/PaddleOCR/pretrained _ models/ch _ PPOCRv3 _ det _
distill_
train/teacher_dml
#模型保存路径 save_model_dir: ./output/ch_PP-OCR_v3_det_teacher/
#开启可视化 use_visualdl: true
#修改学习率 learning_rate: 0.00001
#batch_size_per_card 可根据自己服务器配置进行设置
#%cd ..
#开始训练
```

```
!python tools/train.py \
    -c configs/det/ch_PP-OCRv3/ch_PPOCRv3_det_dml.yml
!python tools/eval.py \
    -c configs/det/ch_PP-OCRv3/ch_PP-OCRv3_det_dml.yml \
    -o Global.pretrained_model="./output/ch_PP-OCR_v3_det_teacher/best_accuracy"
```

finetune 优化后的运行结果如图 4-36 所示。

```
eval model:: 100%|████████████████████████| 209/209 [00:27<00:00,  7.56it/s]
[2022/12/03 11:08:02] ppocr INFO: metric eval ***************
[2022/12/03 11:08:02] ppocr INFO: precision:0.8358974358974359
[2022/12/03 11:08:02] ppocr INFO: recall:0.7893462469733656
[2022/12/03 11:08:02] ppocr INFO: hmean:0.8119551681195518
[2022/12/03 11:08:02] ppocr INFO: Student2_precision:0.8193224592220828
[2022/12/03 11:08:02] ppocr INFO: Student2_recall:0.7905569007263923
[2022/12/03 11:08:02] ppocr INFO: Student2_hmean:0.8046826863832409
[2022/12/03 11:08:02] ppocr INFO: fps:9.02926465525075
```

图 4-36　finetune 优化后的运行结果

可以看到，调和平均数虽然提升到了 81%，但是由于教师模型较大，因此需要进一步采用 cml 策略进行优化。接下来基于 finetune 好的学生和教师模型进行 cml 优化，从前面训练的 ch_PP-OCR_v3_det_student 和 ch_PP-OCR_v3_det_teacher 的 best_accuracy. pdparams 中提取各自代表 student 和 teacher 的参数，组合成适合 cml 训练的初始化模型，代码如下：

```
#transform teacher params and student parameters into cml model
import paddle
all_params
= paddle.load("./pretrained_models/ch_PP-OCRv3_det_distill_train/best_accuracy.
pdparams")
#print(all_params.keys())
t_params = paddle.load("./output/ch_PP-OCR_v3_det_teacher/best_accuracy.pdparams")
#print(t_params.keys())
s_params
=paddle.load("/home/aistudio/PaddleOCR/output/ch_PP-OCR_V3_det_student/
best_accuracy.pdparams")
#print(s_params.keys())
for key in all_params:
    #teacher is OK
    if "Teacher." in key:
        new_key = key.replace("Teacher", "Student")
        #print("{} >> {}\n".format(key, new_key))
        assert all_params[key].shape == t_params[new_key].shape
        all_params[key] = t_params[new_key]
    if "Student." in key:
        new_key = key.replace("Student.", "")
        #print("{} >> {}\n".format(key, new_key))
        assert all_params[key].shape == s_params[new_key].shape
        all_params[key] = s_params[new_key]
    if "Student2." in key:
        new_key = key.replace("Student2.", "")
        #print("{} >> {}\n".format(key, new_key))
        assert all_params[key].shape == s_params[new_key].shape
        all_params[key] = s_params[new_key]
paddle.save(all_params,"./pretrained_models/ch_PP-OCRv3_det_distill_train/
teacher_cml_ student. pdparams")
```

注意：使用配置文件 configs/det/ch_PP-OCRv3/ch_PP-OCRv3_det_dml.yml 修改以下参数：epoch_num：200 save_model_dir：./output/ch_PP-OCR_v3_det_finetune/ pretrained_model：./pretrained_models/ch_PP-OCRv3_det_distill_train/teacher_cml_student use_visualdl：true，代码如下：

```
#开始训练
!python tools/train.py \
-c configs/det/ch_PP-OCRv3/ch_PP-OCRv3_det_cml.yml
#模型评估
!python tools/eval.py \
    -c configs/det/ch_PP-OCRv3/ch_PP-OCRv3_det_cml.yml
    -o Global.pretrained_model="./output/ch_PP-OCR_v3_det_finetune/best_accuracy"
```

（3）模型推理

训练完成后，将训练好的模型转换为推理模型。推理模型会额外保存模型的结构信息，在预测部署、加速推理方面性能优越、灵活方便，适合于实际系统集成。

1）模型导出。代码如下：

```
#转换为推理模型
!python tools/export_model.py \
    -c configs/det/ch_PP-OCRv3/ch_PP-OCRv3_det_cml.yml \
    -o Global.pretrained_model=./output/ch_PP-OCR_v3_det_finetune/best_accuracy \
    -o Global.save_inference_dir="./inference/det"
```

2）模型测试。通过运行上面代码转换为推理模型后，使用图片进行测试。为了保证模型的泛化性，需要用几张训练数据集没出现过的图片进行测试，代码如下：

```
%cd PaddleOCR
#推理预测
!python tools/infer/predict_det.py --image_dir="/home/aistudio/test" --det_model_
dir="./inference/
det/Student"
#显示检测结果
import matplotlib.pyplot as plt
from PIL import Image
#显示原图
img_path= "./inference_results/det_res_1.jpg"
img_path1= "./inference_results/det_res_2.jpg"
img = Image.open(img_path)
img1 = Image.open(img_path1)
plt.figure(figsize=(100,100))
plt.subplot(1,2,1)
plt.imshow(img)
plt.subplot(1,2,2)
plt.imshow(img1)
plt.show()
```

检测结果如图 4-37 所示。

（4）小结

在优化过程中，主要使用了两个蒸馏策略：深度互学习（Deep Mutual Learning，DML）和协同互学习（Collaborative Mutual Learning，CML）。DML 通过两个结构相同的模型互相学习，原理如图 4-38 所示。

图 4-37　检测结果图

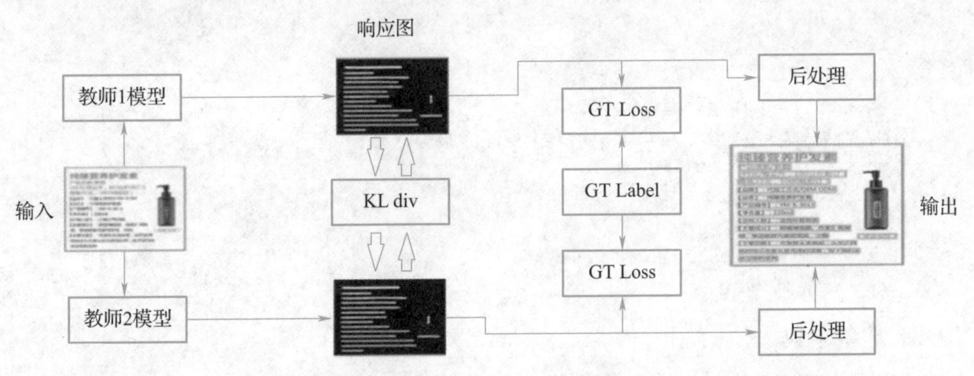


图 4-38　DML 原理图

CML 的核心思想结合了传统的教师指导学生的标准蒸馏与学生网络之间的 DML 互学习，可以让学生网络互学习的同时，教师网络予以指导，原理如图 4-39 所示。

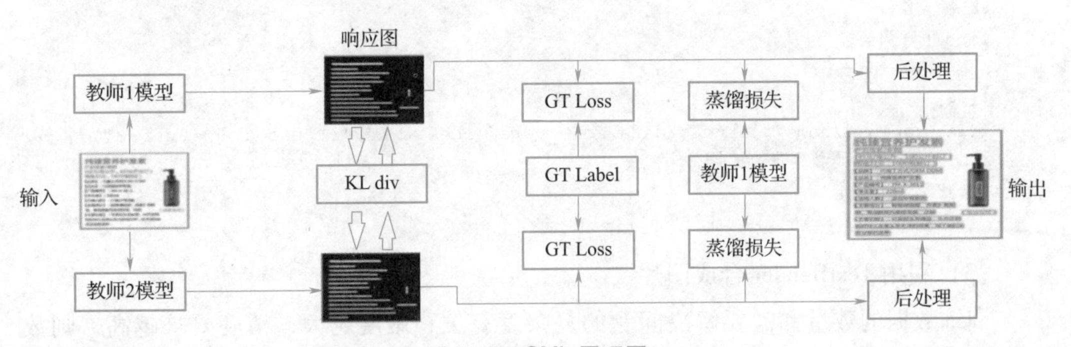


图 4-39　CML 原理图

### 2. 字符识别

字符识别的任务是识别出图像中的字符内容，其输入一般来自文本检测得到的文本框截取出的图像文字区域。本案例使用的字符识别算法是优化的 SVTR 算法，前文已做简要介绍，这里不再赘述。

(1) 准备数据集

字符识别数据集的数据来源于实际项目以及在网上搜集的一些其他数据，其中训练集 19 912 张，测试集 4 099 张，代码如下：

```
%cd ~
#解压挂载的数据集到指定路径下
!unzip /home/aistudio/data/data128714/ic15_data.zip \
-d train_data
#随机查看文字检测数据集图片
from PIL import Image
import matplotlib.pyplot as plt
import numpy as np
import os
train = '/home/aistudio/data/ic15_data/chip'
#从指定目录中选取一张图片
def get_one_image(train):
    #image_array = get_one_image(train)
    plt.figure()
    files = os.listdir(train)
    n = len(files)
    ind = np.random.randint(0,n)
    img_dir = os.path.join(train,files[ind])
    image = Image.open(img_dir)
    plt.imshow(image)
    plt.show()
    image = image.resize([208, 208])
get_one_image(train)
```

(2) 准备字典

根据需要识别的内容制作字典，本案例需要识别的字符包括：0~9，A~Z，a~z 以及一些符号("#()*+-./:)。由于数据集的数量不是特别多，数据集没有出现的字符可进行手工添加。代码如下：

```
#准备字典
import codecs
class_set = set()
lines = []
file = open("/home/aistudio/data/ic15_data/label.txt","r",encoding="utf-8") #待转换文档，这里使用的是数据集的标签文件
for i in file:
    a=i.strip('\n').split('\t')[-1]
```

(3) 利用 TextRender 合成图片

训练数据的数量和需要解决问题的复杂度有关，难度越大，精度要求越高，则数据集需求越大。

注意：训练字符识别模型要想达到比较好的结果，必须保证每个字符出现在数据集中的次数足够多（如 200 次）。由于字典中的字符出现在数据集中的次数不均匀，所以这里使用 TextRender 工具合成一些数据。

1）准备 TextRender 环境，代码如下：

```
#1.返回根目录
%cd ~
#克隆 text_renderer
!git clone https://gitee.com/wowowoll/text_renderer.git
#安装 text_renderer 的依赖
!pip install -r text_renderer/requirements.txt
```

2）修改配置文件。configs 文件夹中有两个文件，分别是 default. yaml 和 test. yaml。配置文件中主要是一些文字特效，包括：透视变换、随机裁剪、弯曲、浅色边框（light border）字边缘发亮（文字笔画外层有一层白色）、深色边框（dark border）（文字笔画外层有一层黑色）、随机字符空白（大）、字符间距变大、随机字符空白（小）、字符间距变小、中间线（类似删除线）、表格线、下画线、浮雕、反色（颜色相反）、blur 模糊、文本颜色、线颜色等，如图 4-40 所示。

| 文字特效 | 图片 |
| --- | --- |
| 字体大小 | Hello world!你好世界 |
| 透视变换 | Hello world!你好世界 |
| 随机裁剪 | Hello world!你好世界 |
| 弯曲 | Hello world!你好世界 |
| 浅色边框 | Hello world!你好世界 |
| 深色边框 | Hello world!你好世界 |
| 随机字符间距变大 | Hello world!你好世界 |
| 随机字符间距变小 | Helloworld!你好世界 |
| 中间线 | Hello world!你好世界 |
| 表格线 | Hello world!你好世界 |
| 下画线 | Hello world!你好世界 |
| 浮雕 | Hello world!你好世界 |
| 反色 | Hello world!你好世界 |
| 模糊 | Hello world!你好世界 |
| 文本颜色 | 大部分简直可以说是凄 |
| 线颜色 | 是不够准确的信息，但 |

图 4-40　配置文件中文字特效

注意：本案例未作具体修改，读者在合成时可以根据自己数据集的特点进行修改。如果有更明确的合成图片的要求，可以从背景、字体、语料三个方面考虑。按照提供的背景样例格式，把自己的背景文件放到 text_renderer\data\bg 文件夹。自带的英文字体是 Hack-Regular. ttf，可以把自己需要的字体放到 text_renderer\data\fonts 文件夹。将文章/篇章级别的内容放到 data\corpus 文件夹。这个文件夹中的所有 txt 文件都会循环读入，然后从这些文章中随机连续选择--length 长度的字符。如果是中文，就是 X 个字符；如果是英文，就是 X 个单词。最后使用的时候通过--corpus_mode ″chn″ 指定即可。

可以通过下行代码生成图片。

```
!python3 /home/aistudio/text_renderer/main.py --help
```

下面是几个可供修改的图片参数。

length——生成图片中字符的长度。

img_width——生成图片宽度。

img_height——生成图片高度。

chars_file——生成图片使用的字典。

corpus_mode——使用语料库的状态。

num_img——生成图片的数量。

使用如下代码合成图片增强数据集。

```
import glob
import os
```

```
import cv2
def get_aspect_ratio(img_set_dir):
    m_width = 0
    m_height = 0
    width_dict = {}
    height_dict = {}
    images = glob.glob(img_set_dir+'*.jpg')
    for image in images:
        img = cv2.imread(image)
        width_dict[int(img.shape[1])] = 1 if (int(img.shape[1])) \not in width_dict
else 1 + width_dict[int(img.shape[1])]
        height_dict[int(img.shape[0])] = 1 if (int(img.shape[0])) \not in height_
dict else 1 + height_dict[int(img.shape[0])]
        m_width += img.shape[1]
        m_height += img.shape[0]
    m_width = m_width/len(images)
    m_height = m_height/len(images)
    aspect_ratio = m_width/m_height
    width_dict = dict(sorted(width_dict.items(), key=lambda \item: item[1],
reverse=True))
    height_dict = dict(sorted(height_dict.items(), key=lambda \item: item[1],
reverse=True))
    return aspect_ratio,m_width,m_height,width_dict,height_dict \
aspect_ratio,m_width,m_height,width_dict,height_dict = \
get_aspect_ratio("/home/aistudio/data/ic15_data/chip/")
print("aspect ratio is: {}, mean width is: {}, mean height is: \{}".format(aspect_
ratio, m_width, m_height))
```

运行上述代码，输出结果如下：

```
aspect ratio is: 4.41260393700009;
mean width is: 159.1101604278075;
mean height is: 36.05811051693404.
```

如下代码生成图片高度和宽度的分布，运行得到的信息图如图 4-41 所示。

```
fig, ax = plt.subplots()
values = [] #in same order as traversing keys
keys = [] #also needed to preserve order
for key in width_dict.keys():
    keys.append(key)
    values.append(width_dict[key])
ax.set_ylabel('Frequency')
ax.set_xlabel('Width')
ax.set_title('Width distribution map')
plt.xlim(0,500)
ax.bar(width_dict.keys(),width_dict.values(), width = 0.9,color='r')
fig, ax = plt.subplots()
values = [] #in same order as traversing keys
keys = [] #also needed to preserve order
for key in height_dict.keys():
    keys.append(key)
    values.append(height_dict[key])
ax.set_ylabel('Frequency')
```

```
ax.set_xlabel('Height')
ax.set_title('Height distribution map')
plt.xlim(0,200)
ax.bar(height_dict.keys(), height_dict.values(), width = 0.8,color='b')
```

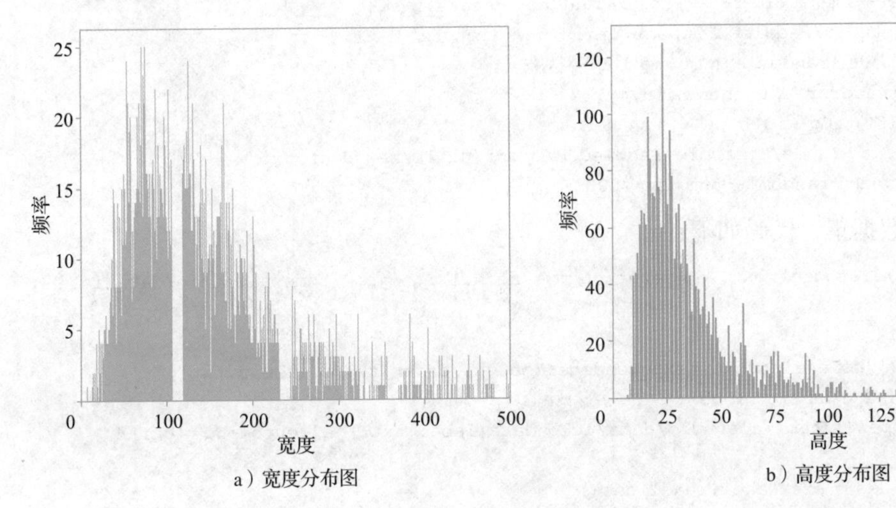

a）宽度分布图　b）高度分布图

图 4-41 信息图

注意：这里有一个问题，图片的长度是固定的，所以文字并不能填满整个图片背景。

```
!cd text_renderer && python main.py  \
--length 1 --img_width 32 --img_height 36 \
--chars_file "/home/aistudio/PaddleOCR/ppocr/utils/new_dict.txt"\
--corpus_mode 'random'--num_img 1000
!cd text_renderer && python main.py \
--length 2 --img_width 64 --img_height 36 \
--chars_file "/home/aistudio/PaddleOCR/ppocr/utils/new_dict.txt" \ --corpus_mode
'random'--num_img 1000
!cd text_renderer && python main.py \
--length 3 --img_width 96 --img_height 36 \
--chars_file "/home/aistudio/PaddleOCR/ppocr/utils/new_dict.txt" \ --corpus_mode
'random'--num_img 1000
!cd text_renderer && python main.py \
--length 4 --img_width 128 --img_height 36 \
--chars_file "/home/aistudio/PaddleOCR/ppocr/utils/new_dict.txt" \ --corpus_mode
'random'--num_img 2000
!cd text_renderer && python main.py \
--length 5 --img_width 160 --img_height 36 \
--chars_file "/home/aistudio/PaddleOCR/ppocr/utils/new_dict.txt" \ --corpus_mode
'random'--num_img 2000
!cd text_renderer && python main.py \
--length 6 --img_width 192 --img_height 36 --chars_file \
"/home/aistudio/PaddleOCR/ppocr/utils/new_dict.txt" \
--corpus_mode 'random'--num_img 2000
!cd text_renderer && python main.py \
--length 7 --img_width 224 --img_height 36 \
--chars_file "/home/aistudio/PaddleOCR/ppocr/utils/new_dict.txt" \ --corpus_mode
'random'--num_img 2000
!cd text_renderer && python main.py \
```

```
    --length 8 --img_width 256 --img_height 36 \
    --chars_file "/home/aistudio/PaddleOCR/ppocr/utils/new_dict.txt"\--corpus_mode
'random'--num_img 2000
    !cd text_renderer && python main.py \
    --length 9 --img_width 288 --img_height 36 --chars_file \
    "/home/aistudio/PaddleOCR/ppocr/utils/new_dict.txt" \
    --corpus_mode 'random'--num_img 1000
    !cd text_renderer && python main.py \
    --length 10 --img_width 320 --img_height 36 \
    --chars_file "/home/aistudio/PaddleOCR/ppocr/utils/new_dict.txt" \
    --corpus_mode 'random'--num_img 1000
```

3）合并数据集，代码如下：

```
    !cp /home/aistudio/text _renderer/output/default/* .jpg /home/aistudio/data/ic15_
data/chip
    import os
    with open('/home/aistudio/text_renderer/output/default/tmp_labels.txt','r',
encoding='utf-8') as src_ label:
        with open('/home/aistudio/data/ic15_data/label.txt','a',encoding='utf-8')
as dst_label:
            lines = src_label.readlines()
            for line in lines:
                [img,text] = line.split('')
    print('{}.jpg\t{}'.format(img,text),file=dst_label,end='')
    #如果数据集合并好，可以清空已经生成的数据集
    !cd /home/aistudio/text_renderer/output/default && rm./*
```

4）划分数据集，代码如下：

```
    #生成总的标签文件
    SUM = []
    with open('/home/aistudio/data/ic15_data/label.txt','r',encoding='utf-8') as f:
        for line in f.readlines():
            SUM.append(line)
    print("数据集数量:{}".format(len(SUM)))
    #划分数据集
    import random
    random.shuffle(SUM)
    train_len = int(len(SUM) * 0.8)
    test_list = SUM[train_len:]
    train_list = SUM[:train_len]
    print('训练集数量: {}, 验证集数量: {}'.format(len(train_list),len(test_list)))
    #生成训练集的标签文件
    train_txt = ''.join(train_list)
    f_train = open('/home/aistudio/data/ic15_data/train_list.txt','w',encoding='utf-8')
    f_train.write(train_txt)
    f_train.close()
    #生成测试集的标签文件
    test_txt = ''.join(test_list)
    f_test = open('/home/aistudio/data/ic15_data/test_list.txt','w',encoding='utf-8')
    f_test.write(test_txt)
    f_test.close()
    #将整理好的数据集复制到 PaddleOCR 的 train_data，这一步可以省略
    !cp -r \
        /home/aistudio/data/ic15_data /home/aistudio/PaddleOCR/train_data
```

（4）识别模型训练

1）准备预训练模型。本案例由于待识别的字符没有中文，所以使用的是英文量化后的模型 en_PP-OCRv3_rec。模型介绍见表 4-4。

表 4-4　模型介绍

| 模型名称 | 模型简介 | 配置文件 | 推理模型大小 |
| --- | --- | --- | --- |
| en_PP-OCRv3_rec_slim | slim 量化版超轻量型，支持英文、数字识别 | en_ PP-OCRv3_ rec. yml | 3. 2MB |
| en_PP-OCRv3_rec | 原始超轻量模型，支持英文、数字识别 | en_PP-OCRv3_rec. yml | 9. 6MB |
| en_number_mobile_slim_v2. 0_rec | slim 裁剪超轻量模型，支持英文、数字识别 | rec_en_number_lite_train. yml | 2. 7MB |
| en_number_mobile_v2. 0_rec | 原始超轻量模型，支持英文、数字识别配置文件 | rec_en_number_lite_train. yml | 2. 6MB |

训练代码如下：

```
%cd PaddleOCR
#使用该指令下载需要的预训练模型
!wget -P ./pretrained_models/ https://paddleocr.bj.bcebos.com/PP- \
OCRv3/english/en_PP-OCRv3_rec_slim_train.tar
#解压预训练模型文件
!tar -xf ./pretrained_models/en_PP-OCRv3_rec_slim_train.tar \
    -C pretrained_models
#评估预训练模型，由于参数没有对齐，acc 为零，可以直接进行训练
!python tools/eval.py \
    -c ./configs/rec/PP-OCRv3/en_PP-OCRv3_rec.yml \
    -o Global.pretrained_model="./pretrained_models \
    /en_PP-OCRv3_rec_slim_train/best_accuracy"
```

2）优化预训练模型。前期工作已经准备好了，只需要修改配置文件，这里对应的配置文件为 PP-OCRv3/en_PP-OCRv3_rec. yml，代码如下：

```
epoch_num: 500
save_epoch_step: 100
#pretrained_model: ./pretrained_models/en_PP-OCRv3_rec_slim_train/best_accuracy
#disort: true
#use_visualdl: true
#character_dict_path: ppocr/utils/new_dict.txt
#max_text_length: &max_text_length 40
#learning_rate: 0.0002
#Train:data_dir: /home/aistudio/PaddleOCR/train_data/ic15_data/chip
#label_file_list:/home/aistudio/PaddleOCR/train_data/ic15_data/train_list.txt
#batch_size_per_card: 64
#Eval:data_dir: /home/aistudio/PaddleOCR/train_data/ic15_data/chip
label_file_list:/home/aistudio/PaddleOCR/train_data/ic15_data/test_list.txt
#batch_size_per_card: 64
!python tools/train.py \
    -c configs/rec/PP-OCRv3/en_PP-OCRv3_rec.yml
```

通过可视化，可以看到训练时的记录，如图 4-42 所示。

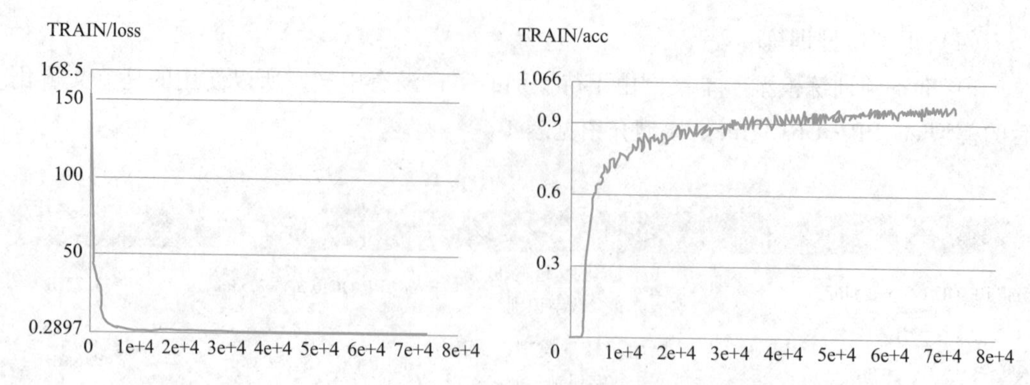


图 4-42　loss 和 acc 训练曲线

模型评估代码如下：

```
#评估 finetune 效果
!python tools/eval.py \
    -c configs/rec/PP-OCRv3/en_PP-OCRv3_rec.yml \
    -o Global.checkpoints="./output/v3_en_rec/best_accuracy"
```

评估结果如图 4-43 所示。可以看到有些过拟合了。

```
eval model:: 100%|██████████████████████████████| 56/56 [00:03<00:00, 15.47it/s]
[2022/12/05 21:59:23] ppocr INFO: metric eval ***************
[2022/12/05 21:59:23] ppocr INFO: acc:0.9050828393566895
[2022/12/05 21:59:23] ppocr INFO: norm_edit_dis:0.9795333103616357
[2022/12/05 21:59:23] ppocr INFO: fps:1298.458189125804
```

图 4-43　评估结果

（5）模型推理

同样，将训练好的模型转换为推理模型。

1）模型导出，代码如下：

```
#转换为推理模型
!python tools/export_model.py \
    -c configs/rec/PP-OCRv3/en_PP-OCRv3_rec.yml \
    -o Global.pretrained_model="./output/v3_en_rec/best_accuracy"/Global.save_
inference_dir=
    "./inference/rec_ppocrv3/"
```

2）模型测试，代码如下：

```
3parser.add_argument("--rec_char_dict_path",type=str, default="ppocr/utils/new_
dict.txt")
#推理预测
!python tools/infer/predict_rec.py \
    --image_dir="/home/aistudio/test1" \
    --rec_model_dir="./inference/rec_ppocrv3"
```

注意：在使用 predict_rec. py 进行推理时，需要修改。

推理结果如下：

```
[2022/12/05 22:04:56] ppocr INFO: In PP-OCRv3, rec_image_shape parameter defaults to
'3, 48, 320', if you are using recognition model with PP-OCRv2 or an older version, please
set --rec_image_shape='3,32,320
```

```
    [2022/12/05 22:04:58] ppocr INFO: Predicts of /home/aistudio/test1/1.jpg:
('DS90LV047A', 0.9876775741577148)
    [2022/12/05 22:04:58] ppocr INFO: Predicts of /home/aistudio/test1/2.jpg:
('07330', 0.9986056089401245)
    [2022/12/05 22:04:58] ppocr INFO: Predicts of /home/aistudio/test1/3.jpg:
('ATS2503', 0.9999926686286926)
    [2022/12/05 22:04:58] ppocr INFO: Predicts of /home/aistudio/test1/4.jpg:
('1102H1T885', 0.9948743581771851)
    [2022/12/05 22:04:58] ppocr INFO: Predicts of /home/aistudio/test1/5.jpg:
('XC6VLX240TTM', 0.9664036631584167)
    [2022/12/05 22:04:58] ppocr INFO: Predicts of /home/aistudio/test1/6.jpg:
('N51822', 0.9301093220710754)
    [2022/12/05 22:04:58] ppocr INFO: Predicts of /home/aistudio/test1/7.jpg:
('150A796409FA', 0.9999510645866394)
```

至此，本案例系统的训练和预测已完成。识别精度与数据量多少以及真实场景下数据质量有着密切的关系。若对于某些字符，数据准备不多，合成数据集的时候也没有使用类似的字体合成相关的图片，则识别误差会比较大。

### 4.3.3 系统测试与部署

将训练好的字符检测模型和字符识别模型进行串联测试，代码如下：

```
#串联测试
!python3 tools/infer/predict_system.py \
    --image_dir="/home/aistudio/test" \
    --det_model_dir="./inference/det/Student" \
    --rec_model_dir="./inference/rec_ppocrv3"
#显示测试结果
import matplotlib.pyplot as plt
from PIL import Image
img_path= "./inference_results/39.jpg"
img = Image.open(img_path)
plt.figure("test_img", figsize=(30,30))
plt.imshow(img)
plt.show()
```

推理结果如图4-44所示。

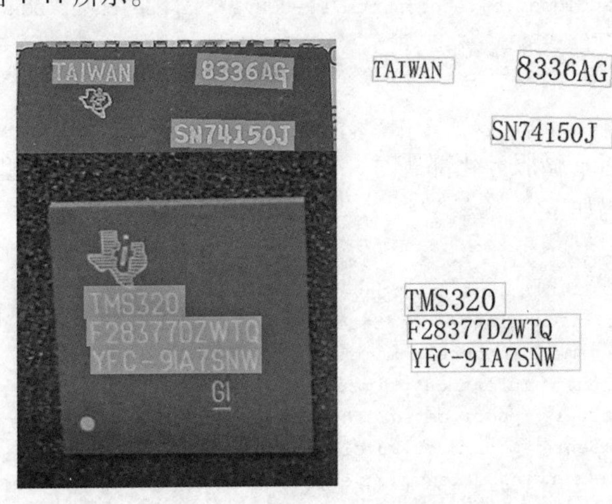


图4-44 推理结果

### 1. 环境配置和数据准备

首先安装服务所需 whl 包，共有 3 种：client、app、server，代码如下：

```
!wget https://paddle-serving.bj.bcebos.com/test-dev/whl/paddle_serving_server_gpu-0.8.3.post102-py3-none-any.whl
!pip install paddle_serving_server_gpu-0.8.3.post102-py3-none-any.whl
!wget https://paddle-serving.bj.bcebos.com/test-dev/whl/paddle_serving_client-0.8.3-cp37-none-any.whl
!pip install paddle_serving_client-0.8.3-cp37-none-any.whl
!wget https://paddle-serving.bj.bcebos.com/test-dev/whl/paddle_serving_app-0.8.3-py3-none-any.whl
!pip install paddle_serving_app-0.8.3-py3-none-any.whl
!rm ./*.whl
#查看安装版本
!pip list | grep paddle
```

运行结果如图 4-45 所示。

| | |
|---|---|
| paddle-serving-app | 0.8.3 |
| paddle-serving-client | 0.8.3 |
| paddle-serving-server-gpu | 0.8.3.post102 |
| paddlehub | 2.0.4 |
| paddlenlp | 2.0.7 |
| paddlepaddle-gpu | 2.1.2.post101 |
| tb-paddle | 0.3.6 |

图 4-45 环境配置运行结果

### 2. 生成模型参数配置文件（.prototxt）

为了获得静态图模型的输入和输出信息，首先需要调用模型保存接口，生成模型参数配置文件（.prototxt），用以在客户端和服务端使用，代码如下：

```
import os
os.chdir("/home/aistudio")
#下载代码
!git clone https://gitee.com/paddlepaddle/PaddleOCR.git
os.chdir("/home/aistudio/PaddleOCR")
#如果没有训练好的模型，可以使用下面程序进行下载，如果有请跳过
os.chdir("/home/aistudio/PaddleOCR/deploy/pdserving/")
#下载并解压 OCR 文本检测模型
!wget https://paddleocr.bj.bcebos.com/PP-OCRv2/chinese/ch_PP-OCRv2_det_infer.tar -O ch_PP-OCRv2_det_infer.tar && tar -xf ch_PP-OCRv2_det_infer.tar && rm ch_PP-OCRv2_det_infer.tar
#下载并解压 OCR 文本识别模型
!wget https://paddleocr.bj.bcebos.com/PP-OCRv2/chinese/ch_PP-OCRv2_rec_infer.tar -O ch_PP-OCRv2_rec_infer.tar
&&  tar -xf ch_PP-OCRv2_rec_infer.tar && rm ch_PP-OCRv2_rec_infer.tar
```

### 3. 转换模型

使用 PaddleServing 做服务化部署时，需要将保存的 inference 模型转换为 serving 易于部署的模型，代码如下：

```
%cd deploy/pdserving/
!python -m paddle_serving_client.convert \
    --dirname ../../inference/det/Student/ \
    --model_filename inference.pdmodel \
    --params_filename inference.pdiparams \
    --serving_server ./ppocr_det_v3_serving/ \
    --serving_client ./ppocr_det_v3_client/
!python -m paddle_serving_client.convert\
    --dirname ../../inference/rec_ppocrv3/ \
```

```
    --model_filename inference.pdmodel \
    --params_filename inference.pdiparams \
    --serving_server ./ppocr_rec_v3_serving/ \
    --serving_client ./ppocr_rec_v3_client/
```

上述代码成功执行后，会在当前文件夹增加 ppocrv2_det_serving 和 ppocrv2_det_client 文件夹（识别模型同理），格式如下：

```
#服务端用到的
|- ppocrv2 _det_serving/
    |- __mode 1__
    |- __par ams__
    |- serving_server_conf.prototxt
    |- serving_server_conf.stream.prototxt

#客户端用到的
|- ppocrv2_ det_ client
    |- serving_client_conf.prototxt
    |- serving_client_conf.stream.prototxt
```

#### 4. 启动服务

OCR 是一个检测+识别的组合任务，PaddleServing 提供了业内领先的多模型串联服务，强力支持各大公司实际运行的业务场景。

PaddleOCR 的 pdserving 目录包含启动 pipeline 服务和发送预测请求服务。启动服务代码如下：

```
#启动服务，运行日志保存在 web_serving_log.txt
cd PaddleOCR/deploy/pdserving/
nohup python web_service.py &>web_serving_log.txt &
```

成功启动服务后，web_serving_log. txt 中会打印类似如下日志，如图 4-46 所示。

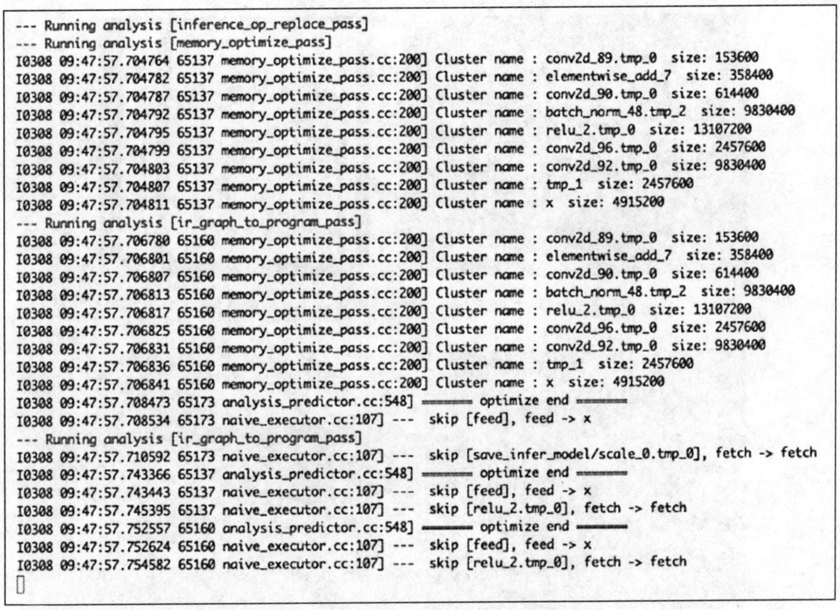

```
--- Running analysis [inference_op_replace_pass]
--- Running analysis [memory_optimize_pass]
I0308 09:47:57.704764 65137 memory_optimize_pass.cc:200] Cluster name : conv2d_89.tmp_0  size: 153600
I0308 09:47:57.704782 65137 memory_optimize_pass.cc:200] Cluster name : elementwise_add_7  size: 358400
I0308 09:47:57.704787 65137 memory_optimize_pass.cc:200] Cluster name : conv2d_90.tmp_0  size: 614400
I0308 09:47:57.704792 65137 memory_optimize_pass.cc:200] Cluster name : batch_norm_48.tmp_2  size: 9830400
I0308 09:47:57.704795 65137 memory_optimize_pass.cc:200] Cluster name : relu_2.tmp_0  size: 13107200
I0308 09:47:57.704799 65137 memory_optimize_pass.cc:200] Cluster name : conv2d_96.tmp_0  size: 2457600
I0308 09:47:57.704803 65137 memory_optimize_pass.cc:200] Cluster name : conv2d_92.tmp_0  size: 9830400
I0308 09:47:57.704807 65137 memory_optimize_pass.cc:200] Cluster name : tmp_1  size: 2457600
I0308 09:47:57.704811 65137 memory_optimize_pass.cc:200] Cluster name : x  size: 4915200
--- Running analysis [ir_graph_to_program_pass]
I0308 09:47:57.706780 65160 memory_optimize_pass.cc:200] Cluster name : conv2d_89.tmp_0  size: 153600
I0308 09:47:57.706801 65160 memory_optimize_pass.cc:200] Cluster name : elementwise_add_7  size: 358400
I0308 09:47:57.706807 65160 memory_optimize_pass.cc:200] Cluster name : conv2d_90.tmp_0  size: 614400
I0308 09:47:57.706813 65160 memory_optimize_pass.cc:200] Cluster name : batch_norm_48.tmp_2  size: 9830400
I0308 09:47:57.706817 65160 memory_optimize_pass.cc:200] Cluster name : relu_2.tmp_0  size: 13107200
I0308 09:47:57.706825 65160 memory_optimize_pass.cc:200] Cluster name : conv2d_96.tmp_0  size: 2457600
I0308 09:47:57.706831 65160 memory_optimize_pass.cc:200] Cluster name : conv2d_92.tmp_0  size: 9830400
I0308 09:47:57.706836 65160 memory_optimize_pass.cc:200] Cluster name : tmp_1  size: 2457600
I0308 09:47:57.706841 65160 memory_optimize_pass.cc:200] Cluster name : x  size: 4915200
I0308 09:47:57.708473 65173 analysis_predictor.cc:548] ====== optimize end ======
I0308 09:47:57.708534 65173 naive_executor.cc:107] ---  skip [feed], feed -> x
--- Running analysis [ir_graph_to_program_pass]
I0308 09:47:57.710592 65173 naive_executor.cc:107] ---  skip [save_infer_model/scale_0.tmp_0], fetch -> fetch
I0308 09:47:57.743366 65137 analysis_predictor.cc:548] ====== optimize end ======
I0308 09:47:57.743443 65137 naive_executor.cc:107] ---  skip [feed], feed -> x
I0308 09:47:57.745395 65137 naive_executor.cc:107] ---  skip [relu_2.tmp_0], fetch -> fetch
I0308 09:47:57.752557 65160 analysis_predictor.cc:548] ====== optimize end ======
I0308 09:47:57.752624 65160 naive_executor.cc:107] ---  skip [feed], feed -> x
I0308 09:47:57.754582 65160 naive_executor.cc:107] ---  skip [relu_2.tmp_0], fetch -> fetch
```

图 4-46　启动服务日志

### 5. 发送服务请求

这里需要新建终端，在终端首先输入：

```
cd /home/aistudio/PaddleOCR/deploy/pdserving/
```

然后输入：

```
python pipeline_http_client.py --image_dir /home/aistudio/test/
```

打印识别结果，说明发送服务请求成功，如图 4-47 所示。

```
aistudio@jupyter-771047-5132593:~/PaddleOCR/deploy/pdserving$ python pipeline_http_client.py --image_dir /home/aistudio/test/
**********/home/aistudio/test/725.png**********
erro_no:0, err_msg:
('7325-1', 0.99964255), [[89.0, 64.0], [322.0, 74.0], [319.0, 120.0], [87.0, 111.0]]
('S2U0CG1', 0.99207795), [[89.0, 113.0], [392.0, 125.0], [390.0, 174.0], [87.0, 162.0]]
**********/home/aistudio/test/780.jpg**********
erro_no:0, err_msg:
('TMS320', 0.99999666), [[109.0, 202.0], [254.0, 202.0], [254.0, 246.0], [109.0, 246.0]]
('F28377DZWTQ', 0.9960365), [[105.0, 244.0], [376.0, 243.0], [376.0, 288.0], [105.0, 289.0]]
('YFC-9IA7SNW', 0.9997999), [[112.0, 289.0], [374.0, 287.0], [374.0, 330.0], [112.0, 332.0]]
('GI', 0.8791781), [[291.0, 344.0], [326.0, 334.0], [334.0, 366.0], [299.0, 375.0]]
**********/home/aistudio/test/39.jpg**********
erro_no:0, err_msg:
('TAIWAN', 0.9395377), [[45.0, 20.0], [158.0, 23.0], [157.0, 58.0], [44.0, 56.0]]
('8336AG', 0.99857455), [[241.0, 17.0], [365.0, 24.0], [363.0, 64.0], [239.0, 57.0]]
('SN74150J', 0.99973094), [[207.0, 103.0], [368.0, 107.0], [367.0, 141.0], [206.0, 137.0]]
==> total number of test imgs: 3
aistudio@jupyter-771047-5132593:~/PaddleOCR/deploy/pdserving$
```

图 4-47 启动服务成功界面

本案例基于 PaddleOCR 实现了芯片表面字符识别，后期可以根据实际应用要求进行部署。随着半导体行业的快速发展，本案例可以作为芯片分类、插件、查询等后续应用的前期准备工作。

实际应用中，在工业相机和光源的辅助下，采集的图片会更加清晰，最终的识别效果会进一步提升。图 4-48 为工业相机+环形光源拍摄的图片，图 4-49 为非专业设备拍摄的图片。

图 4-48 工业相机+环形光源拍摄效果图

图 4-49 非专业设备拍摄效果图

可见，在实际操作中不仅要关注算法优化，还要从数据集分析最终结果的精度问题。本案例的字符检测部分还有较大的优化空间，在字符识别部分需要考虑多种字体的情况，读者可以进一步优化。

## 本章小结

本章在介绍 OCR 原理基础上，通过“数显屏数据自动识别系统”和“芯片表面序列码识别系统”两个案例，详细讲解了利用 Paddle 实现 OCR 检测的过程。读者可以参照案例学习，并对算法进行优化，扩展应用到实际 OCR 项目中。

## 习题

4-1　对于一些尺寸较大的文档类图片，DB 在检测时会有较多的漏检，怎么避免这种漏检的问题呢?

4-2　如何更换文本检测、识别的 Backbone?

# 第5章 目标检测算法原理与实战

导读 «

目标检测算法是机器视觉技术的主要内容。本章首先介绍目标检测算法的原理；然后通过“人员摔倒检测系统”和“无人机航拍小目标检测系统”两个案例，详细讲解了利用 Paddle 框架实现目标检测项目应用的完整过程。通过对本章的学习，读者可以基本掌握目标检测项目的开发流程。

本章知识点

- 目标检测算法基本原理
- PaddleDetection 框架介绍
- AlexNet 网络结构
- VGG 网络结构
- GoogLeNet 网络结构
- YOLOv3 算法原理
- PP-YOLOE 网络结构
- 检测与识别模型的部署

## 5.1 目标检测算法

### 5.1.1 图像处理

本节主要介绍处理图像的基础知识。图像卷积是通过在图像上滑动一个小的窗口或模板，计算窗口中的像素值与模板对应位置的像素值之间的相关性，从而得到新的图像。这种技术在图像增强、特征提取、图像分类等许多方面都有广泛应用。

卷积神经网络（CNN）是一种深度学习算法，它在图像处理领域有着极为重要的地位。CNN 通过多层卷积和池化操作，逐步提取出图像的特征，并最终实现图像分类、目标检测等任务。在 CNN 中，卷积核是一个非常重要的概念。它是一个小的矩阵，用来与输入图像进行卷积运算。卷积核可以通过学习得到，也可以根据任务的需求自行设计。它在图像处理中起到提取特征的作用，不同的卷积核可以提取出不同的特征，如边缘、纹理等。

互相关运算是一种常用的图像特征提取方法。它通过将卷积核与图像进行卷积运算，得到一个新的图像，这个图像携带着卷积核所提取的特征信息。这种方法可以在不同尺度和位移下对图像进行特征提取，从而得到更加丰富的特征信息。

特征映射和感受野是 CNN 中两个重要概念。特征映射是指卷积神经网络中每一层的输出图像由输入图像经过卷积和激活函数运算得到。感受野是指卷积神经网络中每一个神经元所“看到”的输入图像的区域。这两个概念在 CNN 中起着非常重要的作用，它们能够帮助网络更好地提取和理解图像的特征。

总之，图像卷积和卷积神经网络是图像处理领域中的两个重要概念。通过对卷积核、互相关运算、特征映射和感受野的深入理解，可以更好地利用这些技术处理和分析图像数据，实现更加精准的图像分类、目标检测等任务。

1. 互相关运算

在卷积层中，所使用的运算应该被描述为“互相关运算”而非“卷积运算”。卷积层通过进行互相关运算生成输出张量，其中输入张量和核张量相互作用。

首先可以暂时不考虑通道（第三维）的情况，而专注于二维图像数据和隐藏表示。以图 5-1 为例，输入是一个形状为 3×3 的二维张量，其中高度为 3，宽度为 3。卷积核的高度和宽度均为 2，而卷积核窗口（或称卷积窗口）的形状由核的高度和宽度决定，即 2×2。

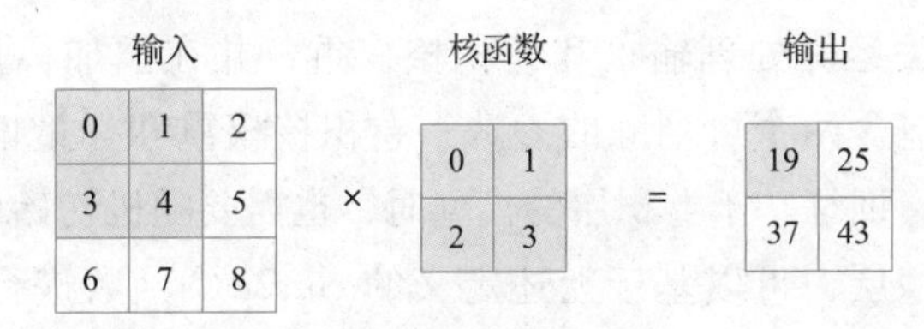


图 5-1　运算示意图

在二维互相关运算中，卷积操作从输入张量的左上角开始，按照从左到右、从上到下的顺序滑动窗口。当卷积窗口到达新的位置时，窗口中的部分张量与卷积核张量按元素相乘，然后将得到的张量进行求和，得到一个单一的标量值，这个值就是该位置的输出张量值。这样的操作能够提取输入张量中与卷积核张量对应的特征，并将它们组合成一个新的输出张量。在上述示例中，输出张量的尺寸为 2×2，经过二维互相关运算得到的 4 个元素为

$$0\times0+1\times1+3\times2+4\times3=19$$

$$1\times0+2\times1+4\times2+5\times3=25$$

$$3\times0+4\times1+6\times2+7\times3=37$$

$$4\times0+5\times1+7\times2+8\times3=43$$

需要注意的是，输出大小略小于输入大小。这是因为卷积核的宽度和高度大于 1，而卷积核只与图像中每个完全适配的位置进行互相关运算，所以输出大小等于输入大小 $n_h\times n_w$ 减去卷积核大小 $k_h\times k_w$，即 $(n_h-k_h+1)\times(n_w-k_w+1)$。

这是因为在图像上“移动”卷积核需要充足的空间，稍后将探讨如何通过在图像边界周围填充零以确保有足够的空间来移动核，从而使输出大小保持不变。下面将在

corr2d()函数中实现上述过程。该函数接收输入张量 $\boldsymbol{X}$ 和卷积核张量 $\boldsymbol{K}$，并返回输出张量 $\boldsymbol{Y}$，代码如下：

```
import warnings
from d2l import paddle as d2l
warnings.filterwarnings("ignore")
import paddle
from paddle import nn
def corr2d(X, K): #@save
    """计算二维互相关运算"""
    h, w = K.shape
    Y = paddle.zeros((X.shape[0] - h + 1, X.shape[1] - w + 1))
    for i in range(Y.shape[0]):
        for j in range(Y.shape[1]):
            Y[i, j] = (X[i:i + h, j:j + w] * K).sum()
    return Y
```

通过输入张量 $\boldsymbol{X}$ 和卷积核张量 $\boldsymbol{K}$，验证上述二维互相关运算的输出，代码如下：

```
X = paddle.to_tensor([[0.0, 1.0, 2.0], [3.0, 4.0, 5.0], [6.0, 7.0, 8.0]])
K = paddle.to_tensor([[0.0, 1.0], [2.0, 3.0]])
corr2d(X, K)
```

### 2. 卷积层

卷积层通过互相关运算处理输入和卷积核权重，并在添加标量偏置后生成输出。在此过程中，卷积层包含两个可训练的参数：卷积核权重和标量偏置。与随机初始化全连接层的方式类似，训练基于卷积层的模型时，也需要随机初始化卷积核权重。

为了实现二维卷积层，可以基于上述定义的 corr2d() 函数进行编写。在构造函数 init() 中，需要声明 weight 和 bias 作为两个模型的参数。在前向传播函数中，可以调用 corr2d() 函数并添加偏置，代码如下：

```
class Conv2D(nn.Layer):
    def __init__(self, kernel_size):
        super().__init__()
        self.weight = paddle.ParamAttr(paddle.rand(kernel_size))
        self.bias = paddle.ParamAttr(paddle.zeros(1))
    def forward(self, x):
        return corr2d(x, self.weight) + self.bias
```

高度和宽度分别为 $h$ 和 $w$ 的卷积核可以被称为 $h\times w$ 卷积或 $h\times w$ 卷积核。同样地，带有 $h\times w$ 卷积核的卷积层也被称为 $h\times w$ 卷积层。

### 3. 图像中目标的边缘检测

如下代码是一个简单的应用示例，使用卷积层来检测图像中不同颜色的边缘。首先，构造一个大小为 6 像素×8 像素的黑白图像，其中中间四列为黑色（0），其他像素为白色（1）。

```
X = paddle.ones((6, 8))
X[:, 2:6] = 0
X
#输出结果
Tensor(shape=[6, 8], dtype=float32, place=Place(cpu), stop_gradient=True,
```

```
        [[1., 1., 0., 0., 0., 0., 1., 1.],
         [1., 1., 0., 0., 0., 0., 1., 1.],
         [1., 1., 0., 0., 0., 0., 1., 1.],
         [1., 1., 0., 0., 0., 0., 1., 1.],
         [1., 1., 0., 0., 0., 0., 1., 1.],
         [1., 1., 0., 0., 0., 0., 1., 1.]])
```

接下来，构造一个高度为 1、宽度为 2 的卷积核 ***K***。在进行互相关运算时，如果水平相邻的两个元素相同，则输出为零；否则输出为非零，代码如下：

```
K = paddle.to_tensor([[1.0, -1.0]])
```

现在，对参数 ***X***（输入）和 ***K***（卷积核）进行互相关运算。根据下面的规则，输出 ***Y*** 中的 1 表示从白色到黑色的边缘，-1 表示从黑色到白色的边缘，其他情况的输出为 0，代码如下：

```
Y = corr2d(X, K)
Y
#输出结果
Tensor(shape=[6, 7], dtype=float32, place=Place(cpu), stop_gradient=True,
    [[ 0.,  1.,  0.,  0.,  0., -1.,  0.],
     [ 0.,  1.,  0.,  0.,  0., -1.,  0.],
     [ 0.,  1.,  0.,  0.,  0., -1.,  0.],
     [ 0.,  1.,  0.,  0.,  0., -1.,  0.],
     [ 0.,  1.,  0.,  0.,  0., -1.,  0.],
     [ 0.,  1.,  0.,  0.,  0., -1.,  0.]])
```

对输入的二维图像进行转置，并进行如上所述的互相关运算。其输出如下，可以观察到之前检测到的垂直边缘消失了。这并不奇怪，因为该卷积核 ***K*** 只能检测垂直边缘，无法检测水平边缘，代码如下：

```
corr2d(X.t(), K)
#输出结果
Tensor(shape=[8, 5], dtype=float32, place=Place(cpu), stop_gradient=True,
    [[0., 0., 0., 0., 0.],
     [0., 0., 0., 0., 0.],
     [0., 0., 0., 0., 0.],
     [0., 0., 0., 0., 0.],
     [0., 0., 0., 0., 0.],
     [0., 0., 0., 0., 0.],
     [0., 0., 0., 0., 0.],
     [0., 0., 0., 0., 0.]])
```

#### 4. 学习卷积核

当只需要寻找黑白边缘时，使用［-1, 1］的边缘检测器是足够的。然而，当涉及更复杂的数值卷积核或连续的卷积层时，手动设计过滤器是不可行的。那么，是否可以学习由输入 ***X*** 生成输出 ***Y*** 的卷积核呢？

现在探讨是否可以仅通过观察输入与输出之间的关系来学习卷积核。首先，构造一个卷积层，并将卷积核初始化为随机张量。随后，在每次迭代中，比较输出 ***Y*** 与卷积层输出的二次方误差，并计算梯度来更新卷积核的值。为了简化处理，此处使用内置的二维卷积层，并忽略偏置的影响，代码如下：

```
#构造一个二维卷积层，它具有1个输出通道和形状为(1,2)的卷积核
conv2d = nn.Conv2D(1, 1, kernel_size=(1, 2))
#这个二维卷积层使用四维输入和输出格式(批量大小、通道、高度、宽度)
#其中批量大小和通道数都为1
X = X.reshape((1, 1, 6, 8))
Y = Y.reshape((1, 1, 6, 7))
lr = 3e-2 #学习率
for i in range(10):
    Y_hat = conv2d(X)
    l = (Y_hat - Y) **2
    conv2d.clear_gradients()
    l.sum().backward()
    #迭代卷积核
    with paddle.no_grad():
        conv2d.weight[:] -= lr * conv2d.weight.grad
    if (i + 1) % 2 == 0:
        print(f'epoch {i+1}, loss {l.sum().item():.3f}')
#输出结果
epoch 2, loss 16.734
epoch 4, loss 6.225
epoch 6, loss 2.444
epoch 8, loss 0.983
epoch 10, loss 0.400
```

经过10次迭代后，误差已经降到足够低的水平。输出卷积核的权重张量，代码如下：

```
conv2d.weight.reshape((1, 2))
#输出结果
Tensor(shape=[1, 2], dtype=float32, place=Place(cpu), stop_gradient=False,
    [[ 0.94325662, -1.07352471]])
```

5. 特征映射和感受野

在卷积神经网络中，对于某一层的任意元素 $x$，其感受野是指在前向传播过程中，可能对 $x$ 计算产生影响的所有元素，这些元素来自该层之前的所有层级。

需要明确的是，感受野的范围可能大于该层输入的实际区域大小。以图5-1为例，假设有一个2×2的卷积核，其输出中阴影部分的元素值为19。那么，对应于该输出元素19的感受野，就包括输入中阴影部分的四个元素。如果之前的输出为 $\boldsymbol{Y}$，大小为2×2，在其后添加一个新的卷积层，并将 $\boldsymbol{Y}$ 作为输入，只输出单个元素 $z$。在这种情况下，输出元素 $z$ 上的感受野将包括 $\boldsymbol{Y}$ 的所有四个元素，而输入上的感受野涵盖了最初的九个输入元素。因此，当特征图中的任意元素需要检测更广泛区域的输入特征时，一个更深的网络结构应运而生。这种构建方式有助于网络学习到更全局和抽象的特征表示，进而提高模型的性能和表达能力。

### 5.1.2 现代卷积神经网络

本节将介绍现代卷积神经网络架构，这些架构在计算机视觉领域发挥了重要作用，并在ImageNet竞赛中取得了优异成绩。自2010年以来，ImageNet竞赛一直是监督学习

在计算机视觉中的重要标杆，许多模型都曾是该竞赛的优胜者。本节将介绍这些占据主导地位的模型，它们构成了现代卷积神经网络的基础。这些模型包括深度卷积神经网络（AlexNet[23]）、使用块的网络（VGG）和含并行连接的网络（GoogLeNet）。

深度神经网络的概念简单明了，就是将多个神经网络层堆叠在一起。然而，不同的网络架构和超参数选择会对神经网络的性能产生巨大影响。本节将介绍经过大量研究和试错的神经网络模型，这些模型结合了人类直觉和相关数学见解。读者在设计自己的架构时可以借鉴。

1. 深度卷积神经网络（AlexNet）

尽管 LeNet 自问世以来在计算机视觉和机器学习领域吸引了大量关注，但卷积神经网络并未在这些领域占据主导地位。虽然 LeNet 在小型数据集上表现出色，但在更大、更现实的数据集上训练卷积神经网络的有效性和可行性仍存在问题。事实上，从 20 世纪 90 年代初到 2012 年，神经网络在大多数时候的表现往往优于支持向量机等的其他机器学习方法。这是由于数据集规模小、计算能力有限，以及深度神经网络的训练方法和架构解决方案仍存在许多困难和限制。然而，随着数据集的增大、计算能力的提升以及新的训练技术的出现，卷积神经网络逐渐展现出强大的能力，并在更广泛的领域中取得了突破性成果。

在计算机视觉领域，将神经网络与其他机器学习方法进行直接比较可能有些不公平，因为卷积神经网络的输入可以是原始像素值，也可以是经过简单预处理（如居中、缩放）的像素值。相比之下，在使用传统机器学习方法时，从业人员通常不会直接使用原始像素作为输入，而是通过人工设计的特征流水线进行处理。传统机器学习方法在计算机视觉中的进展主要源于对特征的巧妙设计，学习算法通常是事后解释的结果。因此，在评估卷积神经网络与传统方法的性能时，需要考虑这些方法在特征提取上的差异。随着深度学习的发展，神经网络能够端到端地学习特征表示，这使得它们在许多计算机视觉任务上取得了突出成果。

尽管在 20 世纪 90 年代已经有了一些神经网络加速方法，但仅靠这些方法还不足以开发出具有大量参数的深度、多通道、多层卷积神经网络。此外，当时的数据集规模相对较小。除了这些技术和硬件方面的障碍，一些关键的训练技巧尚未成熟，如启发式的参数初始化方法、随机梯度下降的改进算法、非线性激活函数的选用以及有效的正则化技术，这些技巧的缺失限制了神经网络的训练效果和性能。随着不断深入的研究，这些问题逐渐得到了解决，并促进了卷积神经网络的发展。

2012 年，AlexNet 的出现具有重大意义。它是一个具有八层卷积神经网络结构的模型，并首次证明了通过学习得到的特征在图像识别任务上可以超越手工设计的特征。AlexNet 在 2012 年的 ImageNet 图像识别挑战赛中取得了巨大成功，以显著的优势赢得了冠军，在计算机视觉研究领域引起了广泛关注和深刻反思，它的成功激发了人们对深度学习在计算机视觉任务中的广泛应用和进一步研究的热潮。

LeNet 和 AlexNet 的结构非常相似，如图 5-2 所示。

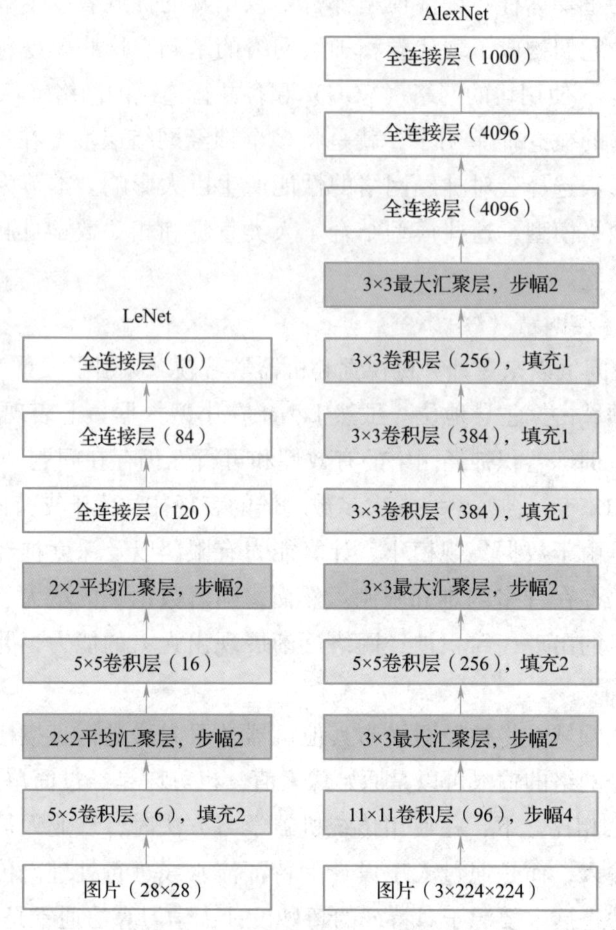


图 5-2 LeNet 与 AlexNet 结构图

AlexNet 和 LeNet 的设计理念非常相似，但也存在比较明显的差异：AlexNet 相对于 LeNet 来说更深。它由 8 层组成，包括五个卷积层、两个全连接隐藏层和一个全连接输出层。这种更深的网络结构使得 AlexNet 能够学习到更复杂的特征表示，从而提高了在大规模图像数据集上的识别性能；AlexNet 使用 ReLU（修正线性单元）而不是 Sigmoid 作为其激活函数。AlexNet 的初始层使用了一个 11×11 的卷积窗口。由于 ImageNet 中的图像尺寸通常比 MNIST 图像大 10 倍以上，因此需要更大的窗口来捕捉目标。接着，在第二卷积层中，卷积窗口的尺寸减小为 5×5，然后再减小为 3×3。此外，在第一、第二和第五层的卷积层之后，引入了最大汇聚层，窗口大小为 3×3，步幅为 2。另外，AlexNet 的卷积通道数是 LeNet 的十倍。

在最后一个卷积层之后，AlexNet 包含两个全连接层，每个层都有 4 096 个输出。这两个全连接层的参数量非常大，接近 1GB。为了应对早期 GPU 显存有限的情况，原始的 AlexNet 采用了双数据流设计，将模型参数分配到两个 GPU 中，每个 GPU 只处理一半参数。然而，随着现代 GPU 显存的增加，很少需要跨 GPU 分解模型了（因此，本书中的 AlexNet 模型与原始论文略有不同）。

此外，AlexNet使用ReLU作为激活函数，而不是更复杂的Sigmoid函数。这样做有两个原因：首先，ReLU激活函数更容易计算，不需要复杂的力运算；其次，当使用不同的参数初始化方法时，ReLU激活函数有利于模型训练。当Sigmoid函数的输出接近0或1时，梯度接近0，这会导致反向传播无法有效更新某些模型参数。因此，如果模型参数没有正确初始化，Sigmoid函数可能会在正区间产生接近0的梯度，导致模型无法有效训练。另一方面，ReLU激活函数的正梯度始终为1，从而避免了这一问题。

为了控制全连接层的模型复杂度，AlexNet采用了暂退法，而LeNet只使用了权重衰减。为了进一步扩充数据集，AlexNet在训练过程中引入了大量的图像增强技术，如翻转、裁剪和颜色变化。这些操作使模型更具鲁棒性，而更大的样本量有效地减少了过拟合的问题。AlexNet模型代码如下：

```
import warnings
from d2l import paddle as d2l
warnings.filterwarnings("ignore")
import paddle
import paddle.nn as nn
net = nn.Sequential(
    #这里，使用一个11×11的更大窗口来捕捉对象
    #同时，步幅为4，以减少输出的高度和宽度
    #另外，输出通道的数目远大于LeNet
    nn.Conv2D(1, 96, kernel_size=11, stride=4,padding=1),nn.ReLU(),
    nn.MaxPool2D(kernel_size=3, stride=2),
    #减小卷积窗口，使用填充为2来使得输入与输出的高和宽一致，且增大输出通道数
    nn.Conv2D(96, 256, kernel_size=5, padding=2), nn.ReLU(),
    nn.MaxPool2D(kernel_size=3, stride=2),
    #使用三个连续的卷积层和较小的卷积窗口
    #除了最后的卷积层，输出通道的数量进一步增加
    #在前两个卷积层之后，池化层不用于减少输入的高度和宽度
    nn.Conv2D(256, 384, kernel_size=3, padding=1), nn.ReLU(),
    nn.Conv2D(384, 384, kernel_size=3, padding=1), nn.ReLU(),
    nn.Conv2D(384, 256, kernel_size=3, padding=1), nn.ReLU(),
    nn.MaxPool2D(kernel_size=3, stride=2), nn.Flatten(),
    #这里，全连接层的输出数量是LeNet中的好几倍。使用dropout层来减轻过度拟合
    nn.Linear(6400, 4096), nn.ReLU(), nn.Dropout(p=0.5),
    nn.Linear(4096, 4096), nn.ReLU(), nn.Dropout(p=0.5),
    #最后是输出层。由于这里使用Fashion-MNIST，类别数为10
    nn.Linear(4096, 10)
)
```

如下代码创建了一个单通道数据，其高度和宽度均为224，以观察每一层输出的形状，这与AlexNet架构中的图表相匹配。

```
X = paddle.randn(shape=(1, 1, 224, 224))
for layer in net:
    X=layer(X)
    print(layer.__class__.__name__,'output shape:\t',X.shape)
#输出结果
Conv2Doutputshape:[1,96,54,54]
ReLUoutputshape:[1,96,54,54]
MaxPool2Doutputshape:[1,96,26,26]
```

```
Conv2Doutputshape:[1,256,26,26]
ReLUoutputshape:[1,256,26,26]
MaxPool2Doutputshape:[1,256,12,12]
Conv2Doutputshape:[1,384,12,12]
ReLUoutputshape:[1,384,12,12]
Conv2Doutputshape:[1,384,12,12]
ReLUoutputshape:[1,384,12,12]
Conv2Doutputshape:[1,256,12,12]
ReLUoutputshape:[1,256,12,12]
MaxPool2Doutputshape:[1,256,5,5]
Flattenoutputshape:[1,6400]
Linearoutputshape:[1,4096]
ReLUoutputshape:[1,4096]
Dropoutoutputshape:[1,4096]
Linearoutputshape:[1,4096]
ReLUoutputshape:[1,4096]
Dropoutoutputshape:[1,4096]
Linearoutputshape:[1,10]
```

通常 AlexNet 是在 ImageNet 数据集上进行训练的，本书使用的是 Fashion-MNIST 数据集。由于训练 ImageNet 模型需要相当长的时间，即使在现代 GPU 上，可能需要数小时甚至数天才能使其收敛，所以直接将 AlexNet 应用于 Fashion-MNIST 存在一个问题，即 Fashion-MNIST 图像的分辨率较低（28 像素×28 像素）。为了解决这个问题，将图像的尺寸增加到(224×224)。尽管这不是一个明智的做法，但这样做是为了有效利用 AlexNet 架构。要执行此调整，需要使用 d2l. load_data_fashion_mnist 函数中的 resize 参数，代码如下：

```
batch_size = 128
train_iter, test_iter = d2l.load_data_fashion_mnist(batch_size, resize=224)
```

现在可以开始训练 AlexNet 了。在训练过程中，使用了较小的学习速率。这是因为 AlexNet 具有更深、更广的网络结构，同时图像的分辨率更高，这使得训练卷积神经网络的成本更高。因此，采用较小的学习速率可以更稳定地进行训练，代码如下：

```
lr, num_epochs = 0.01, 10
d2l.train_ch6(net, train_iter, test_iter, num_epochs, lr, d2l.try_gpu())
#输出结果
loss 0.274, train acc 0.900, test acc 0.895
4652.1 examples/sec on Place(gpu:0)
```

AlexNet 训练过程如图 5-3 所示。

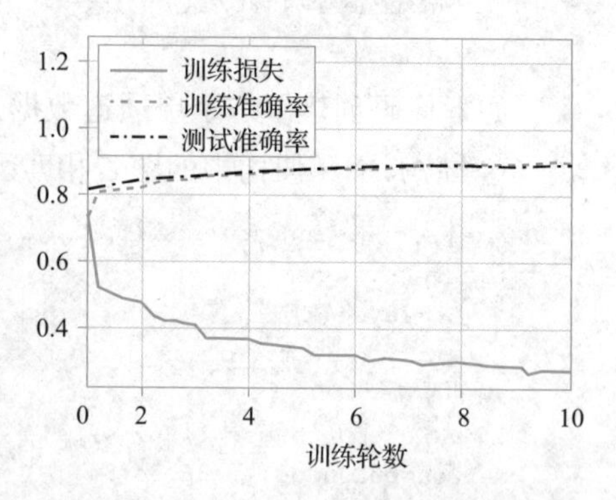

图 5-3　AlexNet 训练过程图

2. 使用块的网络（VGG）

虽然 AlexNet 证明了深度神经网络的有效性，但它并没有提供一个通用模板来指导下一代网络架构的设计。研究人员从单个神经元层面开始思考，到整个层，再到现在的块和迭代层模型。

块的概念首先在牛津大学的视觉几何组（Visual Geometry Group，VGG）网络中引入。通过使用循环和子程序，这些重复的架构可以很容易地在任何现代深度学习框架的代码中实现。这种思想将网络设计变得更加模块化和可扩展，使研究人员能够更灵活地构建和定制各种网络架构。

经典卷积神经网络的基本组成部分通常包括带填充的卷积层、非线性激活函数和汇聚层。VGG 块与上述组成类似，由一系列卷积层组成，后面是用于空间下采样的最大汇聚层。如下代码，定义了一个名为 vgg_block 的函数，用于实现一个 VGG 块。

```
import warnings
from d2l import paddle as d2l
warnings.filterwarnings("ignore")
import paddle
import paddle.nn as nn
def vgg_block(num_convs, in_channels, out_channels):
    layers = []
    for _ in range(num_convs):
        layers.append(nn.Conv2D(in_channels, out_channels, kernel_size=3, padding=1))
        layers.append(nn.ReLU())
        in_channels = out_channels
    layers.append(nn.MaxPool2D(kernel_size=2, stride=2))
    return nn.Sequential(* layers)
```

像 AlexNet 和 LeNet 一样，VGG 网络也可以分为两个主要部分，第一部分包含卷积层和汇聚层，第二部分由全连接层组成，结构如图 5-4 所示。

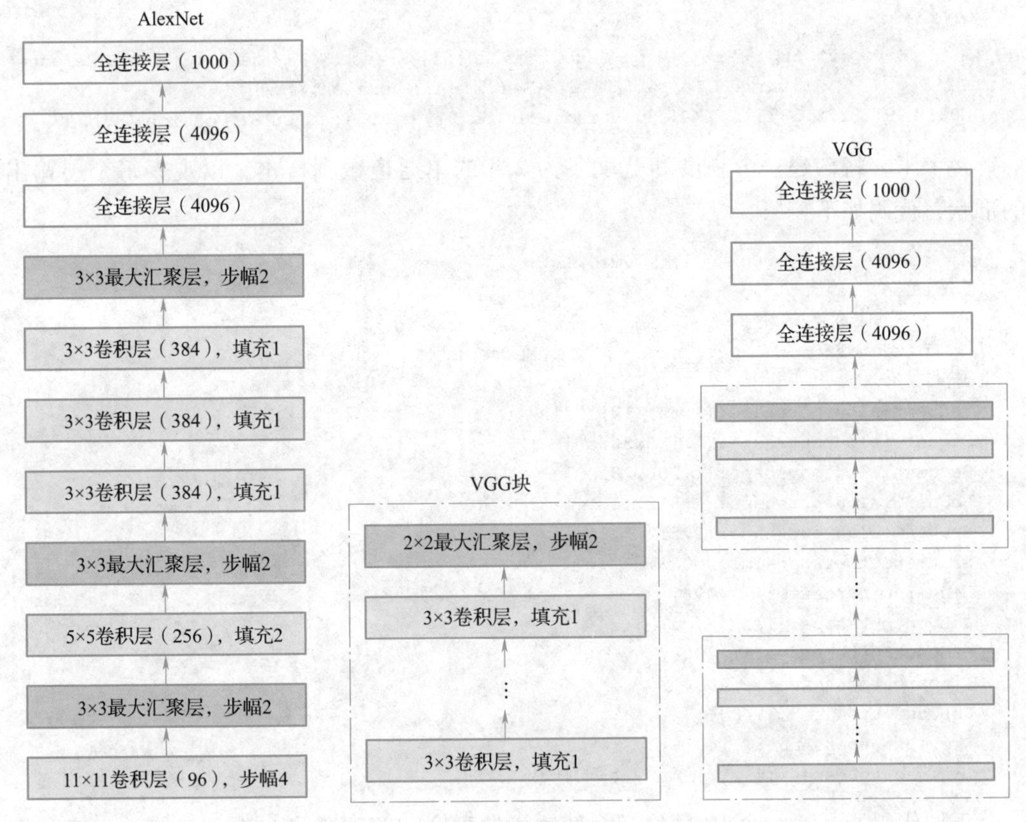


图 5-4　AlexNet 与 VGG 网络结构图

VGG 神经网络的连接是通过使用多个 VGG 块（在 vgg_block 函数中定义）来实现的。这些块由超参数变量 conv_arch 控制，该变量确定每个块中的卷积层数量和输出通道数。与 AlexNet 相似，VGG 网络的全连接模块结构保持不变。

原始 VGG 网络由五个卷积块组成，其中前两个卷积块包含一个卷积层，后三个卷积块包含两个卷积层。第一个区块有 64 个输出通道，随后每个区块的输出通道数都是前一个区块的两倍，直到 512 个。因此，由于 VGG 网络包含八个卷积层和三个全连接层，它通常被称为 VGG-11。VGG 网络层代码如下：

```
conv_arch = ((1, 64), (1, 128), (2, 256), (2, 512), (2, 512))
```

如下代码实现了 VGG-11，可以通过在 conv_arch 上执行 for 循环实现。

```
def vgg(conv_arch):
    conv_blks = []
    in_channels = 1
    #卷积层部分
    for (num_convs, out_channels) in conv_arch:
        conv_blks.append(vgg_block(num_convs, in_channels, out_channels))
        in_channels = out_channels
    return nn.Sequential(*conv_blks, nn.Flatten(),nn.Linear(out_channels * 7 * 7, 
4096), nn.ReLU(),nn.Dropout(0.5), nn.Linear(4096, 4096), nn.ReLU(), nn.Dropout(0.5), 
nn.Linear(4096, 10))
net = vgg(conv_arch)
#输出结果
W0818 09:33:25.305197 26410 gpu_resources.cc:61] Please NOTE: device: 0, GPU Compute 
Capability: 7.0, Driver API Version: 11.8, Runtime API Version: 11.8
W0818 09:33:25.337523 26410 gpu_resources.cc:91] device: 0, cuDNN Version: 8.7.
```

接下来，将构建一个高度和宽度各为 224 的单通道数据样本，以观察每个层输出的形状，代码如下：

```
X = paddle.randn(shape=(1, 1, 224, 224))
for blk in net:
    X = blk(X)
    print(blk.__class__.__name__,'output shape:\t',X.shape)
#输出结果
Sequentialoutputshape:[1,64,112,112]
Sequentialoutputshape:[1,128,56,56]
Sequentialoutputshape:[1,256,28,28]
Sequentialoutputshape:[1,512,14,14]
Sequentialoutputshape:[1,512,7,7]
Flattenoutputshape:[1,25088]
Linearoutputshape:[1,4096]
ReLUoutputshape:[1,4096]
Dropoutoutputshape:[1,4096]
Linearoutputshape:[1,4096]
ReLUoutputshape:[1,4096]
Dropoutoutputshape:[1,4096]
Linearoutputshape:[1,10]
```

正如代码所示，每个 VGG 块都会使输入的高度和宽度减半，直到最终的高度和宽度都变为 7。然后，将数据展平，并将其输入到全连接层进行处理。

由于 VGG-11 相比 AlexNet 具有更大的计算量，因此构建了一个通道数较少的网络，以适应 Fashion-MNIST 数据集的训练需求。这样可以在减少计算负担的同时，仍然能够有效地训练模型。构建代码如下：

```
ratio = 4
small_conv_arch = [(pair[0], pair[1] // ratio) for pair in conv_arch]
net = vgg(small_conv_arch)
```

除了使用略高的学习率外，模型训练过程与 AlexNet 类似，训练代码如下：

```
lr, num_epochs, batch_size = 0.05, 10, 128
train_iter, test_iter = d2l.load_data_fashion_mnist(batch_size, resize=224)
d2l.train_ch6(net, train_iter, test_iter, num_epochs, lr, d2l.try_gpu())
#输出结果
loss 0.153, train acc 0.943, test acc 0.922
2869.2 examples/sec on Place(gpu:0)
```

VGG 训练过程如图 5-5 所示。

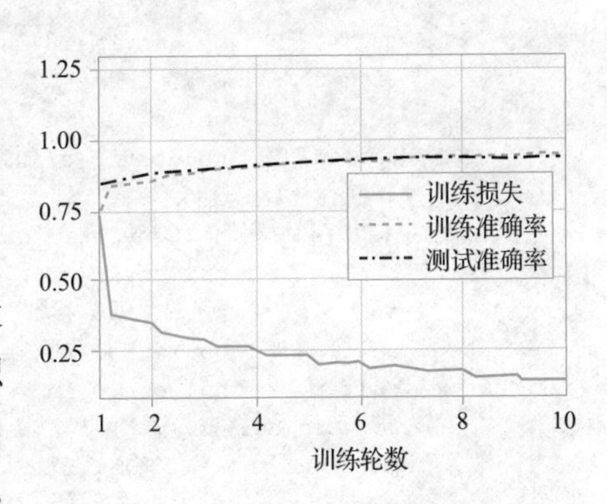

图 5-5　VGG 训练过程图

### 3. 含并行连接的网络（GoogLeNet）

2014 年，ImageNet[26] 图像识别挑战赛中名为 GoogLeNet 的网络架构获得了巨大成功。GoogLeNet 吸收了 NiN 网络中串联网络的思想，并对其进行了改进，关键是解决了选择合适大小的卷积核的问题。此前的网络中使用的卷积核都是 1×1 到 11×11 不等。而 GoogLeNet 提出一种观点，即通过组合不同大小的卷积核可以取得有利效果。本节将介绍一个稍微简化的 GoogLeNet 版本，省略了一些为稳定训练而添加的特性，因为现在有了更好的训练方法，这些特性已不再必要。

在 GoogLeNet 中，基本的卷积块被称为 Inception 块，结构如图 5-6 所示。这个名称可能来源于电影《盗梦空间》（Inception），因为电影中有一句台词“我们需要走得更深”（We need to go deeper）。

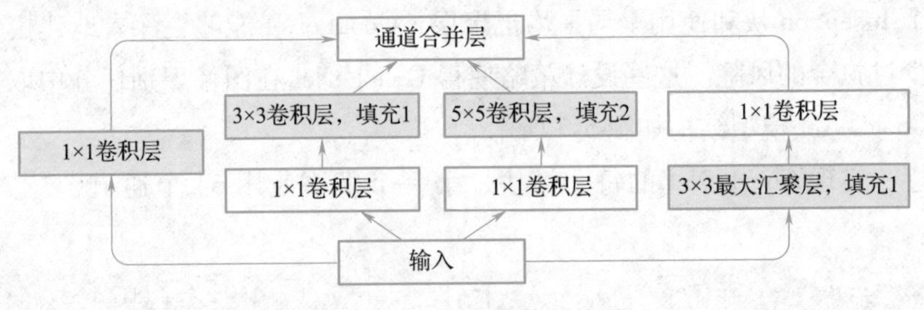

图 5-6　Inception 块结构图

在图 5-6 所示的 Inception 块中，包含了四条并行的路径。前三条路径使用不同大小的卷积窗口（1×1、3×3 和 5×5）进行卷积操作，以从不同尺度的空间中提取信息。中间的两条路径在输入上使用 1×1 的卷积层来减少通道数，以降低模型的复杂度。第四条路径首先使用 3×3 的最大汇聚层进行空间下采样，然后使用 5×5 的卷积层进行卷积操作，以改变通道数。这四条路径的输出在通道维度上连接起来，形成 Inception 块的输出。在 Inception 块中，需要调整的超参数通常是每个路径的输出通道数。构建 Inception 块的代码如下：

```
import warnings
from d2l import paddle as d2l
warnings.filterwarnings("ignore")
import paddle
import paddle.nn as nn
import paddle.nn.functional as F
class Inception(nn.Layer):
    #c1--c4 是每条路径的输出通道数
    def __init__(self, in_channels, c1, c2, c3, c4, **kwargs):
        super(Inception, self).__init__(**kwargs)
        #线路 1，单 1×1 卷积层
        self.p1_1 = nn.Conv2D(in_channels, c1, kernel_size=1)
        #线路 2，1×1 卷积层后接 3×3 卷积层
        self.p2_1 = nn.Conv2D(in_channels, c2[0], kernel_size=1)
        self.p2_2 = nn.Conv2D(c2[0], c2[1], kernel_size=3, padding=1)
        #线路 3，1×1 卷积层后接 5×5 卷积层
        self.p3_1 = nn.Conv2D(in_channels, c3[0], kernel_size=1)
        self.p3_2 = nn.Conv2D(c3[0], c3[1], kernel_size=5, padding=2)
        #线路 4，3×3 最大池化层后接 1×1 卷积层
        self.p4_1 = nn.MaxPool2D(kernel_size=3, stride=1, padding=1)
        self.p4_2 = nn.Conv2D(in_channels, c4, kernel_size=1)
    def forward(self, x):
        p1 = F.relu(self.p1_1(x))
        p2 = F.relu(self.p2_2(F.relu(self.p2_1(x))))
        p3 = F.relu(self.p3_2(F.relu(self.p3_1(x))))
        p4 = F.relu(self.p4_2(self.p4_1(x)))
        #在通道维度上连接输出
        return paddle.concat(x=[p1, p2, p3, p4], axis=1)
```

在 GoogLeNet 网络中，使用不同大小的滤波器进行特征探测，并为它们分配适当数量的参数，这种组合可以有效地捕捉不同尺度的图像细节。GoogLeNet 还引入了 Inception 块的概念，其中包含多个并行的卷积路径，用于在不同尺度上提取特征。通过堆叠多个 Inception 块和使用全局平均汇聚层，GoogLeNet 能够更深入地建模复杂的特征，并减少过拟合的风险。这些设计策略使得 GoogLeNet 在图像识别任务中取得了出色的表现，GoogLeNet 模型结构如图 5-7 所示。

以下逐一实现 GoogLeNet 的每个模块。第一个模块使用 64 个通道、7×7 卷积层，代码如下：

```
b1 = nn.Sequential(nn.Conv2D(1, 64, kernel_size=7, stride=2, padding=3),nn.ReLU(),
nn.MaxPool2D(kernel_size=3, stride=2,padding=1))
```

第二个模块使用两个卷积层：第一个卷积层是 64 个通道的 1×1 卷积层；第二个卷积层是 3×3 卷积层，它将与“入门”区块中第二条路径相对应的通道数量增加了两倍，代码如下：

```
    b2 = nn.Sequential(nn.Conv2D(64, 64, kernel_size=1), nn.ReLU(),nn.Conv2D(64, 192,
kernel_size=3, padding=1), nn.ReLU(),nn.MaxPool2D(kernel_size=3, stride=2, padding=1))
```

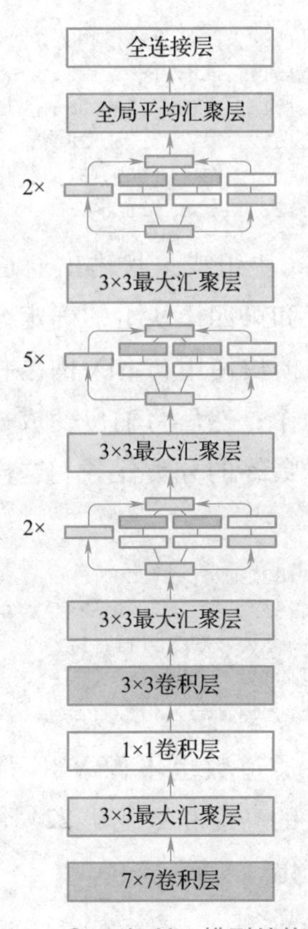


图 5-7 GoogLeNet 模型结构图

第三个模块由两个完整的 Inception 块串联而成。第一个 Inception 块的输出通道数为 256，四个路径之间的输出通道数量比为 2∶4∶1∶1。其中，第二个和第三个路径通过 1×1 卷积层将输入通道数量分别减少为输入通道的 1/2 和 1/12，然后连接第二个卷积层。第二个 Inception 块的输出通道数增加到 480，四个路径之间的输出通道数量比为 4∶6∶3∶2。同样，第二个和第三个路径通过 1×1 卷积层将输入通道数量分别减少为输入通道的 1/2 和 1/8。这种设计方式在 GoogLeNet 中有助于提取更丰富的特征，并增加网络的表示能力，代码如下：

```
    b3 = nn.Sequential(Inception(192, 64, (96, 128), (16, 32), 32),Inception(256, 128,
(128, 192), (32, 96), 64),nn.MaxPool2D(kernel_size=3, stride=2, padding=1))
```

第四个模块更加复杂，它由五个 Inception 块串联而成。这些 Inception 块的输出通道数分别为 512、512、512、528 和 832。每个 Inception 块中的路径通道数分配方式与第三个模块相似。具体而言，含有包含 3×3 卷积层的第二条路径输出的通道数最多，其次是仅包含 1×1 卷积层的第一条路径，然后是包含 5×5 卷积层的第三条路径，最后是包含 3×3 卷积层的第四条路径，其收敛性最高。值得注意的是，第二和第三条路径都是首先通过按比例减少通道数来调整的。这些比例在 Inception 的不同区块之间可能会略有不同。这样的设计使得第四模块能够提取更加丰富的特征，并增加网络的表示能力，代码如下：

```
b4 = nn.Sequential(Inception(480, 192, (96, 208), (16, 48), 64),
                   Inception(512, 160, (112, 224), (24, 64), 64),
                   Inception(512, 128, (128, 256), (24, 64), 64),
                   Inception(512, 112, (144, 288), (32, 64), 64),
                   Inception(528, 256, (160, 320), (32, 128), 128),
                   nn.MaxPool2D(kernel_size=3, stride=2, padding=1))
```

第五个模块由两个 Inception 块组成，其输出通道数分别为 832 和 1 024。每个 Inception 块的输出通道数在第三和第四模块上的确定方式类似，但具体数值不同。注意，第五模块紧接着输出层，该模块使用与 NiN 网络相同的全局平均值聚合层，这使得每个通道的高度和宽度都是一个；然后将输出变成一个二维数组，并连接一个具有标签类别数目的全连接层，用于最终的分类任务。这样的设计使得网络能够将高维特征转化为分类结果，代码如下：

```
b5 = nn.Sequential(Inception(832, 256, (160, 320), (32, 128), 128),
                   Inception(832, 384, (192, 384), (48, 128), 128),
                   nn.AdaptiveAvgPool2D((1, 1)),
                   nn.Flatten())
net = nn.Sequential(b1, b2, b3, b4, b5, nn.Linear(1024, 10))
```

GoogLeNet 模型计算复杂，通道数也不像 VGG 那样容易改变。为了使 Fashion-MNIST 数据集的训练简短，输入的高度和宽度从 224 降为 96，从而简化了计算。如下代码演示了各模块输出形状的变化。

```
X = paddle.rand(shape=(1, 1, 96, 96))
for layer in net:
    X = layer(X)
    print(layer.__class__.__name__,'output shape:\t', X.shape)
#输出结果
Sequentialoutputshape:[1,64,24,24]
Sequentialoutputshape:[1,192,12,12]
Sequentialoutputshape:[1,480,6,6]
Sequentialoutputshape:[1,832,3,3]
Sequentialoutputshape:[1,1024]
Linearoutputshape:[1,10]
```

和以前一样，使用 Fashion-MNIST 数据集来训练模型。在训练之前，将图片转换为 96×96 分辨率，训练代码如下：

```
lr, num_epochs, batch_size = 0.1, 10, 128
train_iter, test_iter = d2l.load_data_fashion_mnist(batch_size, resize=96)
d2l.train_ch6(net, train_iter, test_iter, num_epochs, lr, d2l.try_gpu())
#输出结果
loss 0.213, train acc 0.919, test acc 0.904
1381.9 examples/sec on Place(gpu:0)
```

GoogLeNet 训练过程如图 5-8 所示。

### 5.1.3 注意力机制

灵长类动物的视觉系统接收到大量的感官输入，远远超过大脑的处理能力。然而，通过意识的聚焦和专注，它们可以选择性地将注意力集中在感兴趣的物体或信息上。这种能力使得灵长类动物能够在复杂的视觉环境中筛选和处理信息，并更好地适应其生存环境。注意力聚焦和选择性感知对灵长类动物的进化非常重要。它们能够将注意力集中在关键信息上，如潜在的猎物或潜在的威胁。这种专注和选择性感知的能力使得它们能够更有效地捕获食物、避开危险、与同伴进行交互。

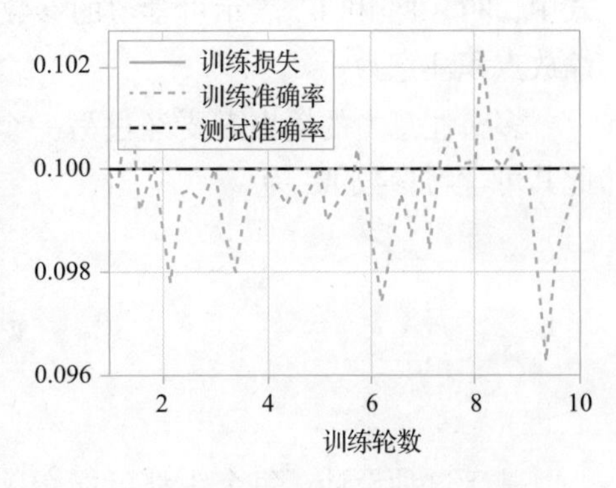

图 5-8　GoogLeNet 训练过程图

对人类而言，注意力的聚焦和专注同样至关重要。人类面临着庞大的信息流，但不能同时处理所有的刺激和信息。通过选择性地关注和处理特定的信息，人类能够更好地应对复杂环境，并取得成功。

因此，集中注意力的能力在生物进化中发挥了重要的作用，使得灵长类动物和人类能够在信息爆炸的环境中有效地感知、选择和适应。

#### 1. 多头注意力

在实践中，希望模型在给定相同的查询、键和值集合时，能够学习到不同的行为，并将这些行为组合成知识，以捕捉序列中不同范围的依赖关系（如短距离和长距离的依赖关系）。为了实现这一目标，允许注意力机制使用查询、键和值的不同子空间表示是有益的。

为了实现这一点，查询、键和值可以通过一系列独立学习得出的线性投影进行转换。然后，将这些转换后的查询、键和值并行输入多个注意力池。最后，将这些多重池的结果合并起来，并转换为另一个可学习的线性投影，生成最终的输出。这种设计被称为多头注意力。

对于多头注意力，每个注意力汇聚被称为一个头。多头注意力通过使用全连接层实现可学习的线性变换，其结构如图 5-9 所示。

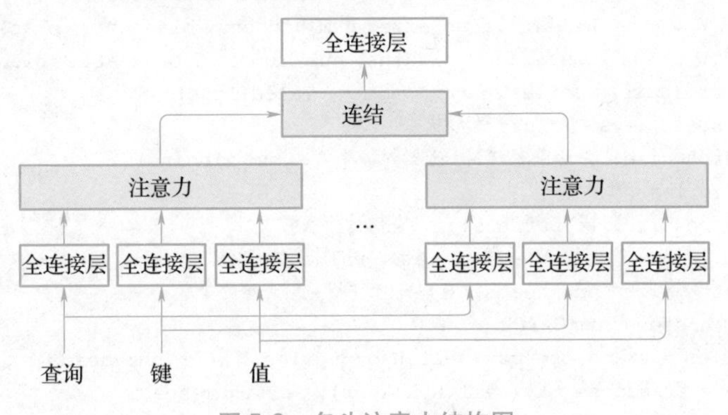

图 5-9　多头注意力结构图

在实现多头注意力之前，用数学语言将这个模型形式化地描述出来。给定查询 $q$、键 $k$ 和值 $v$，每个注意力头 $W$ 的计算方法为

$$W=f(W_i^q, W_i^k, W_i^v) \in \boldsymbol{R}^{pv} \tag{5-1}$$

式中，$W_i^q$、$W_i^k$ 和 $W_i^v$ 表示可学习的参数；$f$ 表示注意力汇聚函数，可以是加性注意力和缩放点积注意力。

多头注意力的输出需要经过另一个线性转换，它对应着 $h$ 个头连结后的结果，因此其可学习参数 $W_o$ 为

$$W_o\begin{pmatrix} h_1 \\ h_2 \\ \vdots \\ h_h \end{pmatrix} \in \boldsymbol{R}^{po}$$

基于这种设计，每个头都可能会关注输入的不同部分，可以表示比简单加权平均值更复杂的函数，代码如下：

```
import warnings
from d2l import paddle as d2l
warnings.filterwarnings("ignore")
import math
import paddle
from paddle import nn
```

在实现过程中，通常选择缩放点积注意力作为每一个注意力头。为了避免计算代价和参数代价的大幅增长，设定 $p_q=p_k=p_v=p_o/h_o$。值得注意的是，如果将查询、键和值的线性变换的输出数量设置为 $p_q^h=p_k^h=p_v^h=p_o$，则可以并行计算 $h$ 个头。在下面的实现中，$p_o$ 是通过参数 num_ hiddens 指定的，构建代码如下：

```
#@save
class MultiHeadAttention(nn.Layer):
    def __init__(self, key_size, query_size, value_size, num_hiddens, num_heads,
dropout, bias=False, **kwargs):
        super(MultiHeadAttention, self).__init__(**kwargs)
        self.num_heads = num_heads
        self.attention = d2l.DotProductAttention(dropout)
        self.W_q = nn.Linear(query_size, num_hiddens, bias_attr=bias)
        self.W_k = nn.Linear(key_size, num_hiddens, bias_attr=bias)
        self.W_v = nn.Linear(value_size, num_hiddens, bias_attr=bias)
        self.W_o = nn.Linear(num_hiddens, num_hiddens, bias_attr=bias)
    def forward(self, queries, keys, values, valid_lens):
        #queries, keys, values 的形状
        #(batch_size, 查询或者“键-值”对的个数, num_hiddens)
        #valid_lens 的形状
        #(batch_size,)或(batch_size, 查询的个数)
        #经过变换后，输出的 queries, keys, values 的形状
        #(batch_size* num_heads, 查询或者“键-值”对的个数
        #num_hiddens/num_heads)
        queries = transpose_qkv(self.W_q(queries), self.num_heads)
        keys = transpose_qkv(self.W_k(keys), self.num_heads)
        values = transpose_qkv(self.W_v(values), self.num_heads)
        if valid_lens is not None:
```

```
            #在轴 0，将第一项(标量或者矢量)复制 num_heads 次
            #然后如此复制第二项，然后诸如此类
            valid_lens = paddle.repeat_interleave(
              valid_lens, repeats=self.num_heads, axis=0)
            #output 的形状:(batch_size* num_heads，查询的个数
            #num_hiddens/num_heads)
            output = self.attention(queries, keys, values, valid_lens)
            #output_concat 的形状:(batch_size，查询的个数，num_hiddens)
            output_concat = transpose_output(output, self.num_heads)
            return self.W_o(output_concat)
```

为了实现多头并行计算，上述代码中的 MultiHeadAttention 类使用了下面定义的两个 transpose() 函数。transpose_output() 函数反转了 transpose_qkv() 函数的操作，代码如下：

```
    #@save
    def transpose_qkv(X, num_heads):
        """为了多注意力头的并行计算而变换形状"""
        #输入 X 的形状:(batch_size，查询或者“键-值”对的个数，num_hiddens)
        #输出 X 的形状:(batch_size，查询或者“键-值”对的个数，num_heads,
        #num_hiddens/num_heads)
        X = X.reshape((X.shape[0], X.shape[1], num_heads, -1))
        #输出 X 的形状:(batch_size,num_heads，查询或者“键-值”对的个数
        #num_hiddens/num_heads)
        X = X.transpose((0, 2, 1, 3))
        #最终输出的形状:(batch_size* num_heads,查询或者“键-值”对的个数
        #num_hiddens/num_heads)
        return X.reshape((-1, X.shape[2], X.shape[3]))
    #@save
    def transpose_output(X, num_heads):
        """逆转 transpose_qkv 函数的操作"""
        X = X.reshape((-1, num_heads, X.shape[1], X.shape[2]))
        X = X.transpose((0, 2, 1, 3))
        return X.reshape((X.shape[0], X.shape[1], -1))
```

下面使用键和值相同的例子来测试 MultiHeadAttention 类。多头注意力输出的形状是（batch_size，num_queries，num_hiddens），代码如下：

```
    num_hiddens, num_heads = 100, 5
    attention = MultiHeadAttention(num_hiddens, num_hiddens, num_hiddens, num_hiddens,
num_heads, 0.5)
    attention.eval()
    batch_size, num_queries = 2, 4
    num_kvpairs, valid_lens =  6, paddle.to_tensor([3, 2])
    X = paddle.ones((batch_size, num_queries, num_hiddens))
    Y = paddle.ones((batch_size, num_kvpairs, num_hiddens))
    attention(X, Y, Y, valid_lens).shape
    #输出结果
    [2, 4, 100]
```

2. Transformer

自注意力同时具有并行计算和最短的最大路径长度两个优势，因此被广泛使用在深度学习框架的设计中。相比仍然依赖循环神经网络实现输入表示的自注意力模型，

Transformer 完全基于注意力机制，不包含卷积层或循环神经网络层。虽然 Transformer 最初是应用于文本数据上的序列到序列学习方法，但它已经得到了广泛的推广和应用，涵盖了语言、视觉、语音以及强化学习领域。

Transformer 作为编码器-解码器架构的一个实例，由编码器和解码器组成。与基于 Bahdanau 注意力实现的顺序学习模型不同，在 Transformer 中，编码器和解码器都由自注意力模块叠加组成。此外，源（输入）和目标（输出）序列的嵌入式表示与位置编码相关联，然后分别插入编码器和解码器。这种设计的优点是可以更有效地捕捉序列中不同位置之间的交互关系，进而提高模型的性能和效率。Transformer 架构如图 5-10 所示。

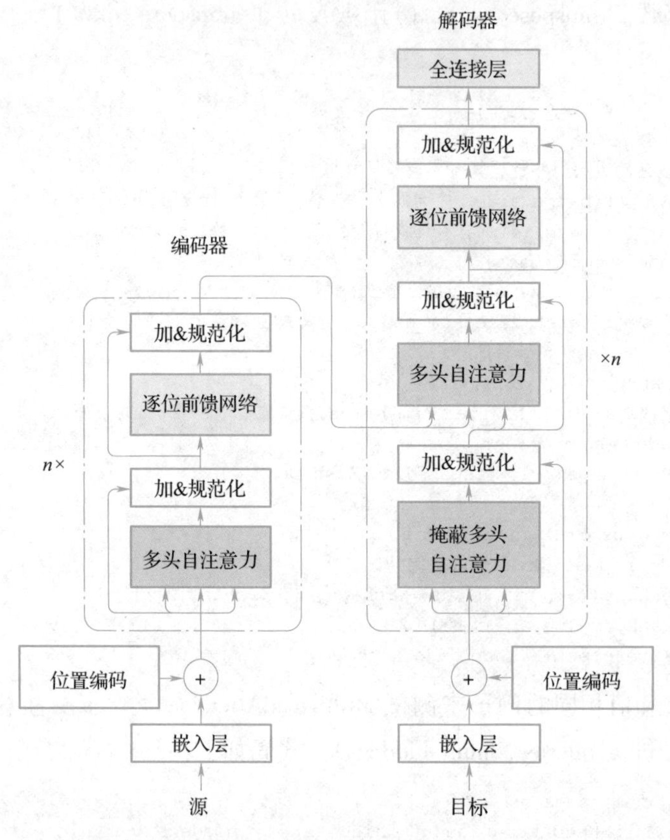


图 5-10　Transformer 架构图

由图 5-10 可知，Transformer 的编码器由多个相同的层叠加而成，每个层都由两个子层（表示为 sublayer）组成。第一个子层是多头自注意力聚合，第二个子层是基于位置的前馈网络。具体来说，在计算编码器的自注意力时，查询、键和值都来自前一个编码器层的输出。受残差网络的启发，每个子层都采用了残差连接。因此，对于序列中任意位置的任意输入 $x$，Transformer 编码器都将输出一个 $d$ 维表示向量。需要注意的是，在 Transformer 中，对于序列中任意位置的任意输入，都需要满足残差连接。在残差连接的加法计算后，紧接着应用层规范化，因此可确保编码器的输出向量的一致性。

与编码器一样，Transformer 的解码器也由多个相同的层组成，这些层通过残差连接和层归一化相互叠加。除了两个编码器子层外，解码器还在这两个子层之间增加了第三个子层，称为编码器-解码器注意层。在编码器-解码器注意层中，查询来自前一个解码层的输出，键和值来自整个编码器的输出。而在解码器-注意力层中，查询、键和值来自前一个解码器层的输出。注意，解码器中的每个位置只能考虑该位置之前的所有位置。这种掩蔽注意力保留了自回归属性，确保预测只依赖于已生成的输出词元，导入代码如下：

```
import math
import warnings
import pandas as pd
from d2l import paddle as d2l
warnings.filterwarnings("ignore")
import paddle
from paddle import nn
```

基于位置的前馈网络的实现方式是，对序列中所有位置的表示进行同样的变换，使用的是相同的多层感知机，这就是“基于位置”的含义。在下面的具体实现中，输入张量 $\boldsymbol{X}$ 的形状是批量大小、时间步数（序列长度）、隐单元数（特征维度）。经过一个两层的感知机变换后，输出张量的形状变为批量大小、时间步数、ffn_num_outputs。这里的 ffn_num_outputs 指前馈网络的输出维度，是由用户指定的超参数，代码如下：

```
#@save
class PositionWiseFFN(nn.Layer):
    """基于位置的前馈网络"""
    def __init__(self, ffn_num_input, ffn_num_hiddens, ffn_num_outputs, **kwargs):
        super(PositionWiseFFN, self).__init__(**kwargs)
        self.dense1 = nn.Linear(ffn_num_input, ffn_num_hiddens)
        self.relu = nn.ReLU()
        self.dense2 = nn.Linear(ffn_num_hiddens, ffn_num_outputs)
    def forward(self, X):
        return self.dense2(self.relu(self.dense1(X)))
```

下面的例子显示，如果改变张量最里层维度的尺寸，那么基于位置的前馈网络的输出尺寸也会改变。这是由于基于位置的前馈网络对所有位置上的输入都使用同一个多层感知机进行变换，所以当所有这些位置的输入相同时，它们的输出也是相同的，代码如下：

```
ffn = PositionWiseFFN(4, 4, 8)
ffn.eval()
ffn(paddle.ones((2, 3, 4)))[0]
#输出结果
W0818 09:32:33.140779 11384 gpu_resources.cc:61] Please NOTE: device: 0, GPU Compute
Capability: 7.0, Driver API Version: 11.8, Runtime API Version: 11.8
W0818 09:32:33.172740 11384 gpu_resources.cc:91] device: 0, cuDNN Version: 8.7.
Tensor(shape=[3, 8], dtype=float32, place=Place(gpu:0), stop_gradient=False,
      [[-0.23632714, -0.05662625, -0.18889099, 0.20341496, -0.19634776, -0.12125792,
-0.20301285, -0.11373831],
      [-0.23632714, -0.05662625, -0.18889099, 0.20341496, -0.19634776,-0.12125792,
-0.20301285, -0.11373831],
```

```
    [-0.23632714, -0.05662625, -0.18889099, 0.20341496, -0.19634776,-0.12125792,
-0.20301285, -0.11373831]])
```

之前已经解释了批量规范化是如何在一个小批量的样本内对数据进行重新中心化和重新缩放的调整，而层规范化的目标与批量规范化相同，但层规范化是基于特征维度进行规范化的。尽管批量规范化在计算机视觉任务中得到了广泛应用，但在自然语言处理任务中，由于输入通常是变长序列，批量规范化的表现往往不如层规范化。对比不同维度的层规范化和批量规范化的效果，代码如下：

```
ln = nn.LayerNorm(2)
bn = nn.BatchNorm1D(2)
X = paddle.to_tensor([[1, 2], [2, 3]], dtype=paddle.float32)
#在训练模式下计算 X 的均值和方差
print('layer norm:', ln(X), '\nbatch norm:', bn(X))
#输出结果
layer norm: Tensor(shape=[2, 2], dtype=float32, place=Place(gpu:0), stop_gradient=
False,
    [[-0.99997991, 0.99997991],
     [-0.99997991, 0.99997991]])
batch norm: Tensor(shape=[2, 2], dtype=float32, place=Place(gpu:0), stop_gradient=
False,
    [[-0.99997997, -0.99997997],
     [0.99997997, 0.99997997]])
```

现在可以使用残差连接和层规范化来实现 AddNorm 类，代码如下：

```
#@save
class AddNorm(nn.Layer):
    """残差连接后进行层规范化"""
    def __init__(self, normalized_shape, dropout, **kwargs):
        super(AddNorm, self).__init__(**kwargs)
        self.dropout = nn.Dropout(dropout)
        self.ln = nn.LayerNorm(normalized_shape)
    def forward(self, X, Y):
        return self.ln(self.dropout(Y) + X)
```

残差连接要求两个输入的形状相同，以便加法操作后输出张量的形状相同，代码如下：

```
add_norm = AddNorm([3, 4], 0.5)
add_norm.eval()
add_norm(paddle.ones((2, 3, 4)), paddle.ones((2, 3, 4))).shape
```

有了组成 Transformer 编码器的基础组件，现在可以先实现编码器中的一个层。下面的 EncoderBlock 类包含两个子层：多头自注意力和基于位置的前馈网络，这两个子层都使用了残差连接和层规范化，代码如下：

```
#@save
class EncoderBlock(nn.Layer):
    """transformer 编码器块"""
    def __init__(self, key_size, query_size, value_size, num_hiddens,norm_shape,
ffn_num_input, ffn_num_hiddens, num_heads,dropout, use_bias=False, **kwargs):
        super(EncoderBlock, self).__init__(**kwargs)
        self.attention = d2l.MultiHeadAttention(
```

```
            key_size, query_size, value_size, num_hiddens, num_heads, dropout,
use_bias)
        self.addnorm1 = AddNorm(norm_shape, dropout)
        self.ffn = PositionWiseFFN(
            ffn_num_input, ffn_num_hiddens, num_hiddens)
        self.addnorm2 = AddNorm(norm_shape, dropout)
    def forward(self, X, valid_lens):
        Y = self.addnorm1(X, self.attention(X, X, X, valid_lens))
        return self.addnorm2(Y, self.ffn(Y))
```

Transformer 编码器中的任何层都不会改变其输入的形状，代码如下：

```
X = paddle.ones((2, 100, 24))
valid_lens = paddle.to_tensor([3, 2])
encoder_blk = EncoderBlock(24, 24, 24, 24, [100, 24], 24, 48, 8, 0.5)
encoder_blk.eval()
encoder_blk(X, valid_lens).shape
```

下面实现 Transformer 编码器的代码中，堆叠了 num_layers 个 EncoderBlock 类的实例。由于这里使用的是值范围在-1 和 1 之间的固定位置编码，因此通过学习得到的输入的嵌入表示值需要先乘以嵌入维度的二次方根进行重新缩放，然后再与位置编码相加。代码如下：

```
#@save
class TransformerEncoder(d2l.Encoder):
    """transformer 编码器"""
    def __init__(self, vocab_size, key_size, query_size, value_size,num_hiddens,
norm_shape, ffn_num_input, ffn_num_hiddens,num_heads, num_layers, dropout, use_bias=
False, **kwargs):
        super(TransformerEncoder, self).__init__(**kwargs)
        self.num_hiddens = num_hiddens
        self.embedding = nn.Embedding(vocab_size, num_hiddens)
        self.pos_encoding = d2l.PositionalEncoding(num_hiddens, dropout)
        self.blks = nn.Sequential()
        for i in range(num_layers):
            self.blks.add_sublayer(str(i),
                EncoderBlock(key_size, query_size, value_size, num_hiddens,
norm_shape, ffn_num_input, ffn_num_hiddens,num_heads, dropout, use_bias))
    def forward(self, X, valid_lens, * args):
        #因为位置编码值在-1 和 1 之间
        #因此嵌入值乘以嵌入维度的二次方根进行缩放
        #然后再与位置编码相加
        X = self.pos_encoding(self.embedding(X) * math.sqrt(self.num_hiddens))
        self.attention_weights = [None] * len(self.blks)
        for i, blk in enumerate(self.blks):
            X = blk(X, valid_lens)
            self.attention_weights[i] = blk.attention.attention.attention_weights
    return X
```

下面指定了超参数来创建一个两层的 Transformer 编码器，Transformer 编码器输出的形状是批量大小、时间步数、num_ hiddens。代码如下：

```
encoder = TransformerEncoder(
    200, 24, 24, 24, 24, [100, 24], 24, 48, 8, 2, 0.5)
encoder.eval()
```

```
encoder(paddle.ones((2, 100), dtype=paddle.int64), valid_lens).shape
#输出结果
[2, 100, 24]
```

同样，Transformer 解码器也由几个相同的层组成。每一层都在 DecoderBlock 类中实现，包含三个子层：解码器自我监控、编码器和解码器关注以及基于位置的电源，这些子层也都被残差连接和层规范化所包围。

需要注意的是，在解码器掩蔽多头自注意力层（第一个子层）中，查询、键和值都来自上一个解码器层的输出。对于序列到序列模型，训练阶段中输出序列的所有位置（时间步）的词元都是已知的。但是，在预测阶段，输出序列的词元是逐个生成的。因此，在解码器的任何一个时间步中，只有已经生成的词元可以用来计算自注意力。为了保持解码器的自回归属性，掩蔽多头自注意力层设定了参数 dec_valid_lens，以便任何查询只会和解码器中已生成的词元位置（直到该查询所在位置）进行注意力计算。代码如下：

```
class DecoderBlock(nn.Layer):
    """解码器中第 i 个块"""
    def __init__(self, key_size, query_size, value_size, num_hiddens,norm_shape,
ffn_num_input, ffn_num_hiddens, num_heads,dropout, i, **kwargs):
        super(DecoderBlock, self).__init__(**kwargs)
        self.i = i
        self.attention1 = d2l.MultiHeadAttention(key_size, query_size, value_size,
num_hiddens, num_heads, dropout)
        self.addnorm1 = AddNorm(norm_shape, dropout)
        self.attention2 = d2l.MultiHeadAttention(key_size, query_size, value_size,
num_hiddens, num_heads, dropout)
        self.addnorm2 = AddNorm(norm_shape, dropout)
        self.ffn = PositionWiseFFN(ffn_num_input, ffn_num_hiddens,num_hiddens)
        self.addnorm3 = AddNorm(norm_shape, dropout)
    def forward(self, X, state):
        enc_outputs, enc_valid_lens = state[0], state[1]
        #训练阶段，输出序列的所有词元都在同一时间处理
        #因此 state[2][self.i]初始化为 None
        #预测阶段，输出序列是通过词元一个接着一个解码的
        #因此 state[2][self.i]包含着直到当前时间步第 i 个块解码的输出表示
        if state[2][self.i] is None:
            key_values = X
        else:
            key_values = paddle.concat((state[2][self.i], X), axis=1)
        state[2][self.i] = key_values
        if self.training:
            batch_size, num_steps, _ = X.shape
            #dec_valid_lens 的开头:(batch_size,num_steps),
            #其中每一行是[1,2,...,num_steps]
            dec_valid_lens = paddle.arange(1, num_steps + 1).tile((batch_size, 1))
        else:
            dec_valid_lens = None
        #自注意力
        X2 = self.attention1(X, key_values, key_values, dec_valid_lens)
        Y = self.addnorm1(X, X2)
        #"编码器-解码器" 注意力
```

```
        #enc_outputs 的开头:(batch_size,num_steps,num_hiddens)
        Y2 = self.attention2(Y, enc_outputs, enc_outputs, enc_valid_lens)
        Z = self.addnorm2(Y, Y2)
        return self.addnorm3(Z, self.ffn(Z)), state
```

为了便于在“编码器-解码器”注意力中进行缩放点积计算和残差连接中进行加法计算，编码器和解码器的特征维度都是 num_hiddens。代码如下：

```
decoder_blk = DecoderBlock(24, 24, 24, 24, [100, 24], 24, 48, 8, 0.5, 0)
decoder_blk.eval()
X = paddle.ones((2, 100, 24))
state = [encoder_blk(X, valid_lens), valid_lens, [None]]
decoder_blk(X, state)[0].shape
#输出结果
[2, 100, 24]
```

现在可以构建由 num_layers 个 DecoderBlock 实例组成的完整的 Transformer 解码器。最后，使用一个全连接层计算所有 vocab_size 个可能输出词元的预测值。同时存储解码器自注意力权重和“编码器-解码器”注意力权重，以方便日后进行可视化。代码如下：

```
class TransformerDecoder(d2l.AttentionDecoder):
    def __init__(self, vocab_size, key_size, query_size, value_size,num_hiddens,
norm_shape, ffn_num_input, ffn_num_hiddens, num_heads, num_layers, dropout, **kwargs):
        super(TransformerDecoder, self).__init__(**kwargs)
        self.num_hiddens = num_hiddens
        self.num_layers = num_layers
        self.embedding = nn.Embedding(vocab_size, num_hiddens)
        self.pos_encoding = d2l.PositionalEncoding(num_hiddens, dropout)
        self.blks = nn.Sequential()
        for i in range(num_layers):
            self.blks.add_sublayer(str(i),
                DecoderBlock(key_size, query_size, value_size, num_hiddens,
norm_shape, ffn_num_input, ffn_num_hiddens,num_heads, dropout, i))
        self.dense = nn.Linear(num_hiddens, vocab_size)
    def init_state(self, enc_outputs, enc_valid_lens, *args):
        return [enc_outputs, enc_valid_lens, [None] * self.num_layers]
    def forward(self, X, state):
        X = self.pos_encoding(self.embedding(X) * math.sqrt(self.num_hiddens))
        self._attention_weights = [[None] * len(self.blks) for _ in range (2)]
        for i, blk in enumerate(self.blks):
            X, state = blk(X, state)
            #解码器自注意力权重
            self._attention_weights[0][
                i] = blk.attention1.attention.attention_weights
            #“编码器-解码器”自注意力权重
            self._attention_weights[1][
                i] = blk.attention2.attention.attention_weights
        return self.dense(X), state
    @property
    def attention_weights(self):
        return self._attention_weights
```

依照 Transformer 架构来实例化编码器-解码器模型。其中，指定 Transformer 的编码器和解码器都是 2 层，都使用 4 头注意力。下面在“英语-法语”机器翻译数据集上训练 Transformer 模型，代码如下：

```
num_hiddens, num_layers, dropout, batch_size, num_steps = 32, 2, 0.1, 64, 10
lr, num_epochs, device = 0.005, 200, d2l.try_gpu()
ffn_num_input, ffn_num_hiddens, num_heads = 32, 64, 4
key_size, query_size, value_size = 32, 32, 32
norm_shape = [32]
train_iter, src_vocab, tgt_vocab = d2l.load_data_nmt(batch_size, num_steps)
encoder = TransformerEncoder(
    len(src_vocab), key_size, query_size, value_size, num_hiddens,
    norm_shape, ffn_num_input, ffn_num_hiddens, num_heads,
    num_layers, dropout)
decoder = TransformerDecoder(
    len(tgt_vocab), key_size, query_size, value_size, num_hiddens,
    norm_shape, ffn_num_input, ffn_num_hiddens, num_heads,
    num_layers, dropout)
net = d2l.EncoderDecoder(encoder, decoder)
d2l.train_seq2seq(net, train_iter, lr, num_epochs, tgt_vocab, device)
```

损失曲线如图 5-11 所示。

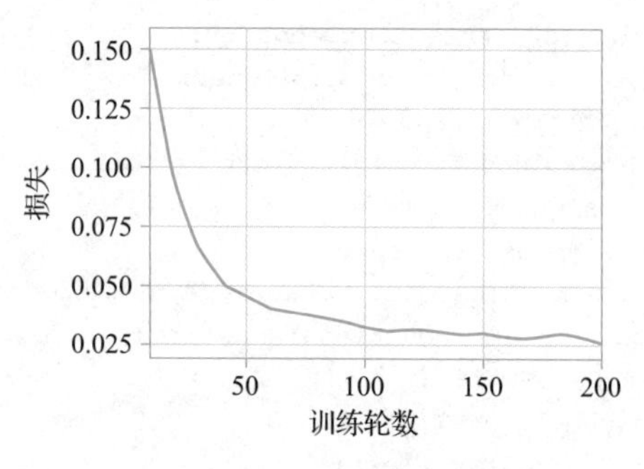


图 5-11　损失曲线图

训练结束后，使用 Transformer 模型将一些英语句子翻译成法语，并计算它们的双语评估研究（Bilingual Evaluation UnderStudy，BLEU）分数。代码如下：

```
engs = ['go .', "i lost .", 'he\'s calm .', 'i\'m home .']
fras = ['va !', 'j\'ai perdu .', 'il est calme .', 'je suis chez moi .']
for eng, fra in zip(engs, fras):
    translation, dec_attention_weight_seq = d2l.predict_seq2seq(
        net, eng, src_vocab, tgt_vocab, num_steps, device, True)
    print(f'{eng} => {translation}, ',
          f'bleu {d2l.bleu(translation, fra, k=2):.3f}')
#输出结果
go . => va !,  bleu 1.000
i lost . => j'ai perdu .,  bleu 1.000
he's calm . => il est calmes .,  bleu 0.658
i'm home . => je suis chez moi .,  bleu 1.000
```

当进行最后一个英语到法语的句子翻译工作时，可视化 Transformer 的注意力权重。编码器自注意力权重的形状为编码器层数、注意力头数、num_steps 或查询的数目、num_steps 或“键-值”对的数目。代码如下：

```
enc_attention_weights = paddle.concat(net.encoder.attention_weights, 0).reshape
((num_layers,
    num_heads, -1, num_steps))
enc_attention_weights.shape
#输出结果
[2, 4, 10, 10]
```

在编码器的自注意力中，查询和键都来自相同的输入序列。因为填充词元是不携带信息的，所以通过指定输入序列的有效长度可以避免查询与使用填充词元的位置计算注意力。接下来，将逐行呈现两层多头注意力的权重。每个注意力头都根据查询、键和值的不同的表示子空间来表示不同的注意力。代码如下：

```
d2l.show_heatmaps(
    enc_attention_weights.cpu(), xlabel='Key positions',
    ylabel='Query positions', titles=['Head %d'% i for i in range(1, 5)],figsize=
(7, 3.5))
```

编码器注意力可视化如图 5-12 所示。

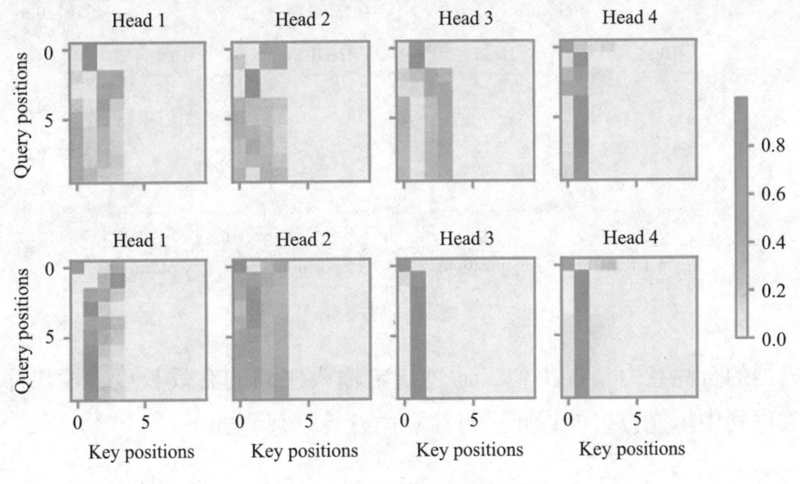


图 5-12　编码器注意力可视化

为了可视化解码器的自注意力权重和“编码器-解码器”的注意力权重，需要完成更多数据操作工作，如用零填充被掩蔽的注意力权重。值得注意的是，解码器的自注意力权重和“编码器-解码器”的注意力权重都有相同的查询，即以序列开始词元开始，再与后续输出的词元共同组成序列。代码如下：

```
dec_attention_weights_2d = [head[0].tolist()
        for step in dec_attention_weight_seq
        for attn in step for blk in attn for head in blk]
dec_attention_weights_filled = paddle.to_tensor(
    pd.DataFrame(dec_attention_weights_2d).fillna(0.0).values)
dec_attention_weights = dec_attention_weights_filled.reshape((
    -1, 2, num_layers, num_heads, num_steps))
dec_self_attention_weights, dec_inter_attention_weights = \
    dec_attention_weights.transpose((1, 2, 3, 0, 4))
dec_self_attention_weights.shape, dec_inter_attention_weights.shape
```

```
#输出结果
([2, 4, 6, 10], [2, 4, 6, 10])
```

由于解码器自注意力的自回归属性，查询不会对当前位置之后的“键-值”对进行注意力计算。代码如下：

```
#Plusonetoincludethebeginning-of-sequencetoken
d2l.show_heatmaps(
    dec_self_attention_weights[:, :, :, :len(translation.split()) + 1],
    xlabel='Key positions', ylabel='Query positions',
    titles=['Head %d'% i for i in range(1, 5)], figsize=(7, 3.5))
```

解码器注意力可视化如图 5-13 所示。

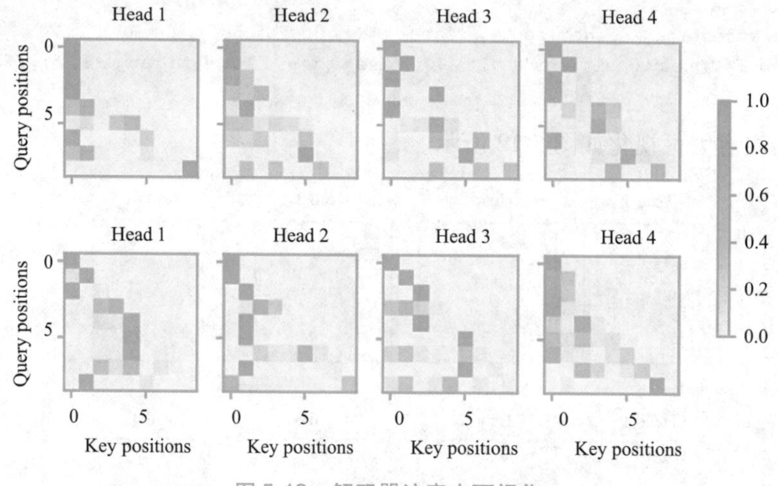


图 5-13　解码器注意力可视化

与编码器的自注意力情况类似，通过指定输入序列的有效长度，输出序列的查询不会与输入序列中填充位置的词元进行注意力计算。代码如下：

```
d2l.show_heatmaps(
    dec_inter_attention_weights, xlabel='Key positions',
    ylabel='Query positions', titles=['Head %d'% i for i in range(1, 5)],
    figsize=(7, 3.5))
```

尽管 Transformer 架构是为了序列到序列的学习而提出的，但 Transformer 编码器或 Transformer 解码器通常被单独用于不同的深度学习任务。

### 5.1.4　关键技术

机器视觉是一门研究如何让计算机从图像或视频中获取信息、理解内容并作出决策的科学。它涉及多个领域，如图像处理、机器学习、模式识别等，并且被广泛应用于现实生活中的各个领域，如智能安防、智能交通、智慧医疗等。本节将简要介绍计算机视觉中的几个关键技术，包括图像增广、目标检测与边界框、锚框等。

图像增广：一种通过采取一系列图像处理技术来增强图像质量、增加图像信息量的技术。它可以通过对图像的色彩、亮度、对比度等信息进行修改和优化，使图像更加清晰、生动，从而改善视觉效果，提高计算机视觉任务的准确性。

目标检测和边界框：计算机视觉中的一项重要任务。它的目的是在图像中定位并识别出特定的目标物体，同时绘制出该物体的边界框。目标检测和边界框技术可以通过对图像中的像素点进行分类和识别，以及使用机器学习算法来实现对目标物体的定位和识别，从而帮助计算机在图像或视频中快速、准确地找到目标物体。

锚框：一种在目标检测和边界框技术中常用的技术。它通过在图像中预设一些锚点，然后根据这些锚点来对目标物体进行定位和识别。锚框技术的优点是可以提高目标检测和边界框技术的精度和效率，缺点是需要在训练时预先定义锚框的位置和数量，因此对于不同的任务，可能需要不同的锚框设置。

### 1. 图像增广

图像增广技术通过对训练图像进行一系列随机更改，在不影响原始意义的情况下创建相似但不同的训练图像，从而扩大训练集的规模。此外，使用图像增广的原理是减少模型对某些特征的依赖，从而提高模型的泛化能力。如可以对图像进行不同的裁剪，使感兴趣的物体出现在不同的位置，从而降低模型对物体位置的依赖性；还可以调整亮度和颜色等因素，以降低模型对图像颜色的敏感度。可以说，图像增广技术是计算机视觉中不可或缺的一环。

图像增广导入代码如下：

```
%matplotlib inline
import warnings
from d2l import paddle as d2l
warnings.filterwarnings("ignore")
import paddle
import paddle.vision as paddlevision
from paddle import nn
```

在对常用的图像增广方法进行探索时，使用下面这个尺寸为 400×500 的图像作为示例，代码如下：

```
d2l.set_figsize()
img = d2l.Image.open('../img/cat1.jpg')
d2l.plt.imshow(img);
```

示例如图 5-14 所示。

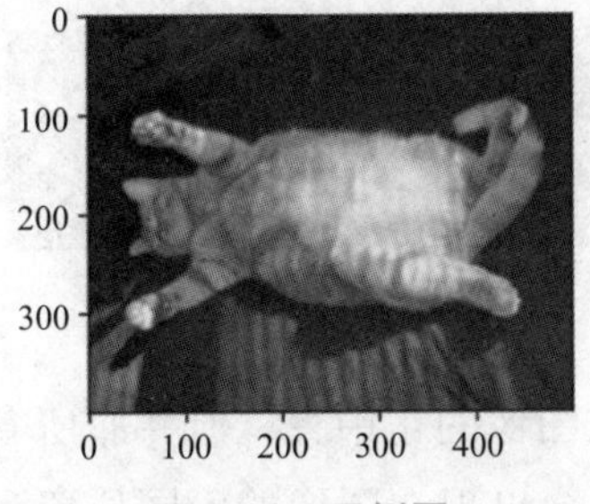


图 5-14　示例图

大多数图像增广方法都具有一定的随机性。为了便于观察图像放大的效果，可以定义以下应用辅助函数，该函数会在输入的图像 img 上多次执行图像放大方法，并显示结果，代码如下：

```
def apply(img, aug, num_rows=2, num_cols=4, scale=1.5):
    Y = [aug(img) for _ in range(num_rows * num_cols)]
    d2l.show_images(Y, num_rows, num_cols, scale=scale)
```

向左或向右旋转图像通常不会改变对象的类别，因此它是最早、最广泛使用的图像增强方法之一。下一步是使用变换模块创建 RandomFlipLeftRight 实例，使图像各有50%的概率向左或向右翻转，代码如下：

```
apply(img, paddlevision.transforms.RandomHorizontalFlip())
```

左右翻转示例如图 5-15 所示。

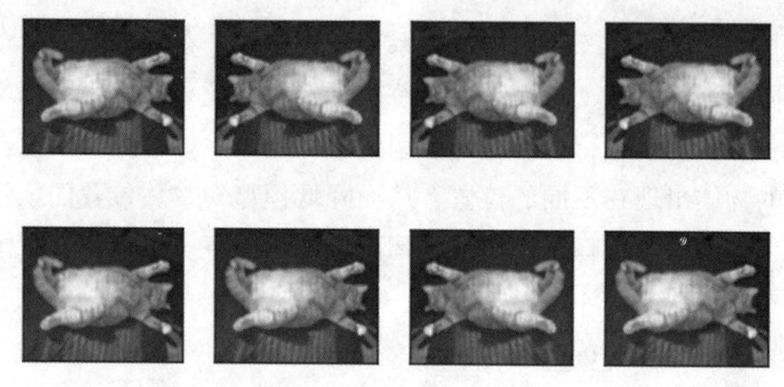

图 5-15　左右翻转示例图

上下翻转图像不如左右翻转那样常用。但是，至少对于上述示例图像，上下翻转不会妨碍识别。接下来，创建一个 RandomFlipTopBottom 实例，使图像各有 50%的概率向上或向下翻转，代码如下：

```
apply(img,  paddlevision.transforms.RandomVerticalFlip())
```

上下翻转示例如图 5-16 所示。

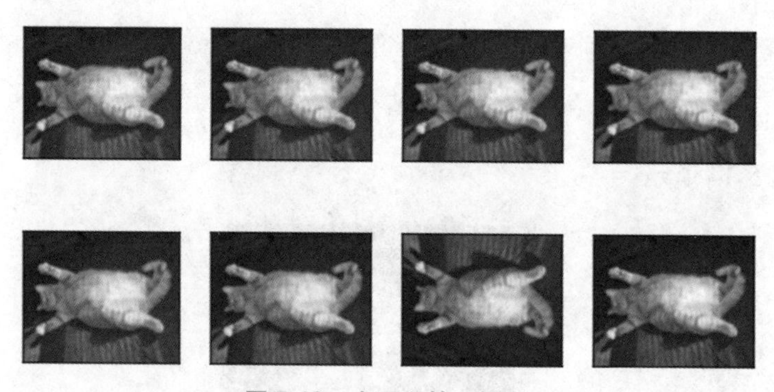

图 5-16　上下翻转示例图

在示例图像中，猫出现在图像的正中央，但并非所有图像都是如此。为了降低模型对目标的敏感度，物体可能会出现在图像的不同位置和不同长宽比上，从而对图像进行随机裁剪。如下代码会随机裁剪原始区域的 10%~100%，长宽比随机估计 0. 5~2，然后将区域的宽度和高度缩放为 200 像素。除非本段中另有说明，否则介于 a 和 b 之间的随机数表示在［a,b］之间均匀采样得到的连续值，代码如下：

```
shape_aug =  paddlevision.transforms.RandomResizedCrop(
    (200, 200), scale=(0.1, 1), ratio=(0.5, 2))
apply(img, shape_aug)
```

裁剪缩放示例如图 5-17 所示。

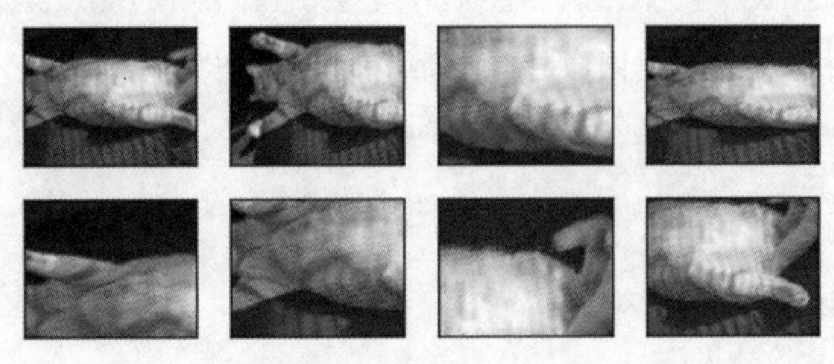

图 5-17　裁剪缩放示例图

可以在训练模型时，使用图像放大法。这里使用的不是之前使用的 Fashion-MNIST 数据集，而是 CIFAR-10 数据集。这是因为 Fashion-MNIST 数据集中物体的位置和大小是标准化的，而 CIFAR-10 数据集中物体的颜色和大小差异较大。如下代码显示了 CIFAR-10 数据集中的前 32 幅训练图像的样例。

```
all_images =  paddlevision.datasets.Cifar10(mode='train', download=True)
print(len(all_images))
d2l.show_images([all_images[i][0] for i in range(32)], 4, 8, scale=0.8);
```

为了保证在预测过程中获得精确的结果，通常只对训练样本进行图像增广，并且在预测过程中不使用随机操作的图像增广。在这里，只采用最简单的随机左右翻转。此外，还可使用 ToTensor 实例将一批图像转换为深度学习框架所需的格式，即形状为批量大小、通道数、高度、宽度的 32 位浮点数，取值范围为 0~1，代码如下：

```
train_augs = paddlevision.transforms.Compose([
    paddlevision.transforms.RandomHorizontalFlip(),
    paddlevision.transforms.ToTensor()])
test_augs = paddlevision.transforms.Compose([
    paddlevision.transforms.ToTensor()])
def load_cifar10(is_train, augs, batch_size):
    dataset = paddlevision.datasets.Cifar10(mode="train",transform=augs, download
=True)
    dataloader = paddle.io.DataLoader(dataset, batch_size=batch_size, num_workers=
d2l.get_dataloader_workers(), shuffle=is_train)
    return dataloader
```

现在可以定义 train_with_data_aug() 函数，使用图像扩展来训练模型。该函数接收所有 GPU，并使用 Adam 作为训练优化算法对训练集进行图像扩展，最后调用新定义的函数 train_ch13()来训练和评估模型，代码如下：

```
batch_size, devices, net = 256, d2l.try_all_gpus(), d2l.resnet18(10, 3)
def init_weights(m):
    if type(m) in [nn.Linear, nn.Conv2D]:
        nn.initializer.XavierUniform(m.weight)
```

```
net.apply(init_weights)
def train_with_data_aug(train_augs, test_augs, net, lr=0.001):
    train_iter = load_cifar10(True, train_augs, batch_size)
    test_iter = load_cifar10(False, test_augs, batch_size)
    loss = nn.CrossEntropyLoss(reduction="none")
    trainer = paddle.optimizer.Adam(learning_rate=lr, parameters=net.parameters())
    train_ch13(net, train_iter, test_iter, loss, trainer, 10, devices[:1])
```

使用基于随机左右翻转的图像增广来训练模型，代码如下：

```
train_with_data_aug(train_augs, test_augs, net)
#输出结果
loss 0.166, train acc 0.944, test acc 0.936
3465.5 examples/sec on [Place(gpu:0)]
```

训练过程如图 5-18 所示。

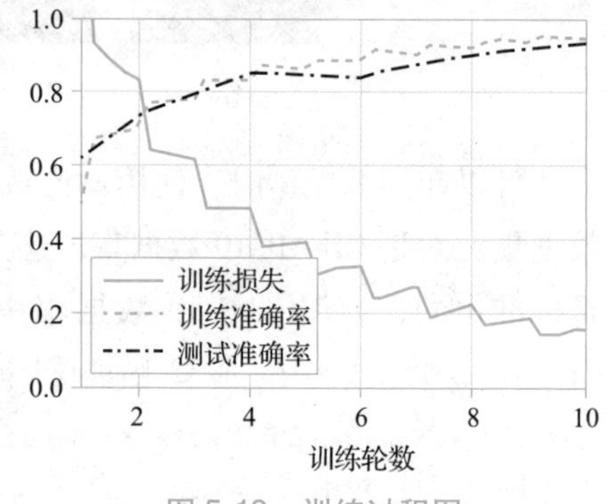

图 5-18 训练过程图

### 2. 目标检测与边界框

在图像中只有一个主要物体对象的情况下，只需要关注如何识别其类别。然而，在许多情况下，图像中存在多个感兴趣的目标，不仅需要知道它们的类别，还需要获取它们在图像中的具体位置。在计算机视觉领域，将这类任务称为目标检测或目标识别。

目标检测被广泛应用于许多领域。例如，在无人驾驶领域，需要通过检测录制的视频图像中车辆、行人、道路和障碍物的位置来规划道路。机器人也经常使用目标识别任务来识别感兴趣的目标。

首先讨论如何确定目标的位置，导入代码如下：

```
%matplotlib inline
import warnings
from d2l import paddle as d2l
warnings.filterwarnings("ignore")
import paddle
```

本节使用的示例图像如图 5-19 所示。可以看到图像左边有一只狗，右边有一只猫，这是该图像中的两个主要目标，代码如下：

```
d2l.set_figsize()
img = d2l.plt.imread('../img/catdog.jpg')
d2l.plt.imshow(img);
```

在识别目标时，通常使用边界框来描述物体的位置。边界框为矩形，由左上角和右下角的 $x$ 坐标和 $y$ 坐标定义。另一种常用的方法是使用边界框的中心点以及边界框的宽度和高度来表示边界框。

为了方便，定义了两个方法进行这两种表示法之间的转换。box_corner_to_center() 函数用于从左上角和右下角

图 5-19 示例图

的表示法转换为中心点和宽度、高度的表示法，而 box_center_to_corner() 函数反之。这两个函数的输入参数 boxes 可以是长度为 4 的张量，也可以是形状为（$n$,4）的二维张量，其中 $n$ 是边界框的数量，代码如下：

```
#@save
def box_corner_to_center(boxes):
    """从（左上，右下）转换到（中间，宽度，高度)"""
    x1, y1, x2, y2 = boxes[:, 0], boxes[:, 1], boxes[:, 2], boxes[:, 3]
    cx = (x1 + x2) / 2
    cy = (y1 + y2) / 2
    w = x2 - x1
    h = y2 - y1
    boxes = paddle.stack((cx, cy, w, h), axis=-1)
    return boxes
#@save
def box_center_to_corner(boxes):
    """从（中间，宽度，高度)转换到（左上，右下）"""
    cx, cy, w, h = boxes[:, 0], boxes[:, 1], boxes[:, 2], boxes[:, 3]
    x1 = cx - 0.5 * w
    y1 = cy - 0.5 * h
    x2 = cx + 0.5 * w
    y2 = cy + 0.5 * h
    boxes = paddle.stack((x1, y1, x2, y2), axis=-1)
    return boxes
```

根据坐标信息定义图像中狗和猫的边界框。图像中坐标原点是图像的左上角，向右的方向为 $x$ 轴的正方向，向下的方向为 $y$ 轴的正方向，代码如下：

```
#bbox 是边界框的英文缩写
dog_bbox, cat_bbox = [60.0, 45.0, 378.0, 516.0], [400.0, 112.0, 655.0, 493.0]
```

可以通过转换两次来验证边界框转换函数的正确性，代码如下：

```
boxes = paddle.to_tensor((dog_bbox, cat_bbox))
box_center_to_corner(box_corner_to_center(boxes)) == boxes
```

可以将边界框在图中画出，以检查其是否准确。画之前，定义一个辅助函数 bbox_to_rect()，它将边界框表示成 matplotlib 的边界框格式，代码如下：

```
#@save
def bbox_to_rect(bbox, color):
    #将边界框(左上 x,左上 y,右下 x,右下 y)格式转换成 matplotlib 格式
    #((左上 x,左上 y),宽,高)
    return d2l.plt.Rectangle(
        xy=(bbox[0], bbox[1]), width=bbox[2]-bbox[0], height=bbox[3]-bbox[1],
        fill=False, edgecolor=color, linewidth=2)
```

在图像上添加边界框之后，可以看到两个物体的主要轮廓基本在两个框内，代码如下：

```
fig = d2l.plt.imshow(img)
fig.axes.add_patch(bbox_to_rect(dog_bbox, 'blue'))
fig.axes.add_patch(bbox_to_rect(cat_bbox, 'red'));
```

运行结果如图 5-20 所示。

### 3. 锚框

目标检测算法通常会对输入图像中的大量区域进行采样，然后确定这些区域是否包含感兴趣的目标，并逐步调整这些区域的边界，以便更准确地预测目标的实际边界框。不同的模型可能会使用不同的方法对区域进行采样，本节介绍其中一种方法，即以每个像素为中心，创建一个具有多种不同比例和宽高比的边界框，代码如下：

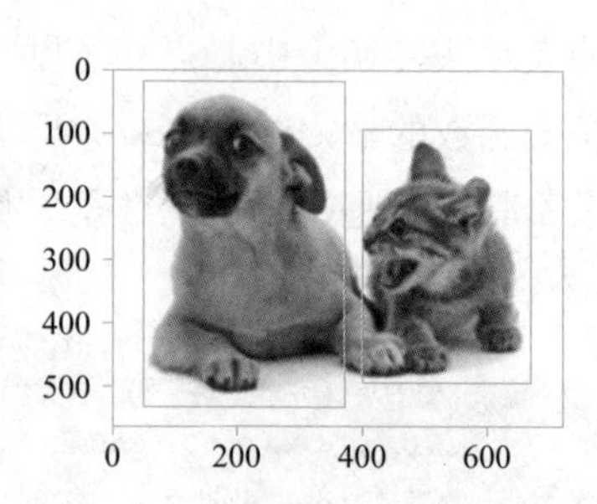

图 5-20　添加边界框示例图

```
%matplotlib inline
from mxnet import gluon, image, np, npx
from d2l import mxnet as d2l
np.set_printoptions(2)  #精简输出精度
npx.set_np()
```

假设输入图像的高度为 $h$，宽度为 $w$。以图像的每个像素为中心，生成一系列不同形状的锚框。其中，锚框的缩放比例设置为 $s\in(0,1]$，宽高比为 $r>0$，则锚框的宽度和高度分别为 $hs\sqrt{r}$ 和 $ws\sqrt{r}$。需要注意的是，在给定中心位置的情况下，已知宽度和高度的锚框是唯一确定的。

为了得到多个不同形状的锚框，可以设置多个缩放比（如 $s_1,\cdots,s_n$）和多个宽高比（如 $r_1,\cdots,r_m$）。当以每个像素为中心，使用所有这些比例和宽高比的组合时，输入图像将产生 $whnm$ 个锚框。然而，考虑到计算复杂度的问题，实践中只考虑包含特定缩放比例 $s_1$ 或特定宽高比组合 $r_1$ 的情况，即 $(s_1,r_1),(s_1,r_2),\cdots,(s_1,r_m),(s_2,r_1),(s_3,r_1),\cdots,(s_n,r_1)$。也就是说，以同一像素为中心的锚框的数量是 $n+m-1$，对于整个输入图像，将共生成 $wh(n+m-1)$ 个锚框。

上述生成锚框的方法在下面的 multibox_prior() 函数中实现。指定输入图像、尺寸列表和宽高比，然后此函数将返回所有的锚框，代码如下：

```
#@save
def multibox_prior(data, sizes, ratios):
    """生成以每个像素为中心具有不同形状的锚框"""
    in_height, in_width = data.shape[-2:]
    device, num_sizes, num_ratios = data.ctx, len(sizes), len(ratios)
    boxes_per_pixel = (num_sizes + num_ratios - 1)
    size_tensor = np.array(sizes, ctx=device)
    ratio_tensor = np.array(ratios, ctx=device)
    #为了将锚点移动到像素的中心，需要设置偏移量
    #因为一个像素的高为 1 且宽为 1，所以选择偏移中心 0.5
    offset_h, offset_w = 0.5, 0.5
    steps_h = 1.0 / in_height #在 y 轴上缩放步长
    steps_w = 1.0 / in_width  #在 x 轴上缩放步长
    #生成锚框的所有中心点
    center_h = (np.arange(in_height, ctx=device) + offset_h) * steps_h
    center_w = (np.arange(in_width, ctx=device) + offset_w) * steps_w
    shift_x, shift_y = np.meshgrid(center_w, center_h)
    shift_x, shift_y = shift_x.reshape(-1), shift_y.reshape(-1)
    #生成“boxes_per_pixel”个高和宽
```

```
        #之后用于创建锚框的四角坐标(xmin,xmax,ymin,ymax)
        w = np.concatenate((size_tensor * np.sqrt(ratio_tensor[0]),sizes[0] * np.sqrt
(ratio_tensor[1:]))) \* in_height / in_width  #处理矩形输入
        h = np.concatenate((size_tensor / np.sqrt(ratio_tensor[0]),sizes[0] / np.sqrt
(ratio_tensor[1:])))
        #除以2来获得半高和半宽
        anchor_manipulations = np.tile(np.stack((-w, -h, w, h)).T,(in_height * in_width,
1)) / 2
        #每个中心点都将有“boxes_per_pixel”个锚框
        #所以生成含所有锚框中心的网格,重复了“boxes_per_pixel”次
        out_grid = np.stack([shift_x, shift_y, shift_x, shift_y],axis=1).repeat(boxes_
per_pixel, axis=0)
        output = out_grid + anchor_manipulations
        return np.expand_dims(output, axis=0)
```

可以看到，返回的锚框变量 $Y$ 的形状是批量大小和锚框的数量，代码如下：

```
img = image.imread('../img/catdog.jpg').asnumpy()
h, w = img.shape[:2]
print(h, w)
X = np.random.uniform(size=(1, 3, h, w))
Y = multibox_prior(X, sizes=[0.75, 0.5, 0.25], ratios=[1, 2, 0.5])
Y.shape
#输出结果
561 728
(1, 2042040, 4)
```

将候选框 $Y$ 的形状改为图像高度、图像宽度、以同一像素为中心的候选框数量和 4，就可以得到以特定像素为中心的所有候选框。以（250,250）为中心的第一个候选框突出显示如下。它由四个元素组成，分别是左上角的（$x,y$）坐标和右下角的（$x,y$）坐标。输出中的这两个坐标值分别除以图像的宽度和高度，代码如下：

```
boxes = Y.reshape(h, w, 5, 4)
boxes[250, 250, 0, :]
#输出结果
array([0.06, 0.07, 0.63, 0.82])
```

为了显示图像中以某个像素为中心的所有锚框，定义下面的 show_bboxes() 函数在图像上绘制多个边界框，代码如下：

```
#@save
def show_bboxes(axes, bboxes, labels=None, colors=None):
    """显示所有边界框"""
    def _make_list(obj, default_values=None):
        if obj is None:
            obj = default_values
        elif not isinstance(obj, (list, tuple)):
            obj = [obj]
        return obj
    labels = _make_list(labels)
    colors = _make_list(colors, ['b', 'g', 'r', 'm', 'c'])
    for i, bbox in enumerate(bboxes):
        color = colors[i % len(colors)]
        rect = d2l.bbox_to_rect(bbox.asnumpy(), color)
        axes.add_patch(rect)
```

```
            if labels and len(labels) > i:
                text_color = 'k'if color == 'w'else 'w'
                axes.text(rect.xy[0], rect.xy[1], labels[i],va='center', ha='center',
fontsize=9, color=text_color,bbox=dict(facecolor=color, lw=0))
```

代码中变量 bboxes 的 $x$ 轴和 $y$ 轴坐标值分别除以图像的宽度和高度。但是，在绘制候选框时，有必要将这些坐标值恢复到原始大小。因此，下面定义了变量 bbox_scale。现在，可以以中心点（250，250）为基准绘制图像中的所有候选框，代码如下：

```
    d2l.set_figsize()
    bbox_scale = np.array((w, h, w, h))
    fig = d2l.plt.imshow(img)
    show_bboxes(fig.axes, boxes[250, 250, :, :] * bbox_scale,['s=0.75, r=1',
's=0.5, r=1', 's=0.25, r=1', 's=0.75, r=2','s=0.75, r=0.5'])
```

锚框示例如图 5-21 所示，其中比例为 0.75、纵横比为 1 的蓝色候选框完全覆盖了图像中的狗。

图 5-21 锚框示例图

在图 5-21 中，某个候选框“很好地”覆盖了照片中的狗。那么，如果已经知道了目标的实际边界框，则如何量化它有多“好”呢？直观地说，可以测量锚框与真实边界框之间的相似度。杰卡德（Jaccard）系数可用于测量两组数据的相似度。对于数据 $A$ 和 $B$，它们的 Jaccard 系数是截距的大小除以总和的大小。

$$J(A,B)=\frac{|A\cap B|}{|A\cup B|} \tag{5-2}$$

实际上，每个边界框像素区域都可以看作一组像素。因此，两个边界框之间的相似程度可以用像素集之间的 Jaccard 系数来衡量。对于两个边界框来说，它们的 Jaccard 系数通常称为“交集大于联合（IoU）”，即两个边界框的交集面积与它们的面积之和的比值，如图 5-22 所示。交集大于联合（IoU）比率的取值范围在 0 和 1 之间：0 表示两个边框没有像素重叠，1 表示两个边框完全重叠。

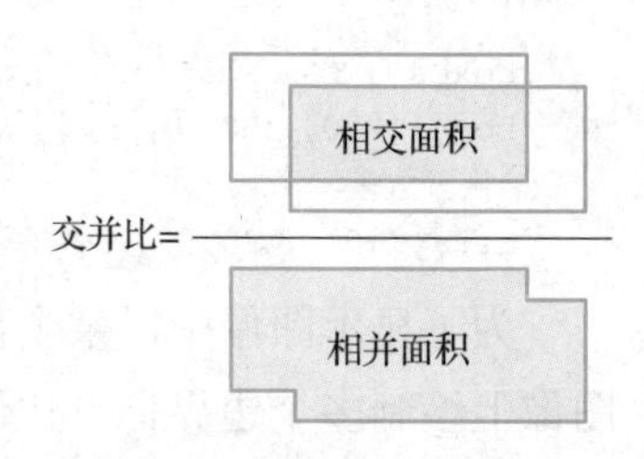

图 5-22 交并比示意图

接下来将使用交并比来衡量锚框和真实边界框之间，以及不同锚框之间的相似度。给定两个锚框或边界框的列表，box_IoU() 函数将在这两个列表中计算它们的交并比，代码如下：

```
#@save
def box_IoU(boxes1, boxes2):
    """计算两个锚框或边界框列表中成对的交并比"""
    box_area = lambda boxes: ((boxes[:, 2] - boxes[:, 0]) * (boxes[:, 3] - boxes[:,1]))
    #boxes1,boxes2,areas1,areas2 的形状
    #boxes1:(boxes1 的数量,4)
    #boxes2:(boxes2 的数量,4)
```

```
    #areas1:(boxes1 的数量,)
    #areas2:(boxes2 的数量,)
    areas1 = box_area(boxes1)
    areas2 = box_area(boxes2)
    #inter_upperlefts,inter_lowerrights,inters 的形状
    #(boxes1 的数量,boxes2 的数量,2)
    inter_upperlefts = np.maximum(boxes1[:, None, :2], boxes2[:, :2])
    inter_lowerrights = np.minimum(boxes1[:, None, 2:], boxes2[:, 2:])
    inters = (inter_lowerrights - inter_upperlefts).clip(min=0)
    #inter_areasandunion_areas 的形状:(boxes1 的数量,boxes2 的数量)
    inter_areas = inters[:, :, 0] * inters[:, :, 1]
    union_areas = areas1[:, None] + areas2 - inter_areas
    return inter_areas / union_areas
```

在预测时，先为图像生成多个锚框，再为这些锚框一一预测类别和偏移量。一个预测好的边界框是根据其中某个带有预测偏移量的锚框生成的。下面的 offset_inverse() 函数将锚框和偏移量预测作为输入，并应用逆偏移变换返回预测的边界框坐标，代码如下：

```
#@save
def offset_inverse(anchors, offset_preds):
    """根据带有预测偏移量的锚框来预测边界框"""
    anc = d2l.box_corner_to_center(anchors)
    pred_bbox_xy = (offset_preds[:, :2] * anc[:, 2:] / 10) + anc[:, :2]
    pred_bbox_wh = paddle.exp(offset_preds[:, 2:] / 5) * anc[:, 2:]
    pred_bbox = paddle.concat((pred_bbox_xy, pred_bbox_wh), axis=1)
    predicted_bbox = d2l.box_center_to_corner(pred_bbox)
    return predicted_bbox
```

当存在大量锚框时，可能会输出多个类似的预测边界框，这些边界框明显重叠在同一目标周围。为了简化输出，可以使用非极大值抑制（Non-Maximum Suppression，NMS）算法来合并属于同一目标的类似预测边界框。

NMS 的工作原理如下：目标检测模型计算预测空间 $B$ 中每个类别的预测概率。假设最大预测概率为 $P$，则 $B$ 所对应的类别即为预测类别。用 $P$ 表示预测边界框 $B$ 的置信度。在同一表示法中，所有非背景的预测边界框按置信度从高到低排序，生成列表 $L$。NMS 定义代码如下：

```
#@save
def nms(boxes, scores, IoU_threshold):
    """对预测边界框的置信度进行排序"""
    B = paddle.argsort(scores, axis=-1, descending=True)
    keep = [] #保留预测边界框的指标
    while B.numel().item() > 0:
        i = B[0]
        keep.append(i.item())
        if B.numel().item() == 1: break
        IoU = box_IoU(boxes[i.numpy(), :].reshape([-1, 4]),paddle.to_tensor(boxes.
numpy()[B[1:].numpy(), :]).reshape([-1, 4])).reshape([-1])
        inds = paddle.nonzero(IoU <= IoU_threshold).numpy().reshape([-1])
        B = paddle.to_tensor(B.numpy()[inds + 1])
    return paddle.to_tensor(keep, place=boxes.place, dtype='int64')
```

定义 multibox_detection() 函数来将非极大值抑制应用于预测边界框。这里的实现有点复杂，下面用一个具体的例子来展示它是如何工作的，代码如下：

```
    #@save
    def multibox_detection(cls_probs, offset_preds, anchors, nms_threshold=0.5,
pos_threshold=0.009999999):
        """使用非极大值抑制来预测边界框"""
        batch_size = cls_probs.shape[0]
        anchors = anchors.squeeze(0)
        num_classes, num_anchors = cls_probs.shape[1], cls_probs.shape[2]
        out = []
        for i in range(batch_size):
            cls_prob, offset_pred = cls_probs[i], offset_preds[i].reshape([-1, 4])
            conf = paddle.max(cls_prob[1:], 0)
            class_id = paddle.argmax(cls_prob[1:], 0)
            predicted_bb = offset_inverse(anchors, offset_pred)
            keep = nms(predicted_bb, conf, nms_threshold)
            #找到所有的 non_keep 索引，并将类设置为背景
            all_idx = paddle.arange(num_anchors, dtype='int64')
            combined = paddle.concat((keep, all_idx))
            uniques, counts = combined.unique(return_counts=True)
            non_keep = uniques[counts == 1]
            all_id_sorted = paddle.concat([keep, non_keep])
            class_id[non_keep.numpy()] = -1
            class_id = class_id[all_id_sorted]
            conf, predicted_bb = conf[all_id_sorted], predicted_bb[all_id_sorted]
            # pos_threshold 是一个用于非背景预测的阈值
            below_min_idx = (conf < pos_threshold)
            class_id[below_min_idx.numpy()] = -1
            conf[below_min_idx.numpy()] = 1 - conf[below_min_idx.numpy()]
            pred_info = paddle.concat((paddle.to_tensor(class_id, dtype='float32').
unsqueeze(1),paddle.to_tensor(conf, dtype='float32').unsqueeze(1),predicted_bb),
axis=1)
            out.append(pred_info)
        return paddle.stack(out)
```

现在将上述算法应用到一个带有四个锚框的具体示例中，为简单起见，假设预测的偏移量都是零，这意味着预测的边界框即是锚框。对于背景、狗和猫的每个类，还定义了它的预测概率，代码如下：

```
    anchors = paddle.to_tensor([[0.1, 0.08, 0.52, 0.92], [0.08, 0.2, 0.56, 0.95],[0.15,
0.3, 0.62, 0.91], [0.55, 0.2, 0.9, 0.88]])
    offset_preds = paddle.to_tensor([0] * anchors.numel().item())
    cls_probs = paddle.to_tensor([[0] * 4,             #背景的预测概率
                                  [0.9, 0.8, 0.7, 0.1], #狗的预测概率
                                  [0.1, 0.2, 0.3, 0.9]]) #猫的预测概率
```

可以在图像上绘制这些预测边界框和置信度，代码如下：

```
    fig = d2l.plt.imshow(img)
    show_bboxes(fig.axes, anchors * bbox_scale,
                ['dog=0.9', 'dog=0.8', 'dog=0.7', 'cat=0.9'])
```

预测结果如图 5-23 所示。

现在，可以使用多箱检测（multibox_ detection）函数来抑制不完整的大数值。在样本张量输入中添加一个维度。注意，阈值设置为 5。输出的形式为批量大小、锚框数量和 6。在最内层维度中，有六个项目提供了相同预测边界框的输出。第一个元素指定预测的类别索引，从 0 开始（0 表示狗，1 表示猫），如果值为-1，则表示在非终端抑制的情况下会去除背景。第二个元素是预测边界框的置信度。其余四个元素表示预测边界框的左上角和右下角（$x,y$）的坐标，分别为 0 和 1。代码如下：

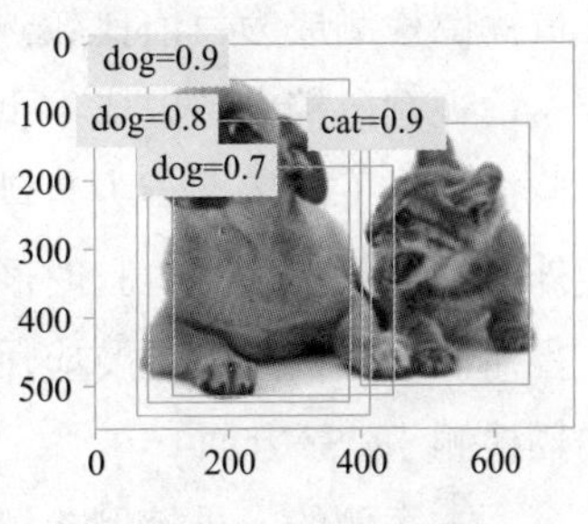


图 5-23　预测结果图

```
output = multibox_detection(cls_probs.unsqueeze(axis = 0), offset_preds.unsqueeze
(axis=0), anchors.unsqueeze(axis=0), nms_threshold=0.5)
output
#输出结果
Tensor(shape=[1, 4, 6], dtype=float32, place=Place(cpu), stop_gradient=True,
    [[[ 0. , 0.90, 0.10, 0.08, 0.52, 0.92],
      [1. , 0.90, 0.55, 0.20, 0.90, 0.88],
      [-1. , 0.80, 0.08, 0.20, 0.56, 0.95],
      [-1. , 0.70, 0.15, 0.30, 0.62, 0.91]]])
```

删除-1 类别（背景）的预测边界框后，可以输出由非极大值抑制保存的最终预测边界框，代码如下：

```
fig = d2l.plt.imshow(img)
for i in output[0].detach().numpy():
    if i[0] == -1:
        continue
    label = ('dog=', 'cat=')[int(i[0])] + str(i[1])
    show_bboxes(fig.axes, [paddle.to_tensor(i[2:]) * bbox_scale], label)
```

NMS 处理后结果如图 5-24 所示。

实践中，在执行非极大值抑制前，可以将置信度较低的预测边界框移除，从而减少计算量；也可以对非极大值抑制的输出结果进行后处理，如只保留置信度更高的结果作为最终输出。

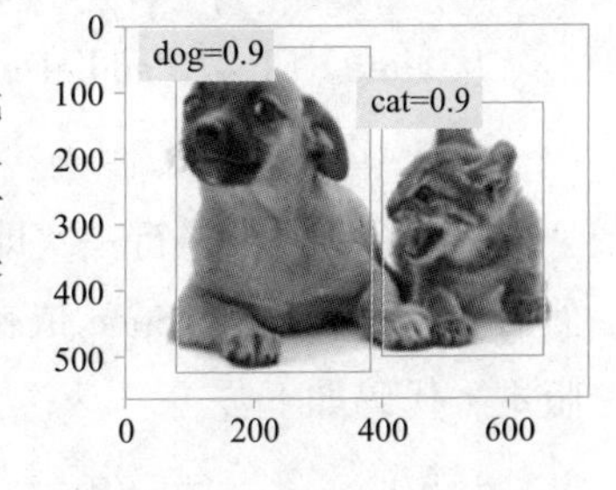


图 5-24　NMS 处理结果图

## 5.2　人员摔倒检测系统

### 5.2.1　系统需求分析

在我国人口日益老龄化的今天，老年人的身体健康受到人们的极度重视[24]。然而，目前养老机构并没有得到普及与完善，居家养老将成为一个重要趋势，而且居家养老通常是独居形式。因此，如何保障独居老人的安全，给老人独自居住的安全感，已成为一个民生热点问题[25]。

大数据显示，意外摔倒是导致 60 岁以上人群受伤的首要原因[26]。对于无人看护的老人和病人而言，能否及时发现其摔倒行为直接关系到他们的生命安全[27]。因此，人员摔倒检测成为目前比较热门的研究方向之一。

视频监控设备以成本低、实时性好的优点在家庭场景中得到广泛应用，研究家庭监控场景下的摔倒行为自动检测系统具有重要意义，能在一定程度上解决老年人因意外摔倒而错过最佳抢救时间的问题[28]。基于深度学习的人员摔倒检测算法具有精度高、鲁棒性强等优点，主要应用于安防领域，包括人脸识别、摔倒检测、视频检测[29]、车辆检测[30] 等方面。

本案例的人员摔倒检测算法基于目标检测技术。目标检测是计算机视觉中的一个重要领域。目标检测技术可以实现对图像、视频中的目标进行自动识别和定位，是许多应用场景如自动驾驶、智能监控、物流和智能安防等的基础技术。

### 5.2.2 系统结构设计

本案例在 Paddle 的基础上，通过 PaddleDetection API 中经典的目标检测框架，实现对人体摔倒的检测。在实现过程中，以 PaddleDetection API 中的特色模型 YOLOv3 为例，介绍 YOLOv3 网络结构以及如何使用 PaddleDetection 目标检测框架训练自己的数据集。数据集为从视频中截取捕获的人员摔倒图片以及相机拍摄的摔倒图片，共1 989 张图片。整个案例在 AI Studio 平台中实现。

为使得模型更加轻量化、速度更快、方便部署，本案例使用 PaddleDetection 中的 YOLOv3 时，将主干网络替换为 MobileNetV3，其系统结构设计流程如下。

#### 1. 数据和环境准备

首先将标注好的图片进行解压，将下载的数据集的压缩文件解压到 home/aistudio/work 目录，代码如下：

```
!unzip data/我的数据集.zip -d /home/aistudio/work/
```

从 gitee 中下载 PaddleDetection，代码如下：

```
!git clone https://gitee.com/paddlepaddle/PaddleDetection.git
```

该命令只需要执行一次即可。将当前文件路径更换为 home/aistudio/PaddleDetection，然后安装 PaddleDetection 依赖。如果出现报错，一般是依赖版本问题，可以更换一下版本，代码如下：

```
%cd /home/aistudio/PaddleDetection/
!pip install -r requirements.txt
```

#### 2. 自定义数据集划分

本案例中数据集使用的是从视频中截取捕获的人员摔倒图片以及相机拍摄的摔倒图片，共 1 989 张图片以及对应的标签文件。

在做目标检测任务时，通常要用一定的格式来准备数据集。图 5-25 为数据集目录，需要准备 jpg、png 等格式的图片以及标签文件，标签文件在本案例中使用 voc 格式。在准备自己的数据集时，可以使用 labelimage、labelme 等工具进行标注。

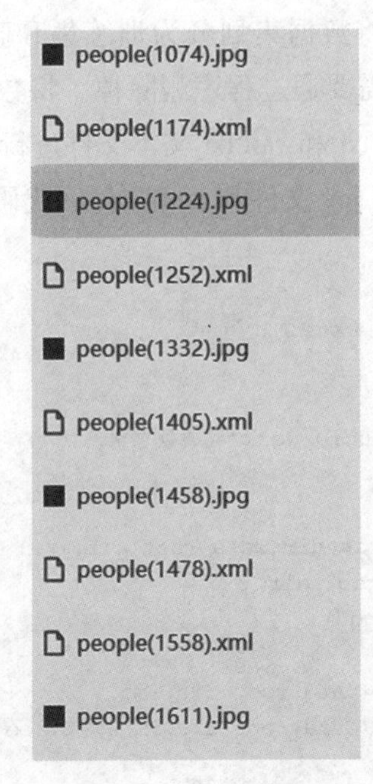


图 5-25　数据集目录

voc 格式标签文件的代码包括图片名称、图片路径、整幅图像的宽和高、深度、标注框的类别、坐标信息等，代码如下：

```
<annotation>
    <folder>我的数据集</folder>
    <filename>people(2029).jpg</filename>
    <path>C:\Users\86153\Desktop\我的数据集\people(2029).jpg</path>
    <source>
        <database>Unknown</database>
    </source>
    <size>
        <width>599</width>
        <height>801</height>
        <depth>3</depth>
    </size>
    <segmented>0</segmented>
    <object>
        <name>down</name>
        <pose>Unspecified</pose>
        <truncated>0</truncated>
        <difficult>0</difficult>
        <bndbox>
            <xmin>60</xmin>
            <ymin>160</ymin>
            <xmax>389</xmax>
            <ymax>684</ymax>
        </bndbox>
    </object>
</annotation>
```

在技术实现的过程中，要将数据集划分为训练集和验证集。本案例的原始数据有一些是标注错误的，这些数据需要通过程序删除掉。将数据集按照 8∶2 的比例划分为训练集和验证集，并生成 train. txt 和 val. txt 文本文件进行训练。其过程分为以下几步。

1）遍历整个文件夹，包括 jpg 文件和 xml 文件，代码如下：

```
import random
import os
import xml.etree.ElementTree as ET
#生成 train.txt 和 val.txt
random.seed(2020)
data_root_dir = '/home/aistudio/work/我的数据集'
path_list = list()
labels = []
print("总数据数为:",len(os.listdir(data_root_dir))/2)
for img in os.listdir(data_root_dir):
    if not img.endswith(".jpg"):
        continue
    img_path = os.path.join(data_root_dir,img)
    xml_path = os.path.join(data_root_dir,img.replace('jpg', 'xml'))
#读取 xml 获取标签
    tree = ET.parse(xml_path)
    root = tree.getroot()
```

2）通过判断图像的大小是否为 0，剔除空数据，代码如下：

```
#有些数据标注有问题,删除掉
    size=root.find('size')
    width = float(size.find('width').text)
    height = float(size.find('height').text)
    if width==0 or height==0:
        continue
```

3）统计数据集中的标签：在准备数据时，通常需要一个 label_list. txt 的文本文件，里面存放所有真实标签的名字。如下代码用来统计所有的标签名。

```
    for obj in root.iter('object'):
        difficult = int(obj.find('difficult').text)
        cls_name = obj.find('name').text.strip().lower()
        if cls_name not in labels:
            labels.append(cls_name)
    path_list.append((img_path, xml_path))
print("数据有效的个数为:",len(path_list))
```

运行代码后，可打印有效数据的个数如下：

```
总数据数为: 1989
数据有效的个数为: 1958
```

4）将有效数据随机划分为训练集和验证集，代码如下：

```
random.shuffle(path_list)
ratio = 0.8
train_f = open('/home/aistudio/work/train.txt','w') #生成训练文件
val_f = open('/home/aistudio/work/val.txt','w')      #生成验证文件
for i ,content in enumerate(path_list):
```

```
        img, xml = content
        text = img + ''+ xml + '\n'
        if i < len(path_list) * ratio:
            train_f.write(text)
        else:
            val_f.write(text)
    train_f.close()
    val_f.close()
```

生成的 train. txt 文件部分可视化如图 5-26 所示。

```
/home/aistudio/work/我的数据集/people(1991).jpg /home/aistudio/work/我的数据集/people(1991).xml
/home/aistudio/work/我的数据集/people(1968).jpg /home/aistudio/work/我的数据集/people(1968).xml
/home/aistudio/work/我的数据集/people(1570).jpg /home/aistudio/work/我的数据集/people(1570).xml
/home/aistudio/work/我的数据集/people(1621).jpg /home/aistudio/work/我的数据集/people(1621).xml
/home/aistudio/work/我的数据集/people(105).jpg /home/aistudio/work/我的数据集/people(105).xml
/home/aistudio/work/我的数据集/people(1810).jpg /home/aistudio/work/我的数据集/people(1810).xml
/home/aistudio/work/我的数据集/people(1168).jpg /home/aistudio/work/我的数据集/people(1168).xml
/home/aistudio/work/我的数据集/people(1097).jpg /home/aistudio/work/我的数据集/people(1097).xml
/home/aistudio/work/我的数据集/people(95).jpg /home/aistudio/work/我的数据集/people(95).xml
/home/aistudio/work/我的数据集/people(652).jpg /home/aistudio/work/我的数据集/people(652).xml
/home/aistudio/work/我的数据集/people(883).jpg /home/aistudio/work/我的数据集/people(883).xml
/home/aistudio/work/我的数据集/people(983).jpg /home/aistudio/work/我的数据集/people(983).xml
/home/aistudio/work/我的数据集/people(671).jpg /home/aistudio/work/我的数据集/people(671).xml
/home/aistudio/work/我的数据集/people(910).jpg /home/aistudio/work/我的数据集/people(910).xml
/home/aistudio/work/我的数据集/people(1085).jpg /home/aistudio/work/我的数据集/people(1085).xml
/home/aistudio/work/我的数据集/people(1636).jpg /home/aistudio/work/我的数据集/people(1636).xml
/home/aistudio/work/我的数据集/people(1275).jpg /home/aistudio/work/我的数据集/people(1275).xml
/home/aistudio/work/我的数据集/people(402).jpg /home/aistudio/work/我的数据集/people(402).xml
/home/aistudio/work/我的数据集/people(1820).jpg /home/aistudio/work/我的数据集/people(1820).xml
/home/aistudio/work/我的数据集/people(1188).jpg /home/aistudio/work/我的数据集/people(1188).xml
/home/aistudio/work/我的数据集/people(695).jpg /home/aistudio/work/我的数据集/people(695).xml
/home/aistudio/work/我的数据集/people(119).jpg /home/aistudio/work/我的数据集/people(119).xml
/home/aistudio/work/我的数据集/people(692).jpg /home/aistudio/work/我的数据集/people(692).xml
/home/aistudio/work/我的数据集/people(1674).jpg /home/aistudio/work/我的数据集/people(1674).xml
```

图 5-26　train. txt 文件部分可视化

可以看出每一行均为一个样本，包括图片的路径和标签文件的路径。val. txt 结构与其相似。

5）将统计的标签存放到 label_list. txt 文件中，代码如下：

```
#生成标签文档
print(labels)
with open('/home/aistudio/work/label_list.txt', 'w') as f:
    for text in labels:
        f.write(text+'\n')
```

生成 label_list. txt 文件如下：

```
down
person
10+
```

标签文件一共有三个类别，本案例中需要检测的为“down”类别。

运行整个自定义数据集划分程序，可以得到如下结果。

```
总数据数为：1989
数据有效的个数为：1958
['down', 'person', '10+']
```

### 3. 模型训练

进行训练之前，先介绍 PaddleDetection 的配置文件。如前所述，PaddleDetection 是一个全面的目标检测开发工具包，其目标是协助开发者更高效地完成目标检测模型的各个环节，包括训练、提高模型的准确性和速度，以及部署。这个工具包支持多种热门的目标检测模型，如 RCNN、SSD、YOLO 等，同时支持多种主干网络，如 ResNet、ResNet-VD、ResNeXt、ResNeXt-VD、SENet、MobileNet 和 DarkNet。

为了让开发者更便捷地尝试不同的目标检测模型，PaddleDetection 提供了一种简单的方式，通过配置文件的切换，使不同模型的训练体验变得快速而容易。该工具包提供了所有模型、算法和扩展模块的配置脚本，还提供了一键式脚本，用于训练、评估、推理以及导出模型等操作，从而协助开发者快速体验不同目标检测模型的性能表现。这一特性使开发者能够更轻松地探索和优化不同模型的性能，加快了开发过程。

图 5-27 是 PaddleDetection 的配置文件目录。

```
PaddleDetection
  ├── configs # 提供所有模型、算法、扩展模块的配置脚本
  ├──  contrib
  ├── dataset
  ├── demo
  ├── deploy  # 提供C++端和python端使用飞桨预测库进行推理部署的详细指导
  ├── docs
  ├── ppdet
  ├── setup.py
  ├── static # 静态图
  ├── tools  # 一键式训练、评估、推理、模型导出`train.py` `eval.py` `infer.py` `export_model.py`
  ├── .gitignore
  ├── .pre-commit-config.yaml
  ├── .style.yapf
  ├── .travis.yml
  ├── LICENSE
  ├── README.md
  ├── README_en.md
  ├── requirements.txt  # 列出了PaddleDetection的所有依赖库
```

图 5-27　PaddleDetection 的配置文件目录

用户在选择好模型后，只需要改动对应的配置文件，运行 train. py 文件，即可实现训练。本案例使用 YOLOv3 模型中的 YOLOv3_mobilenet_v3_large_ssld_270e_voc. yml 进行训练。在 PaddleDetection2. 0 中，模块化做得更好，可以自由修改覆盖各模块配置，进行自由组合。将 mobilenet_v3_large 作为骨干网络，可达到更轻量的效果。

首先找到需要修改的配置文件 configs/YOLOv3/YOLOv3_mobilenet_v3_large_ssld_270e_voc. yml，打开后可以看到依赖的五个子配置文件如下：

```
_BASE_: [
    '../datasets/voc.yml',
    '../runtime.yml',
    '_base_/optimizer_270e.yml',
'_base_/yolov3_mobilenet_v3_large.yml',
    '_base_/yolov3_reader.yml',
]
```

然后根据实际需要进行修改，其中：

1）../datasets/voc.yml 主要说明了训练数据和验证数据的路径。例如，数据集格式、分类数和训练集路径、验证集路径等。

2）../runtime.yml 主要说明了公共的运行参数。例如，是否使用 GPU、模型保存路径、迭代轮数等。

3）_base_/optimizer_270e.yml 主要说明了学习率和优化器的配置。例如，学习率和学习率策略、优化器类型等。

4）_base_/YOLOv3_mobilenet_v3_large.yml 主要说明了模型、主干网络的情况。例如，backbone、neck、head、loss、前后处理等。

5）_base_/YOLOv3_reader.yml 主要说明了数据读取后的预处理操作。例如，resize、数据增强等。

新版的 PaddleDetection 可以对配置文件进行集中修改，而不需要对每个配置文件逐个更改，在后续调优过程中，可以对每个配置文件再进行具体调整，所以只需要修改配置文件 configs/YOLOv3/YOLOv3_mobilenet_v3_large_ssld_270e_voc.yml 和配置文件 ../datasets/voc.yml。读者可以根据自己的调优策略进行修改，本案例只做参考。

下面详细介绍上述五个子配置文件。

（1）数据配置文件 ../datasets/voc.yml

配置文件代码如下：

```
metric: VOC
map_type: 11point
num_classes: 20
TrainDataset:
    name: VOCDataSet
    dataset_dir: dataset/voc
    anno_path: trainval.txt
    label_list: label_list.txt
    data_fields: ['image', 'gt_bbox', 'gt_class', 'difficult']
EvalDataset:
    name: VOCDataSet
    dataset_dir: dataset/voc
    anno_path: test.txt
    label_list: label_list.txt
    data_fields: ['image', 'gt_bbox', 'gt_class', 'difficult']
TestDataset:
    name: ImageFolder
    anno_path: dataset/voc/label_list.txt
```

数据配置文件包含如下参数：

1）metric——数据评估类型。

2）num_classes——目标类别数。

3）dataset_dir——数据存放目录。

4）anno_path——标注文件相对路径。

5）label_list——标签列表。

（2）运行时配置文件../runtime.yml

配置文件代码如下：

```
use_gpu: true
use_xpu: false
use_mlu: false
use_npu: false
log_iter: 20
save_dir: output
snapshot_epoch: 1
```

运行时配置文件包含如下参数：

1）use_gpu——是否使用 gpu。

2）log_iter——日志打印间隔。

3）save_dir——训练权重的保存路径。

4）snapshot_epoch——模型保存间隔时间。

（3）优化器配置文件_base_/optimizer_270e.yml

配置文件代码如下：

```
epoch: 220
LearningRate:
    base_lr: 0.001
    schedulers:
    -!PiecewiseDecay
        gamma: 0.1
        milestones:
        -175
        -198
    -!LinearWarmup
        start_factor: 0.
        steps: 4000
OptimizerBuilder:
    optimizer:
        momentum: 0.9
        type: Momentum
    regularizer:
        factor: 0.0005
        type: L2
```

优化器配置文件主要包含如下参数：

1）epoch——总训练轮数。

2）base_lr——初始学习率（如果训练资源较少，显存比较低，batch size 设置较小，则需要根据 batch size 的值调整初始学习率，本案例中设为 0.001）。

3）schedulers——学习率调整策略。

4）milestones——学习率的变化位置（轮数）。

5）LinearWarmup ——学习率优化方法。

6）OptimizerBuilder——优化器配置（使用 SGD+Momentum 进行训练，设置动量为

0.9，使用L2权重衰减正则化，系数为0.0005）。

（4）模型配置文件_base_/YOLOv3_mobilenet_v3_large.yml

配置文件代码如下：

```
architecture: YOLOv3
pretrain_weights: https://paddledet.bj.bcebos.com/models/pretrained/MobileNetV3_
large_x1_0_ss ld_pretrained.pdparams
norm_type: sync_bn
YOLOv3:
    backbone: MobileNetV3
    neck: YOLOv3FPN
    yolo_head: YOLOv3Head
post_process: BBoxPostProcess
MobileNetV3:
    model_name: large
    scale: 1.
    with_extra_blocks: false
    extra_block_filters: []
    feature_maps: [7, 13, 16]
#use default config
#YOLOv3FPN:
YOLOv3Head:
    anchors: [[10, 13], [16, 30], [33, 23],
        [30, 61], [62, 45], [59, 119],
        [116, 90], [156, 198], [373, 326]]
    anchor_masks: [[6, 7, 8], [3, 4, 5], [0, 1, 2]]
    loss: YOLOv3Loss
```

模型配置文件包含如下参数：

1）architecture——模型结构类型（本案例使用的是YOLOv3）。

2）pretrain_weights——预训练模型地址。

3）norm_type——归一化类型（本案例使用的是Synchronized Batch Normalization，SyncBN）。

YOLOv3包括主干网络backbone（本案例用的是MobileNetV3）、头部网络YOLO_head以及颈部网络neck。

主干网络MobileNetV3中的参数如下：

1）model_name——模型名称。

2）scale——模型通道数的缩放比例（默认为1.0）。

3）feature_maps ——特征图。

YOLOv3Head中设置了9个anchor box的坐标、anchor box的索引数组、损失函数，代码如下：

```
YOLOv3Head:
    anchors: [[10, 13], [16, 30], [33, 23],
                    [30, 61], [62, 45], [59, 119],
                    [116, 90], [156, 198], [373, 326]]
    anchor_masks: [[6, 7, 8], [3, 4, 5], [0, 1, 2]]
```

```
    loss: YOLOv3Loss
YOLOv3Loss:
    ignore_thresh: 0.7
    downsample: [32, 16, 8]
    label_smooth: false
BBoxPostProcess:
    decode:
        name: YOLOBox
        conf_thresh: 0.005
        downsample_ratio: 32
        clip_bbox: true
    nms:
        name: MultiClassNMS
        keep_top_k: 100
        score_threshold: 0.01
        nms_threshold: 0.45
        nms_top_k: 1000
```

YOLOv3Loss 中设置了过滤阈值、下采样倍数、是否使用 label smooth 等。BBoxPostProcess 中设置了类名、阈值、下采样比例、是否 clip_bbox、nms 类型、bbox 最大个数、置信度阈值、nms 阈值、nms 最大框个数等。

（5）数据读取配置文件_base_/YOLOv3_reader. yml

配置文件代码如下：

```
worker_num: 2
TrainReader:
    inputs_def:
        num_max_boxes: 50
    sample_transforms:
        -Decode: {}
        -RandomDistort: {}
        -RandomExpand: {fill_value: [123.675, 116.28, 103.53]}
        -RandomCrop: {}
        -RandomFlip: {}
    batch_transforms:
        -BatchRandomResize: {target_size: [320, 352, 384, 416, 448, 480, 512, 544, 576, 608], random_size: True, random_interp: True, keep_ratio: False}
        -NormalizeBox: {}
        -PadBox: {num_max_boxes: 50}
        -BboxXYXY2XYWH: {}
        -NormalizeImage: {mean: [0.485, 0.456, 0.406], std: [0.229, 0.224, 0.225], is_scale: True}
        -Permute: {}
        -Gt2YoloTarget: {anchor_masks: [[6, 7, 8], [3, 4, 5], [0, 1, 2]], anchors: [[10, 13], [16, 30], [33, 23], [30, 61], [62, 45], [59, 119], [116, 90], [156, 198], [373, 326]], downsample_ratios: [32, 16, 8]}
    batch_size: 8
    shuffle: true
    drop_last: true
    mixup_epoch: 200
    use_shared_memory: true
```

数据读取配置文件主要包含如下参数：

1）worker_num——数据读取线程数。

2）TrainReader——训练过程中模型的输入设置。

3）num_max_boxes——每个样本的 ground truth 的最多保留个数，若不够用 0 填充。

4）sample_transforms——单张图片的数据前处理、数据增强。

5）batch_transforms——数据批处理，多尺度训练时，从 list 中随机选择一个尺寸，对一个 batch 数据同时 resize。

6）batch_size——批训练数据量的大小，根据具体情况设置即可。

7）shuffle——是否进行洗牌操作，即在每次迭代训练时是否将数据洗牌，默认设置为 false。将输入数据的顺序打乱是为了使数据更有独立性，但如果数据是有序列特征的，则不要设置成 true。

8）drop_last——丢弃最后数据，默认为 false。设置了 batch_size 的数目后，最后一批数据未必是设置的数目，有可能会小些，这时如果需要丢弃这批数据，则设置为 true。需要注意的是，在某些情况下，drop_last = false 时训练过程中可能会出错，训练时建议都设为 true。

9）mixup_epoch——mixup 数据增强的 epoch 数。如果大于最大 epoch，则表示训练过程一直使用 mixup 数据增强；为-1 时表示不做 mixup 数据增强。

10）use_shared_memory——是否通过共享内存进行数据读取加速。

结构代码如下所示。

```
    EvalReader:
        inputs_def:
            num_max_boxes: 50
        sample_transforms:
            -Decode: {}
            -Resize: {target_size: [608, 608], keep_ratio: False, interp: 2}
            -NormalizeImage: {mean: [0.485, 0.456, 0.406], std: [0.229, 0.224, 0.225],
is_scale: True}
            -Permute: {}
        batch_size: 1
    TestReader:
        inputs_def:
            image_shape: [3, 608, 608]
        sample_transforms:
            -Decode: {}
            -Resize: {target_size: [608, 608], keep_ratio: False, interp: 2}
            -NormalizeImage: {mean: [0.485, 0.456, 0.406], std: [0.229, 0.224, 0.225],
is_scale: True}
            -Permute: {}
        batch_size: 1
```

EvalReader 为验证数据读取，包括 num_max_boxes 的个数、验证数据的 sample_transforms 和 batch_transforms、评估时的 batch_size 等。drop_empty 为是否丢弃没有标注的数据。TestReader 为测试数据读取，包括输入图片的大小、测试数据的 sample_ transforms、测试时的 batch_size 等。

设置完所有的配置文件后，就可以开始训练了。将当前文件路径更换为 home/AIStudio/PaddleDetection，通过运行 train. py 进行训练。指定训练配置文件路径为 -c configs/YOLOv3/YOLOv3_mobilenet_v3_large_ssld_270e_voc. yml，--eval 参数指定在训练过程中进行评估，评估在每个 snapshot_epoch 时开始，每次评估后还会评出最佳 mAP 模型，然后保存到 best_model 文件夹下。建议训练时使用该参数，可以在完成训练后快速地找到最好的模型。

如果想缩短训练时间，可以在_base_/optimizer_270e. yml 中将训练轮数 epoch 减小。如果验证集很大，测试将会比较耗时，建议调整 configs/runtime. yml 文件中的 snapshot_epoch 配置以减少评估次数，或训练完成后再进行评估。--use_vdl = true 表示开启可视化功能，--vdl_log_dir = "./output" 将生成的日志放在 output 文件夹下。训练代码如下：

```
%cd /home/AIStudio/PaddleDetection
!python tools/train.py -c configs/yolov3/yolov3_mobilenet_v3_large_ssld_270e_voc.
yml --eval --use_vdl=True --vdl_log_dir="./output"
```

在训练时，关于路径设置是一个需要注意的问题。. yml 文件中设置数据集路径代码如下：

```
TrainDataset:
    name: VOCDataSet
    dataset_dir: dataset/voc
    anno_path: trainval.txt
    label_list: label_list.txt
    data_fields: ['image', 'gt_bbox', 'gt_class', 'difficult']
EvalDataset:
    name: VOCDataSet
    dataset_dir: dataset/voc
    anno_path: test.txt
    label_list: label_list.txt
    data_fields: ['image', 'gt_bbox', 'gt_class', 'difficult']
```

查找路径为 dataset_dir+anno_path。此外，label_list 文件的路径也要注意，首先在 PaddleDetection/ppdet/data/source/voc. py 这个路径中找到 voc. py 文件，然后修改 label_list 的路径。查找路径是 dataset_dir+label_list。由于 Paddle 固定了数据集的名字，如果直接用自己的数据集命名进行训练，则可能会出现如下错误。

```
ValueError: Dataset /home/aistudio/work is not valid and cannot parse dataset type
'work'for automaticly downloading, which only supports 'voc', 'coco', 'wider_face',
'fruit'and 'roadsign_voc'currently
```

该错误的意思是没有 work 的数据集，此时需要从 home/AIStudio/PaddleDetection/ppdet/utils/download. py 路径中找到 download. py 文件，在文件中加入自己的 work 数据集的路径，然后再加上 work 的数据，代码如下：

```
#For voc, only check dir VOCdevkit/VOC2012, VOCdevkit/VOC2007
    if name in ['voc', 'fruit', 'roadsign_voc']:
```

```
            exists = True
            for sub_dir in dataset[1]:
                check_dir = osp.join(data_dir, sub_dir)
                if osp.exists(check_dir):
                    logger.info("Found {}".format(check_dir))
                else:
                    exists = False
            if exists:
                return data_dir
        if name in ['work']:
            return dataset
```

其中，最后两行代码是需要加入的代码，表示返回数据集的全路径。

上述操作完毕即可正常进行训练。为了方便用户实时查看训练过程中的状态，PaddleDetection 集成了 VisualDL 可视化工具。当打开 use_vdl 开关后，记录的数据包括 loss 变化趋势、mAP 变化趋势等，在 BML Codelab 中单击可视化，如图 5-28 所示。

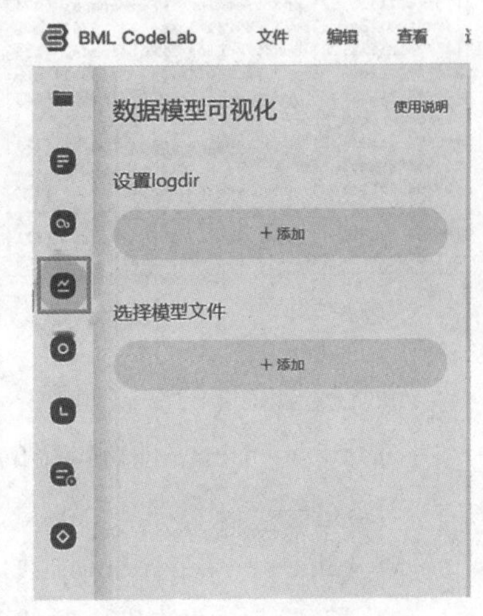


图 5-28 可视化界面

首先选择训练时生成的 logdir 或者模型文件，启动 VisualDL 服务进行查看，然后可以根据训练曲线，进行模型调优，最后选择 output 文件夹，保存生成的日志。

启动 VisualDL 服务后可以看到训练曲线，重点关注 bbox-mAP 和 loss，然后根据曲线情况进行调整或者提前终止训练。曲线如图 5-29 和图 5-30 所示。

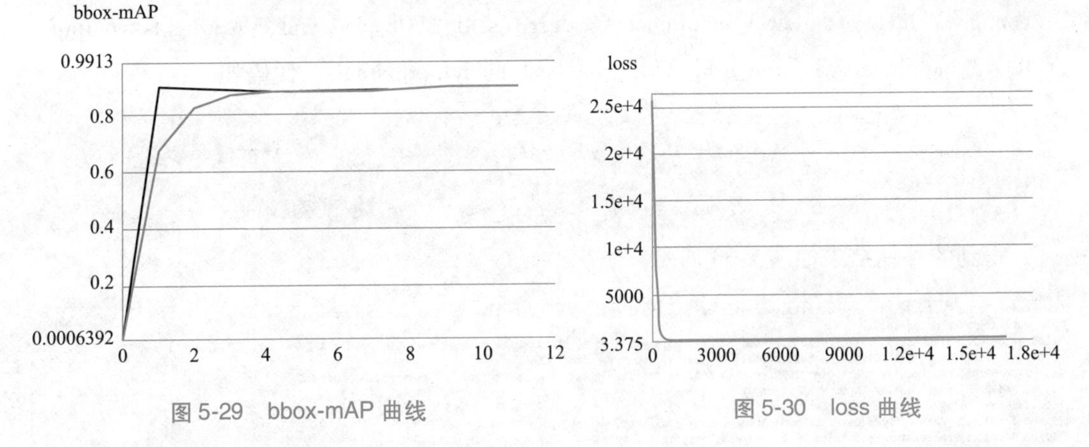


图 5-29 bbox-mAP 曲线

图 5-30 loss 曲线

训练的部分结果如图 5-31 所示。

### 4. 模型评估

由于边训练边评估，已经保存好了最优模型，所以在这里可以不进行评估。最优模型文件如图 5-32 所示。

```
[05/04 21:28:54] ppdet.data.transform.operators WARNING: The actual image width: 675 is not equal to the width: 450.0 in annotatio
n, and update sample['w'] by actual image width.
[05/04 21:28:56] ppdet.engine INFO: Epoch: [171] [300/867] learning_rate: 0.001000 loss_xy: 7.619113 loss_wh: 1.711881 loss_obj: 1
2.582607 loss_cls: 1.080655 loss: 23.152245 eta: 3:42:07 batch_cost: 0.8501 data_cost: 0.5402 ips: 9.4101 images/s
[05/04 21:29:09] ppdet.engine INFO: Epoch: [171] [320/867] learning_rate: 0.001000 loss_xy: 6.693444 loss_wh: 1.503887 loss_obj: 1
2.403813 loss_cls: 0.854670 loss: 22.317585 eta: 3:44:43 batch_cost: 0.6442 data_cost: 0.3143 ips: 12.4184 images/s
[05/04 21:29:20] ppdet.engine INFO: Epoch: [171] [340/867] learning_rate: 0.001000 loss_xy: 7.543653 loss_wh: 1.774485 loss_obj: 1
3.247538 loss_cls: 0.921217 loss: 23.288811 eta: 3:44:55 batch_cost: 0.5589 data_cost: 0.2621 ips: 14.3131 images/s
[05/04 21:29:34] ppdet.engine INFO: Epoch: [171] [360/867] learning_rate: 0.001000 loss_xy: 6.874736 loss_wh: 1.487200 loss_obj: 1
0.552770 loss_cls: 0.788035 loss: 19.992672 eta: 3:48:05 batch_cost: 0.6905 data_cost: 0.3332 ips: 11.5856 images/s
[05/04 21:29:48] ppdet.engine INFO: Epoch: [171] [380/867] learning_rate: 0.001000 loss_xy: 6.630802 loss_wh: 1.394903 loss_obj: 1
0.668568 loss_cls: 0.852334 loss: 19.398691 eta: 3:51:09 batch_cost: 0.7019 data_cost: 0.3874 ips: 11.3971 images/s
[05/04 21:30:03] ppdet.engine INFO: Epoch: [171] [400/867] learning_rate: 0.001000 loss_xy: 6.811881 loss_wh: 1.590221 loss_obj: 1
1.907589 loss_cls: 0.737255 loss: 21.340816 eta: 3:54:11 batch_cost: 0.7167 data_cost: 0.3839 ips: 11.1627 images/s
[05/04 21:30:15] ppdet.engine INFO: Epoch: [171] [420/867] learning_rate: 0.001000 loss_xy: 7.263244 loss_wh: 1.932906 loss_obj: 1
2.744709 loss_cls: 0.943988 loss: 23.087421 eta: 3:54:59 batch_cost: 0.6185 data_cost: 0.3029 ips: 12.9340 images/s
[05/04 21:30:27] ppdet.engine INFO: Epoch: [171] [440/867] learning_rate: 0.001000 loss_xy: 6.132914 loss_wh: 1.525016 loss_obj: 1
0.020967 loss_cls: 0.946310 loss: 18.286621 eta: 3:55:10 batch_cost: 0.5902 data_cost: 0.2637 ips: 13.5555 images/s
[05/04 21:30:39] ppdet.engine INFO: Epoch: [171] [460/867] learning_rate: 0.001000 loss_xy: 5.920065 loss_wh: 1.292621 loss_obj: 1
0.002636 loss_cls: 0.803413 loss: 18.354607 eta: 3:55:30 batch_cost: 0.6012 data_cost: 0.2591 ips: 13.3063 images/s
[05/04 21:30:52] ppdet.engine INFO: Epoch: [171] [480/867] learning_rate: 0.001000 loss_xy: 7.408541 loss_wh: 1.511683 loss_obj: 1
1.945100 loss_cls: 1.089082 loss: 22.263626 eta: 3:56:30 batch_cost: 0.6414 data_cost: 0.3017 ips: 12.4729 images/s
[05/04 21:31:05] ppdet.engine INFO: Epoch: [171] [500/867] learning_rate: 0.001000 loss_xy: 7.420711 loss_wh: 1.699189 loss_obj: 1
2.194733 loss_cls: 0.940896 loss: 21.635515 eta: 3:57:09 batch_cost: 0.6272 data_cost: 0.2702 ips: 12.7553 images/s
[05/04 21:31:18] ppdet.engine INFO: Epoch: [171] [520/867] learning_rate: 0.001000 loss_xy: 7.231854 loss_wh: 1.773468 loss_obj: 1
0.816339 loss_cls: 0.825434 loss: 21.505039 eta: 3:58:14 batch_cost: 0.6586 data_cost: 0.3084 ips: 12.1462 images/s
[05/04 21:31:33] ppdet.engine INFO: Epoch: [171] [540/867] learning_rate: 0.001000 loss_xy: 7.486467 loss_wh: 1.608201 loss_obj: 1
2.368368 loss_cls: 1.321730 loss: 22.642754 eta: 4:00:46 batch_cost: 0.7605 data_cost: 0.4184 ips: 10.5190 images/s
[05/04 21:31:46] ppdet.engine INFO: Epoch: [171] [560/867] learning_rate: 0.001000 loss_xy: 7.046251 loss_wh: 1.759775 loss_obj: 1
1.844655 loss_cls: 0.732941 loss: 22.413223 eta: 4:01:13 batch_cost: 0.6314 data_cost: 0.3150 ips: 12.6711 images/s
[05/04 21:31:58] ppdet.engine INFO: Epoch: [171] [580/867] learning_rate: 0.001000 loss_xy: 7.099619 loss_wh: 1.688338 loss_obj: 1
1.890759 loss_cls: 0.848157 loss: 21.699158 eta: 4:01:04 batch_cost: 0.5914 data_cost: 0.2713 ips: 13.5275 images/s
```

图 5-31　训练的部分结果

最优模型文件的参数如下：

1）pdparams——训练网络的参数 dict。

2）key——变量名。

3）value——Tensor array 数值。

4）pdopt——训练优化器的参数，结构与 . pdparams 一致。

| best_model.pdopt | 4 小时前 |
| --- | --- |
| best_model.pdparams | 4 小时前 |

图 5-32　最优模型文件

评估时运行 eval. py 程序，需要指定评估配置文件路径与被评估模型的路径分别为 -c configs/YOLOv3/YOLOv3_mobilenet_v3_large_ssld_270e_voc. yml、-o weights = output/YOLOv3_mobilenet_v3_large_ssld_270e_voc/best_model. pdparams，代码如下：

```
%cd /home/AIStudio/PaddleDetection/
!python -u tools/eval.py -c configs/yolov3/yolov3_mobilenet_v3_large_ssld_270e_voc.
yml \
-o weights=output/yolov3_mobilenet_v3_large_ssld_270e_voc/best_model.pdparams
```

得到的评估结果如图 5-33 所示。

```
Deprecated in NumPy 1.20; for more details and guidance: https://numpy.org/devdocs/release/1.20.0-notes.html#deprecations
  if data.dtype == np.object:
W1108 14:30:03.369222  5218 device_context.cc:404] Please NOTE: device: 0, GPU Compute Capability: 7.0, Driver API Version: 12.0, Runtime API Version: 10.1
W1108 14:30:03.373672  5218 device_context.cc:422] device: 0, cuDNN Version: 7.6.
[11/08 14:30:05] ppdet.utils.checkpoint INFO: Finish loading model weights: /home/aistudio/work/best_model.pdparams
[11/08 14:30:05] ppdet.engine INFO: Eval iter: 0
[11/08 14:30:09] ppdet.engine INFO: Eval iter: 100
[11/08 14:30:13] ppdet.metrics.metrics INFO: Accumulating evaluatation results...
[11/08 14:30:13] ppdet.metrics.metrics INFO: mAP(0.50, 11point) = 82.54%
[11/08 14:30:13] ppdet.engine INFO: Total sample number: 195, averge FPS: 24.79083027333772
```

图 5-33　评估结果

可以看到 mAP 为 82. 54%，平均 FPS 为 24. 79。

### 5.2.3　算法开发

#### 1. YOLOv3 介绍

YOLOv3 是一种基于深度学习技术的目标检测算法，由 Joseph Redmon 等人于 2018 年提出。相对于之前的版本，YOLOv3 改进了更深的网络结构、多尺度检测策略、特征金字塔网络、Anchor Boxes、多个输出层、IoU 阈值等。总体来说，YOLOv3 在检测精度和速度方面有了显著提升，适用于实时场景下高效的目标检测，如人脸识别、物体识别等。

#### 2. YOLOv3 网络结构

YOLOv3 整体结构如图 5-34 所示。

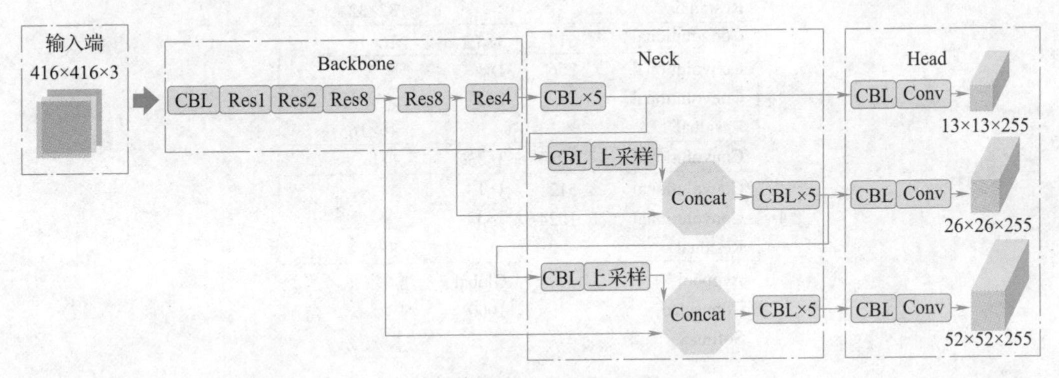


图 5-34　YOLOv3 整体结构图

YOLOv3 有三个基本组件。CBL 是 YOLOv3 网络结构中的最小组件，由 Conv 层+Bn 层+Leaky_ relu 激活函数组成。Res unit 是残差组件，借鉴 Resnet 网络中的残差结构，让网络可以构建得更深。ResX 是由一个 CBL 和 X 个残差组件构成，是 YOLOv3 中的大组件。每个 Res 模块前面的 CBL 都起到下采样的作用，因此经过 5 次 Res 模块后，得到的特征图是 416→208→104→52→26→13 大小。

四个点画线框代表网络四个主要构成部分：输入端、骨干网络（Backbone）、颈部网络（Neck）、检测头（Head）。

其他的基础操作：Concat 表示张量拼接，会扩充两个张量的维度，如 26×26×256 和 26×26×512 两个张量拼接，结果是 26×26×768。Concat 和 cfg 文件中的 route 功能一样。add 表示张量相加，张量直接相加不会扩充维度，如 104×104×128 和104×104×128 相加，结果还是 104×104×128。add 和 cfg 文件中的 shortcut 功能一样。

（1）Backbone

骨干网络（Backbone）用于提取特征，经典的 YOLOv3 中使用的是 Darknet-53 特征提取网络，由 52 个卷积层和 1 个全连接层构成，如图 5-35 所示。

网络由 3×3 和 1×1 滤波器组成，并且加入 Residual 残差连接，取消了池化层和 FC 层。前向传播时，张量尺寸的变换是通过改变卷积核的步长实现的。在训练好 Imagenet1000 分类的骨干网络后，去掉全局平均池化层和分类层，变成一个特征提取器。

| | Type | Filters | Size | Output |
|---|---|---|---|---|
| | Convolutional | 32 | 3×3 | 256×256 |
| | Convolutional | 64 | 3×3/2 | 128×128 |
| | Convolutional | 32 | 1×1 | |
| 1× | Convolutional | 64 | 3×3 | |
| | Residual | | | 128×128 |
| | Convolutional | 128 | 3×3/2 | 64×64 |
| | Convolutional | 64 | 1×1 | |
| 2× | Convolutional | 128 | 3×3 | |
| | Residual | | | 64×64 |
| | Convolutional | 256 | 3×3/2 | 32×32 |
| | Convolutional | 128 | 1×1 | |
| 8× | Convolutional | 256 | 3×3 | |
| | Residual | | | 32×32 |
| | Convolutional | 512 | 3×3/2 | 16×16 |
| | Convolutional | 256 | 1×1 | |
| 8× | Convolutional | 512 | 3×3 | |
| | Residual | | | 16×16 |
| | Convolutional | 1024 | 3×3/2 | 8×8 |
| | Convolutional | 512 | 1×1 | |
| 4× | Convolutional | 1024 | 3×3 | |
| | Residual | | | 8×8 |
| | Avgpool | | Global | |
| | Connected | | 1000 | |
| | Softmax | | | |

图 5-35 Backbone 结构

以输入 256×256 的图像为例，得到 32×32、16×16、8×8 三种尺寸的特征，再对三种尺寸的特征进行后续多尺度的目标检测，三种尺度分别下采样了 8 倍、16 倍和 32 倍。整个网络为全卷积网络，可以兼容任意尺度输入的图像（必须为 32 的倍数），下采样是通过步长为 2 的卷积实现的。如果输入为 608×608×3，则所有的特征尺寸都等比例扩大，最终会产生 19×19×255、38×38×255、76×76×255 三个尺度的特征。可见输入图像越大，最终获得的三个尺度的 grid size 越大，预测框的数量越多。

表 5-1 为 Darknet-53 与其他几个网络的对比，可以看出该网络的性能较好，可以跟 ResNet-152 媲美，运算量较小，能够更高效地利用 GPU，速度也较快。

表 5-1 几个网络的对比

| Backbone | Top-1 | Top-5 | Bn Ops | BFLOP/s | FPS |
|---|---|---|---|---|---|
| Darknet-19 | 74. 1 | 92 | 7. 3 | 1246 | 171 |
| ResNet-101 | 77. 1 | 93. 7 | 19. 7 | 1039 | 53 |
| ResNet-152 | 77. 6 | 93. 8 | 29. 4 | 1090 | 37 |
| Darknet-53 | 77. 2 | 93. 8 | 18. 7 | 1457 | 78 |

（2）Head

图 5-36 为 Head 结构。

YOLOv3 整个网络输入 416×416 的图片，中间过程可以看作一个黑箱模型，输出三个尺度的特征图：13×13×255、26×26×255、52×52×255，三个输出的深度都是 255。YOLOv3 采用了 k-means 聚类，选择了 9 个聚类簇。由于特征图数量不是一个，因此匹配方法要相应地进行改变。具体做法是：依然使用聚类算法得到 9 种宽高大小不同的锚框，然后按照表 5-2 所示的方法进行锚框的分配。

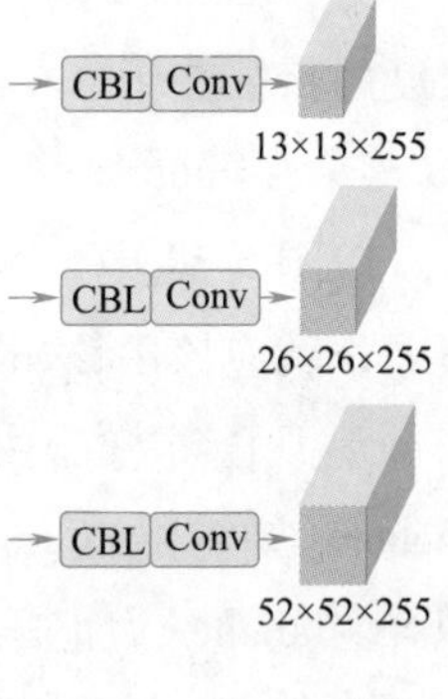


图 5-36 Head 结构

表 5-2 锚框分配

| 特征图 | 13×13 | | | 26×26 | | | 52×52 | | |
|---|---|---|---|---|---|---|---|---|---|
| 感受野 | 大 | | | 中 | | | 小 | | |
| 锚框 | 116×90 | 156×198 | 373×256 | 30×61 | 62×45 | 59×119 | 10×13 | 16×30 | 33×23 |

每个 grid cell 生成三个 Anchor，每个 Anchor 对应一个边界框，每个边界框有 5+80 个参数：5 为每个边界框的基本信息，包括框中心点的 $x$、$y$ 坐标，框的宽和高以及包含物体的置信度；80 为 COCO 数据集 80 个类别的条件类别概率，因此深度为 3×85=255。边长的规律是 13：26：52。

13×13 的特征图为原图下采样 32 倍，每个 grid cell 对应原图上的感受野为 32×32。26×26 的特征图为原图下采样 16 倍，每个 grid cell 对应原图上的感受野为 16×16。同理，52×52 的特征图的每个 grid cell 对应原图上的感受野为 8×8，因此 13×13 的特征图负责预测大物体，26×26 的特征图负责预测中等物体，52×52 的特征图负责预测小物体。这里借鉴了 FPN 特性，采用多尺度来对不同尺寸的目标进行检测，越精细的 grid cell 可以检测出越精细的物体。

（3）Neck

图 5-37 为 Neck 结构，可以实现不同层次的特征融合。将小尺度的特征经过 CBL 和上采样操作获得大一级尺度的特征，并且通过张量拼接将同尺度的特征融合到一起，使网络既能发挥深层网络特化抽象语义的信息，又可以充分发挥浅层网络像素结构底层细粒度的信息。

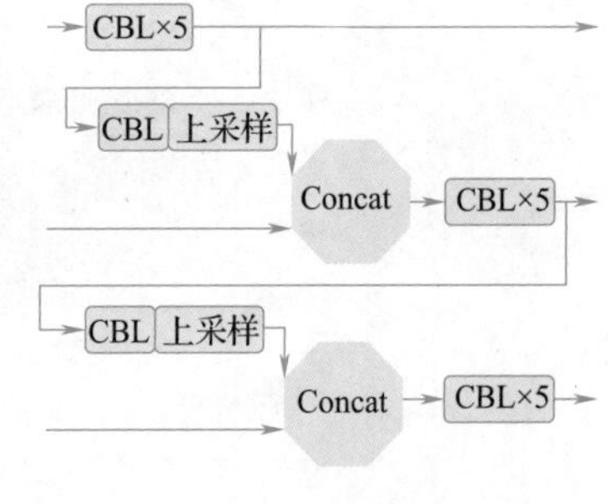


图 5-37 Neck 结构

### 3. YOLOv3 训练及测试

在介绍训练过程之前，首先介绍 YOLOv3 算法中的几个基本名词。

1）grid cell——网格单元，相当于将图片划分为 $n×n$ 的网格。

2）Bounding Box——边界框，由 grid cell 产生。在 YOLOv3 中，每个 grid cell 产生三个边界框。

3）Anchor Box——锚框，YOLOv3 中通过 k-means 聚类得到九个锚框，分配到 3 个尺度的特征图中。

4）Ground truth——人工标注框，可以理解为真值，通常与边界框相比较。

以图 5-38 中 13×13 尺度的特征图为例，假设柠檬的中心点落在最中间的 grid cell 里面，就应该由该 grid cell 产生的三个 anchor 中与 ground truth 的交并比（IoU）最大的来负责拟合柠檬。由于还有 26×26、52×52 两种尺度的特征图，总共会产生九个 anchor，则需要与 ground truth IoU 最大的 anchor 所在尺度的 grid cell 来负责拟合，负责拟合的 anchor 为正样本。

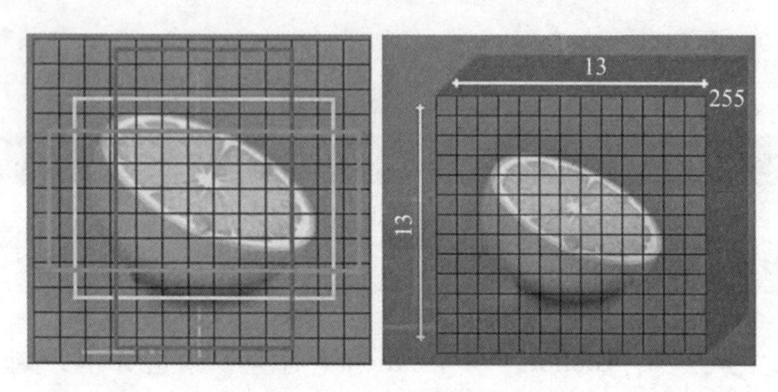


图 5-38　13×13 尺度特征图

正负样本是目标检测训练过程中一个很重要的问题。在 YOLOv3 中，以 ground truth IoU 最大的 Anchor 作为正样本。如果一个 Anchor 和 ground truth 的 IoU 高于某个阈值但不是最大的，则忽略这个 Anchor；如果一个 Anchor 和 ground truth 的 IoU 小于某个阈值，则为负样本。阈值是人为设定的，YOLOv3 设为 0. 5。训练过程如图 5-39 所示。

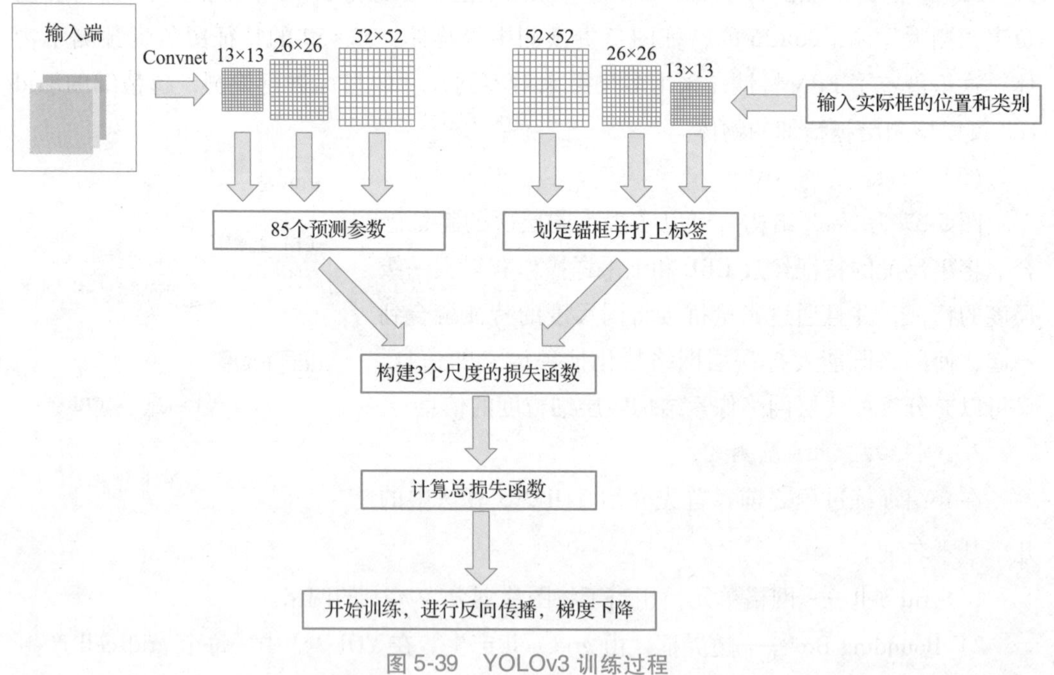


图 5-39　YOLOv3 训练过程

将模型输出的三个尺度的边界框中的 85 个预测参数与对应的标签值进行拟合，用损失函数进行反向传播和梯度下降，迭代更新网络参数。YOLOv3 测试过程如图 5-40 所示。

由于有三个特征图，所以需要对三个特征图分别进行预测。三个特征图一共可以产生 13×13×3+26×26×3+52×52×3=10 647 个边界框坐标以及对应的类别和置信度。测试时，选取一个置信度阈值，过滤低阈值的框，经过非极大值抑制，消除各个类别重叠较大的边界框，输出整个网络的预测结果。

注意：最后要还原到原始坐标，应该改成测试模式的模块都需要改成测试模式（比如 BatchNorm）。

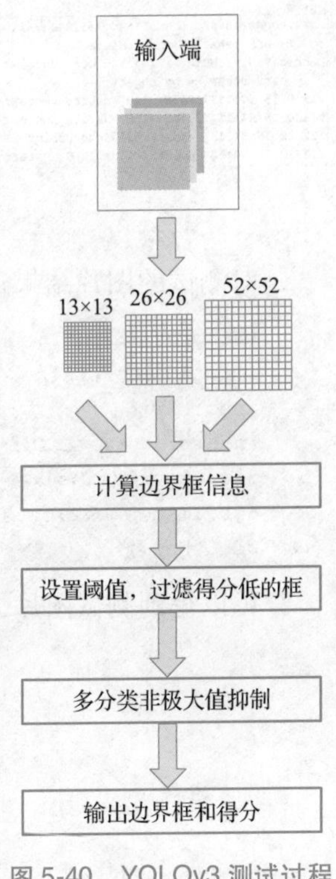


图 5-40　YOLOv3 测试过程

## 5.2.4　系统测试与部署

### 1. 系统测试

训练完成后，在项目文件的 output 文件夹中可以看到生成的模型文件。由于使用--eval 参数进行边训练边评估，因此可以获得训练过程中最好的模型文件，可以选择验证集中的其他图片进行测试。PaddleDetection 给出的模型预测脚本是 infer. py，可以通过此脚本，使用训练好的模型对指定图片进行推理预测。该脚本在项目文件夹 tools 里面。

PaddleDetection 提供两种预测方式，即单张图片预测和以一个文件夹中的图片进行预测。使用-infer_img=demo/xxx. jpg 为用单张图片进行预测，使用-infer_dir=demo 为用一个文件夹进行预测，其中 demo 是放置测试图片的地方。测试时需要指定预测配置文件、预测用到的模型和预测的图像路径，代码如下：

```
!python tools/infer.py -c configs/yolov3/yolov3_mobilenet_v3_large_ssld_270e_
voc.yml \
     -o weights=/home/aistudio/work/best_model.pdparams \
     --infer_img=/home/aistudio/work/我的数据集/people_2029.jpg
```

执行 tools/infer. py 后，在 output 文件夹会生成对应的预测结果，如图 5-41 所示。

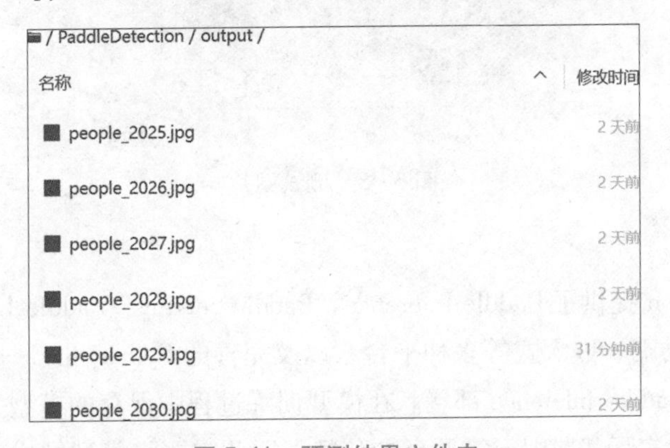


图 5-41　预测结果文件夹

预测结果如图 5-42 所示。

```
/opt/conda/envs/python35-paddle120-env/lib/python3.7/site-packages/paddle/tensor/creation.py:125: DeprecationWarning: `np.object` is a deprecated alias for
modify any behavior and is safe.
Deprecated in NumPy 1.20; for more details and guidance: https://numpy.org/devdocs/release/1.20.0-notes.html#deprecations
  if data.dtype == np.object:
W1110 15:34:11.768834  1197 device_context.cc:404] Please NOTE: device: 0, GPU Compute Capability: 7.0, Driver API Version: 12.0, Runtime API Version: 10.1
W1110 15:34:11.772786  1197 device_context.cc:422] device: 0, cuDNN Version: 7.6.
[11/10 15:34:13] ppdet.utils.checkpoint INFO: Finish loading model weights: /home/aistudio/work/best_model.pdparams
[11/10 15:34:14] ppdet.engine INFO: Detection bbox results save in output/people_2029.jpg
```

图 5-42 预测结果

对测试的图片结果进行可视化，代码如下：

```
%matplotlib inline
import matplotlib.pyplot as plt
import cv2
infer_img = cv2.imread("output/people_2029.jpg")
plt.figure(figsize=(10, 10))
plt.imshow(cv2.cvtColor(infer_img, cv2.COLOR_BGR2RGB))
plt.show()
```

可以得到测试图片，如图 5-43 所示。

图 5-43 测试图片

2. 系统部署

PaddleDetection 提供了 Paddle Inference、Paddle Serving、Paddle-Lite 多种部署形式，支持服务端、移动端、嵌入式等多种平台，以及完善的 Python 和 C++部署方案。

本案例使用 Paddle Inference 部署。在模型训练过程中保存的模型文件包含前向预测和反向传播过程，实际部署则不需要反向传播，因此需要将模型导成部署需要的模型格式。PaddleDetection 提供了 tools/export_model. py 脚本来导出模型，应先消除冗余参数，方便后面的模型部署。然后将模型导出，默认存储于 PaddleDetection/output_inference 目录，代码如下：

```
%cd /home/AIStudio/PaddleDetection
!python tools/export_model.py -c configs/yolov3/yolov3_mobilenet_v3_large_ssld_
270e_voc.yml \
    -o weights=/home/AIStudio/work/best_model.pdparams
```

导出的推理模型文件结构如图 5-44 所示。

推理模型文件包含的参数如下：

1）infer_cfg. yml——模型的配置文件（包括数据预处理参数等）。

2）model. pdiparams——模型权重。

3）model. pdiparams. info——模型权重名称。

4）model. pdmodel——模型的网络结构。

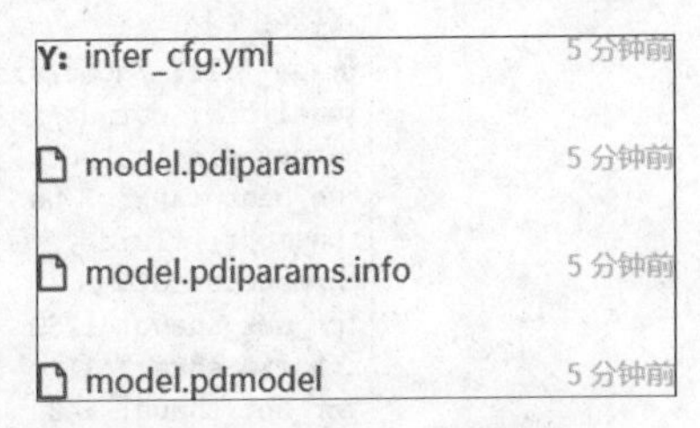


图 5-44　推理模型文件结构

使用 Paddle Inference 进行预测，代码如下：

```
!python deploy/python/infer.py --model_dir=output_inference/yolov3_mobilenet_v3_
large_ssld_270e_voc \
    --image_file=/home/AIStudio/work/我的数据集/people_2029.jpg --use_gpu=True
```

其中：

1）model_dir——使用模型的路径。

2）image_file——要推理的图片。

得到推理数据如图 5-45 所示。

```
----------- Running Arguments -----------
camera_id: -1
image_file: /home/aistudio/work/我的数据集/people_2029.jpg
model_dir: output_inference/yolov3_mobilenet_v3_large_ssld_270e_voc
output_dir: output
run_benchmark: False
run_mode: fluid
threshold: 0.5
trt_max_shape: 1280
trt_min_shape: 1
trt_opt_shape: 640
use_dynamic_shape: False
use_gpu: True
video_file:
------------------------------------------
----------- Model Configuration -----------
Model Arch: YOLO
Transform Order:
--transform op: Resize
--transform op: NormalizeImage
--transform op: Permute
--------------------------------------------
Inference: 20.119428634643555 ms per batch image
class_id:0, confidence:0.9312, left_top:[64.32,173.91],right_bottom:[396.45,713.45]
save result to: output/people_2029.jpg
```

图 5-45　推理数据

推理数据包括推理时间、检测目标 id、置信度、边界框的坐标、保存结果路径等。使用如下代码进行 Benchmark 测试。

```
!python deploy/python/infer.py --model_dir=output_inference/yolov3_mobilenet_v3_large_ssld_270e_voc\
    --image_file=/home/AIStudio/work/我的数据集/people_1125.jpg\
    --use_gpu=True --run_benchmark=True
```

测试结果如图 5-46 所示，推理时间减小到了 6.83ms。

```
----------- Running Arguments -----------
camera_id: -1
image_file: /home/aistudio/work/我的数据集/people_2029.jpg
model_dir: output_inference/yolov3_mobilenet_v3_large_ssld_270e_voc
output_dir: output
run_benchmark: True
run_mode: fluid
threshold: 0.5
trt_max_shape: 1280
trt_min_shape: 1
trt_opt_shape: 640
use_dynamic_shape: False
use_gpu: True
video_file:
------------------------------------------
----------- Model Configuration -----------
Model Arch: YOLO
Transform Order:
--transform op: Resize
--transform op: NormalizeImage
--transform op: Permute
--------------------------------------------
Inference: 6.83760404586792 ms per batch image
```

图 5-46 Benchmark 测试结果

### 5.2.5 总结

本案例通过 PaddleDetection 目标检测套件，基于轻量化的 YOLOv3 模型，实现了人员摔倒检测。mAP 可以达到 82.54%，平均 FPS 为 24.79，Benchmark 测试的推理时间为 6.83ms。在实际应用过程中，通常还需要根据异常情况分析当前模型的优化思路，对模型进行优化。优化思路可以从增加样本数量、调整骨干网络、优化训练策略等角度考虑。

## 5.3 无人机航拍小目标检测系统

无人机技术已经在军事与民用领域得到了广泛应用，基于无人机的目标检测成为当前的研究热点之一。在通常的空对地场景中，由于无人机的观察距离较远，存在不同场景的干扰、环境噪声等问题，导致传统的基于模板匹配和特征匹配的目标检测算法不能满足对小目标检测的需求。

近年来，随着深度学习技术的发展，卷积神经网络已经被证明在处理各种视觉任务时更加有效。目标检测方法主要分为两类：两阶段（two-stage）检测方法和单阶段（one-stage）检测方法，它们在检测精度和处理速度方面都得到了显著改善。常见的两阶段检测算法有 Faster R-CNN、Mask-RCNN 和 Cascade R-CNN。两阶段检测算法在检测小物体时表现更好，并可通过稀疏检测的原理获得更高的平均精度，但这些检测方法都是以牺牲检测速度为代价，不能满足无人机航拍检测的实时性要求。与两阶段检测方法不同，单阶段检测方法中候选区域与回归分类是同时进行的，同时解决了分类与回归问题。因此，以 YOLO 系列和 SSD 算法为代表的单阶段检测方法更容易实现航拍无人机的实时检测。本节使用 PP-YOLOE 单阶段检测算法实现无人机航拍小目标检测。

### 5.3.1　系统需求分析

基于深度学习的无人机航拍小目标检测算法是目前应用广泛且效果良好的一种方法。其主要基于深度学习的卷积神经网络模型，通过对训练样本的学习和优化，实现对无人机航拍图像中小目标的自动检测和识别。

基于深度学习的无人机航拍小目标检测算法具有精度高、鲁棒性强等优点，能够在不同场景下实现对不同类别的小目标的检测和识别，如车辆、行人等。同时，该算法也存在一些挑战，如训练数据量少、光照条件差等问题，需要进行进一步的优化和改进。

为了提高基于深度学习的无人机航拍小目标检测算法的性能，近年来涌现出了一些新的算法和技术，如多尺度检测、多任务学习、数据增强、交互式学习、跨域迁移学习等。未来随着硬件设备的升级和算法的不断优化，基于深度学习的无人机航拍小目标检测算法将在更多场景下得到应用和推广。

小目标的定义并没有一个统一的标准，不同场景和数据集可能有不同的划分方式。小目标的定义主要有基于相对尺度和基于绝对尺度两种。基于相对尺度的定义从目标与图像的相对比例角度对小目标进行定义。对于一个针对小目标的数据集，同一类别中所有目标实例的相对面积（即边界框面积与图像面积之比）在 0.08%~0.58%之间的目标视为小目标。基于绝对尺度的定义从目标绝对像素大小这一角度考虑对小目标进行定义。例如，MS COCO 数据集将分辨率小于 32 像素×32 像素的目标视为小目标。

基于相对尺度和绝对尺度的定义各有优缺点，前者可以适应不同场景和分辨率下的图像，但难以评估模型对不同尺度目标的检测性能；后者可以方便地比较不同算法在同一数据集上针对小目标的检测精度，但忽略了图像本身尺寸和场景复杂程度等因素。

本案例将 COCO 数据集下定义的小目标作为标准。COCO 数据集中的目标划分见表 5-3。

表 5-3　COCO 数据集中目标划分方式

| 目标类型 | COCO 数据集定义 |
|---|---|
| 小目标 | 目标所占像素<322 |
| 中目标 | 322<目标所占像素<962 |
| 大目标 | 962<目标所占像素 |

### 5.3.2 无人机小目标算法开发

目标检测技术是提高无人机感知能力的关键技术之一，其研究对无人机应用具有重要意义。与传统方法中基于手工特征的方法相比，基于卷积神经网络的深度学习方法具有更强的特征学习和表达能力，已成为目前目标检测任务的主流算法。近年来，目标检测技术已在自然场景应用中取得了一系列突破性进展，并在无人机领域的研究中成为热点。本节将结合前述知识，对无人机小目标算法的开发进行介绍。

1. 数据集介绍

VisDrone2019 数据集是由天津大学等团队收集的。它是一个开源的大型无人机视角的数据集，官方提供的数据中训练集为 6 471 张、验证集为 548 张，提供了 11 个类，分别是：pedestrian，people，bicycle，car，van，truck，tricycle，awning-tricycle，bus，motor，others。其中，others 是非有效目标区域，本案例予以忽略。VisDrone2019 数据集的数据标注展示如图 5-47 所示。

图 5-47 VisDrone2019 数据集的数据标注展示

2. PP-YOLOE 介绍

PP-YOLOE 是基于 PP-YOLO 进行的一系列改进和升级，是单阶段 Anchor-free 模型，超越了多种流行的 YOLO 模型，取得了较好的性能。PP-YOLO 有一系列模型，包括 s、m、l 和 x，可以通过 width_multiplier 和 depth_multiplier 配置。同时避免使用诸如 deformable convolution 或者 matrix nms 之类的特殊算子，以使其能轻松地部署在多种硬件上，因此对部署非常友好。

PP-YOLOE 结构如图 5-48 所示。

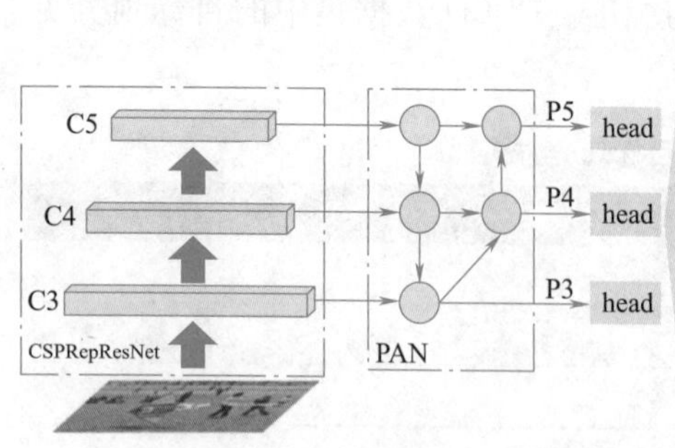

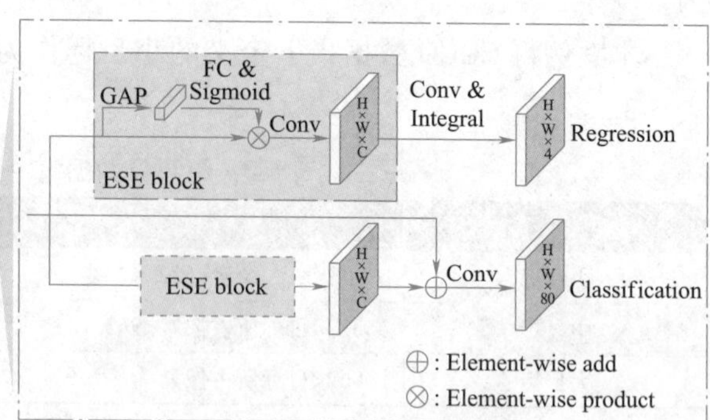


图 5-48 PP-YOLOE 结构图

（1）Backbone

Backbone 部分采用自研的 CSPRepResNet 结构，主要是在 ResNet 的基础上，参考 CSPNet 和 RepVGG 进行了改进。改进点如图 5-49 所示。

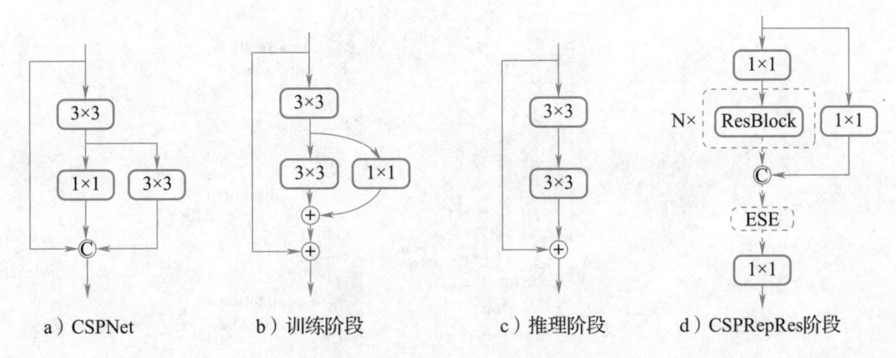


图 5-49 PP-YOLOE 改进点

CSPNet 采用两个分支实现了特征的跨阶段融合，通过将梯度的变化从头到尾集成到特征图中，大幅降低计算量的同时可以保证准确率。

RepVGG 结构在 VGG 的基础上进行改进，主要思路是在 VGG 网络的 Block 块中加入了 Identity 和残差分支，相当于把 ResNet 网络中的精华应用到 VGG 网络中。模型推理阶段，通过 Op 融合策略将所有的网络层都转换为 3×3 卷积，便于网络的部署和加速。改进对比如图 5-50 所示。

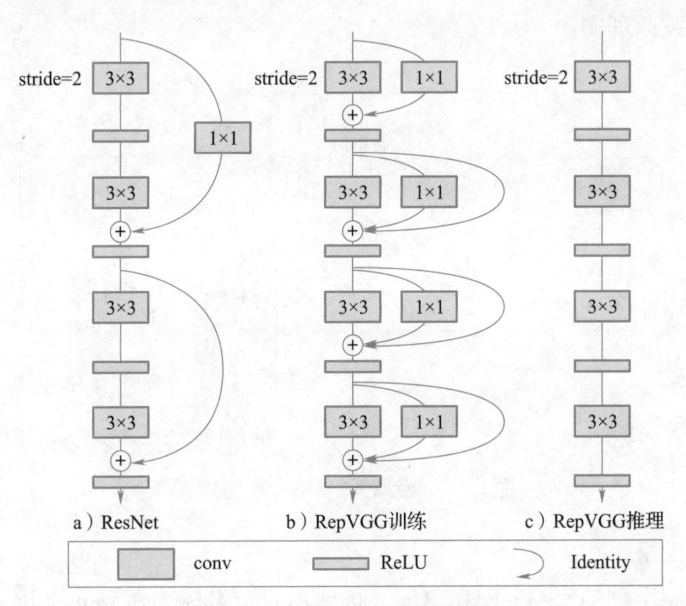


图 5-50 RepVGG 改进对比

（2）Head

Head 部分采用了目标发现（TOOD）的思想，也就是 T-Head，主要包括 Cls_Head 和 Loc_Head。具体来说，T-head 首先在 FPN 特征基础上进行分类与定位预测，然后任务对齐预测器（TAP）基于所得任务，通过计算，将信息对齐，最后 T-head 根据从 TAP 传回的信息自动调整分类概率与定位预测。分类与回归头如图 5-51 所示。

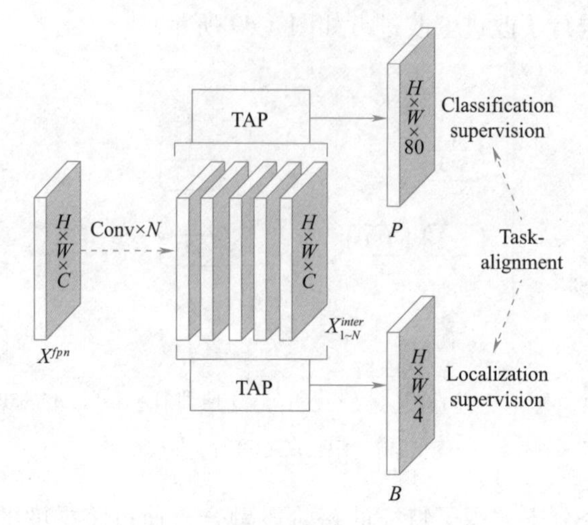


图 5-51　分类与回归头

由于分类和回归两个任务的预测都是基于这个交互特征来完成的，但是两个任务对于特征的需求是不一样的，因此设计了一个 layer attention 来为每个任务单独调整特征。这部分的结构也很简单，可以理解为一个 channel-wise 的注意力机制。由此得到了对于每个任务单独的特征，然后利用这些特征生成所需要的类别或者定位的特征图。图 5-52 为检测头原理图。

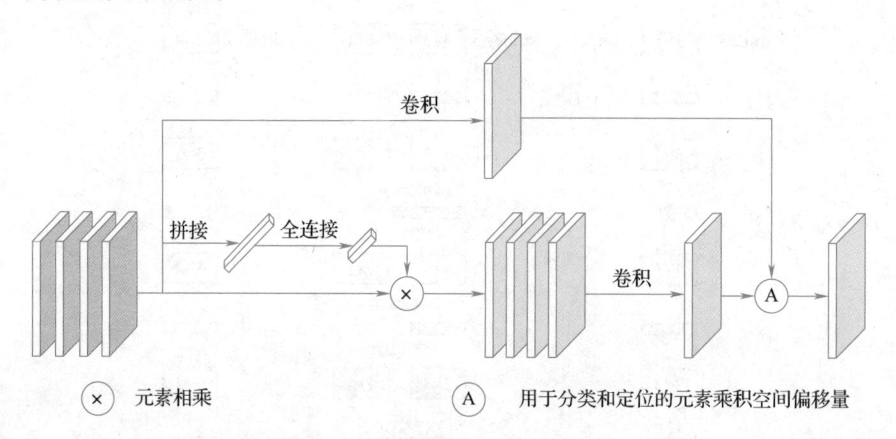


图 5-52　检测头（Head）原理图

（3）样本匹配

匹配策略选用了 ATSS 和 TAL。One-Stage Anchor-Based 和 Center-Based Anchor-Free 检测算法间的差异主要来自正负样本的选择，基于此提出自适应训练样本选择（Adaptive Training Sample Selection，ATSS）方法，该方法能够自动根据目标的相关统计特征选择合适的 Anchor Box 作为正样本，在不带来额外计算量和参数的情况下，能够大幅提升模型的性能。

TOOD 提出了任务对齐学习（Task Alignment Learning，TAL）来显式地把两个任务的最优 Anchor 拉近，这是通过设计一个样本分配策略和任务对齐 loss 来实现的。样本分配计算每个 Anchor 的任务对齐度，同时任务对齐 loss 可以逐步将分类和定位的最佳 Anchor 统一起来。

### 3. 模型实现

（1）数据准备

PaddleDetection 默认的是 COCO 格式，而 VisDrone2019 有其特殊的标注格式，因此需要对数据进行转换，满足 PaddleDetection 的需求。

解压数据集，代码如下：

```
!mkdir work/data
!unzip -oq data/data115729/VisDrone2019-DET-train.zip -d work/data
!unzip -oq data/data115729/VisDrone2019-DET-val.zip -d work/data
```

转换为 COCO 格式，代码如下：

```
import json
import os
import cv2
import numpy as np
from PIL import Image
import shutil
class Vis2COCO:
    def __init__(self, category_list, is_mode="train"):
        self.category_list = category_list
        self.images = []
        self.annotations = []
        self.categories = []
        self.img_id = 0
        self.ann_id = 0
        self.is_mode = is_mode
    def to_coco(self, anno_dir, img_dir):
        self._init_categories()
        img_list = os.listdir(img_dir)
        for img_name in img_list:
            anno_path = os.path.join(anno_dir, img_name.replace(os.path.splitext
(img_name)[-1], '.txt'))
            if not os.path.isfile(anno_path):
                print('File is not exist!', anno_path)
                continue
            img_path = os.path.join(img_dir, img_name)
            img = cv2.imread(img_path)
            h, w, c = img.shape
            self.images.append(self._image(img_path, h, w))
            if self.img_id % 500 == 0:
                print("处理到第{}张图片".format(self.img_id))
            with open(anno_path, 'r') as f:
                for lineStr in f.readlines():
                    try:
                        if ','in lineStr:
                            xmin, ymin, w, h, score, category, trunc, occlusion =
lineStr.split(',')
```

```
                            else:
                                xmin, ymin, w, h, score, category, trunc, occlusion =
lineStr.split()
                        except:
                            #print('error: ', anno_path, 'line: ', lineStr)
                            continue
                        if int(category) in [0, 11] or int(w) < 4 or int(h) < 4:
                            continue
                        label, bbox = int(category), [int(xmin), int(ymin), int(w), int(h)]
                        annotation = self._annotation(label, bbox)
                        self.annotations.append(annotation)
                        self.ann_id += 1
                self.img_id += 1
            instance = {}
            instance['info'] = 'VisDrone'
            instance['license'] = ['none']
            instance['images'] = self.images
            instance['annotations'] = self.annotations
            instance['categories'] = self.categories
            return instance
        def _init_categories(self):
            cls_num = len(self.category_list)
            for v in range(1, cls_num + 1):
                #print(v)
                category = {}
                category['id'] = v
                category['name'] = self.category_list[v - 1]
                category['supercategory'] = self.category_list[v - 1]
                self.categories.append(category)
        def _image(self, path, h, w):
            image = {}
            image['height'] = h
            image['width'] = w
            image['id'] = self.img_id
            image['file_name'] = os.path.basename(path)
            return image
        def _annotation(self, label, bbox):
            area = bbox[2] * bbox[3]
            annotation = {}
            annotation['id'] = self.ann_id
            annotation['image_id'] = self.img_id
            annotation['category_id'] = label
            annotation['segmentation'] = []
            annotation['bbox'] = bbox
            annotation['iscrowd'] = 0
            annotation["ignore"] = 0
            annotation['area'] = area
            return annotation
        def save_coco_json(self, instance, save_path):
            import json
            with open(save_path, 'w') as fp:
                json.dump(instance, fp, indent=4, separators=(',', ': '))
    def checkPath(path):
        if not os.path.exists(path):
```

```
        os.makedirs(path)
    def cvt_vis2coco(img_path, anno_path, save_path, train_ratio=0.9, category_list=[],
mode='train'):
        vis2coco = Vis2COCO( category_list, is_mode=mode)
        instance = vis2coco.to_coco(anno_path, img_path)
        if not os.path.exists(os.path.join(save_path, "Anno")):
            os.makedirs(os.path.join(save_path, "Anno"))
        vis2coco.save_coco_json(instance,os.path.join(save_path, 'Anno', 'instances_{}
2017.json'.format(mode)))
        print('Process {} Done'.format(mode))
    if __name__=="__main__":
        # examples_write_json()
        root_path = '/home/AIStudio/work/data/'
        category_list = ['pedestrain', 'people', 'bicycle', 'car', 'van','truck',
'tricycle', 'awning-tricycle', 'bus', 'motor']
        for mode in ['train', 'val']:
            cvt_vis2coco(os.path.join(root_path, 'VisDrone2019-DET-{}/images'.format
(mode)),
    os.path.join (root_path, 'VisDrone2019-DET-{}/annotations'.format (mode)), root_
path, category_list=category_list, mode=mode)      # mode: train or val
```

（2）模型训练

PP-YOLOE 需要使用 PaddleDetection 2.4 及以上版本，本案例使用的是 2.4 版本。引入 PaddleDetection，代码如下（首先切换工作目录）：

```
    import os
    os.chdir("/home/AIStudio/work/PaddleDetection-release-2.4")
    !pwd
    /home/AIStudio/work/PaddleDetection-release-2.4
    #安装库文件
    !pip install -r requirements.txt
```

之后需要修改模型配置文件 configs/ppyoloe/ppyoloe_crn_s_300e_coco.yml 中的 batch_size 为 16，base_lr 为 0.005。官方默认是 8 卡训练，这里单卡就需要减少 1/8，修改文件，代码如下：

```
    TrainReader:
    batch_size: 16
    LearningRate:
    base_lr: 0.005
```

修改数据集路径、类别数，代码如下：

```
    metric:coco
    num_classes:10
    TrainDataset:
    !COcoDataSet
    image_dir:VisDrone2019-DET-train/images
    anno_path:Anno/instances_train2017.json
    dataset_dir:../data/
    data_fields:["image',"gt_bbox,'gt_class","is_crowd']
    EvalDataset:
    !cocoDataSet
    image_dir:VisDrone2019-DET-val/images
    anno_path:Anno/instances_val2017.json
    dataset_dir:../data
```

调整多尺度训练的范围。由于 VisDrone2019 数据集以小目标居多，因此适当去掉过小的尺度，并且去掉数据增强中的 Expand，避免输入的目标过小。修改代码如下：

```
TrainReader:
sample_transforms:
-Decode: 0
-RandomDistort:0
-RandomExpand: (fill_value: [123.675, 116.28, 103.53]]
-RandomCrop:
-RandomFlip: ()
batch_transforms:
-BatchRandomResize: [target_size: [576, 608, 640, 672, 704, 736, 768], random_size:
True,
random_interp: True, keep_ratio: False)
-Normalizelmage: (mean: [0.485, 0.456, 0.406], std: [0.229, 0.224, 0.225], is_scale:
True)
-Permute: 0
-PadGT: 0
```

（3）模型训练评估

运行如下代码进行模型训练。

```
!python tools/train.py -c configs/ppyoloe/ppyoloe_crn_s_300e_coco.yml --eval --amp
```

训练结束后，运行如下代码进行模型评估。

```
!python tools/eval.py -c configs/ppyoloe/ppyoloe_crn_s_300e_coco.yml \-o weights=
output/ppyoloe_crn_s_300e_coco/best_model.pdparams
#输出结果
AveragePrecision(AP)@[IoU=0.50:0.95 |area=all |maxDets=100]=0.246
AveragePrecision(AP)@[IoU=0.50 |area=all |maxDets=100]=0.396
AveragePrecision(AP)@[IoU=0.75 |area=all |maxDets=100]=0.255
AveragePrecision(AP)@[IoU=0.50:0.95 |area=small |maxDets=100]=0.147
AveragePrecision(AP)@[IoU=0.50:0.95 |area=medium |maxDets=100]=0.373
AveragePrecision(AP)@[IoU=0.50:0.95 |area=large |maxDets=100]=0.525
AverageRecall(AR)@[IoU=0.50:0.95 |area=all |maxDets=1]=0.110
AverageRecall(AR)@[IoU=0.50:0.95 |area=all |maxDets=10]=0.277
AverageRecall(AR)@[IoU=0.50:0.95 |area=all |maxDets=100]=0.333
AverageRecall(AR)@[IoU=0.50:0.95 |area=small |maxDets=100]=0.225
AverageRecall(AR)@[IoU=0.50:0.95 |area=medium |maxDets=100]=0.488
AverageRecall(AR)@[IoU=0.50:0.95 |area= large | maxDets=100 ] = 0.635
```

得到指标 AP 为 24.6%，AP50 为 39.6%。

（4）模型导出推理

训练后的模型可以导出为静态图模型进行推理，也可以导出为 onnx 模型用于后续部署。

模型推理与导出代码如下：

```
# 导出模型
!python tools/export_model.py -c configs/ppyoloe/ppyoloe_crn_s_300e_coco.yml -o
weight=output/ppyoloe_crn_s_300e_coco/best_model.pdparams
TestReader.inputs_def.image_shape=[1,3,640,640] --output_dir output_inference
#可视化预测图片
import cv2
import matplotlib.pyplot as plt
```

```
import numpy as np
image = cv2.imread('output/0000242_02762_d_0000010.jpg')
plt.figure(figsize=(15,10))
plt.imshow(cv2.cvtColor(image, cv2.COLOR_BGR2RGB))
plt.show()
```

模型推理结果如图 5-53 所示。

图 5-53 模型推理结果图

下面将模型导出为 onnx 模型，用于后续部署到其他硬件平台。PaddleDetection 提供了基于 ncnn 框架的推理部署。

导出 onnx 模型需要环境如下：paddle2onnx>=0.7 onnx>=1.10.1 onnx-simplifier>=0.3.6。安装环境代码如下：

```
#安装依赖环境
!pip install paddle2onnx==0.7 onnx==1.10.1 onnx-simplifier==0.3.6
```

重新导出模型为不带 nms 等后处理的模型，代码如下：

```
#重新导出模型为不带 nms 等后处理的模型
!python tools/export_model.py -c configs/ppyoloe/ppyoloe_crn_s_300e_coco.yml -o
weight=output/ppyoloe_crn_s_300e_coco/best_model.pdparams  exclude_nms=True \
TestReader.inputs_def.image_shape=[1,3,640,640] --output_dir output_inference2
#简化模型
!python -m onnxsim ppyoloe_crn_s_300e_coco.onnx ppyoloe_crn_s_300e_coco_sim.onnx
```

注意：简化模型时可能会出现一个 failed，不影响最终的使用，可以忽略。警告为：Check failed, please be careful to use the simplified model, or try specifying "--skip-fuse-bn" or "--skip-optimization" (run "python3 -m onnxsim -h" for details)。

## 本章小结

本章介绍了目标检测算法的原理；然后通过“人员摔倒检测系统”和“无人机航拍小目标检测系统”两个案例，详细讲解了利用 Paddle 实现目标检测的过程。读者可以参照案例学习，并对算法进行优化，扩展应用到更多场景中。

## 习题

5-1 简述目标检测算法的基本流程。

5-2 目标检测算法中常用的损失函数有哪些？

5-3 如何处理目标检测中的类别不平衡问题？

5-4 什么是锚框（Anchor Box）？它在目标检测中起到什么作用？

5-5 对于一个特定的目标检测数据集，如何进行数据标注？请自己设计数据集，并使用标注工具来标注一些图像。

# 第6章 语义分割原理与实战

导读 «

语义分割是机器视觉技术的主要内容。本章首先介绍语义分割原理及方法；然后通过脊柱CT定位系统案例，详细讲解了利用Paddle框架实现语义分割算法开发的完整过程。通过对本章的学习，读者可以基本掌握语义分割项目的开发流程。

## 本章知识点

- 语义分割方法
- UNet算法网络结构
- UNet算法参数配置

## 6.1 语义分割概述

语义分割作为机器视觉的基础任务，其原理是将图像中的每个像素分配给其对应的语义类别。也就是说，对于一张图像，语义分割可以像素级别地对图像进行分类，将图像中的每个像素标记为相应的对象、物体、区域等。语义分割经常被应用于许多实际应用，如自动驾驶、医学影像分析、物体检测、图像分割等[31]。

在语义分割任务中，通常使用深度学习模型来处理图像数据，通过训练和学习将每个像素分配到正确的语义类别中。在训练过程中，使用大量带有标签的图像数据来训练模型，使其可以对未知图像进行精确识别。

语义分割方法可以分为基于全卷积神经网络（FCN）[32] 的方法和基于编码器-解码器（Encoder-Decoder）[33] 结构的方法。FCN是一种特殊类型的卷积神经网络，可以接收任意大小的输入图像，并在输出时使用卷积运算将每个像素分类到相应的语义类别中。FCN通常包括一个编码器网络和一个解码器网络。编码器网络通过卷积和池化操作逐渐减小图像的尺寸和特征维度，提取出图像的高层次特征。解码器网络则将编码器网络提取的特征映射恢复为输入图像大小，预测每个像素所属的语义类别。Encoder-Decoder将编码器和解码器网络分别称为编码器和解码器。编码器通常采用类似于FCN的架构，但解码器与FCN不同。在解码器中，通常使用上采样或反卷积操作将编码器的低分辨率特征映射恢复到原始图像的分辨率，并对每个像素预测其语义类别。近期一些研究将FCN和Encoder-Decoder结合，提出了各种改进方法来提高语义分割的准确性和效率，如多尺度融合、空间金字塔池化、注意力机制[34,35] 等。

## 6.2 基于 UNet 模型实现脊柱 CT 定位

在医学领域，经常需要分析人体患某种疾病后身体脂肪含量的变化，一般通过选择某个脊柱体的截面来估计全身的脂肪含量。

基于 UNet 模型的脊柱 CT 定位系统可以帮助医生更准确地诊断和治疗脊柱疾病。该系统主要基于深度学习技术，通过训练模型学习 CT 图像中的特征，达到准确识别和定位脊柱的目的。

实现方面，首先需要收集大量的 CT 图像数据，并进行图像增强、去噪等预处理操作，以提高模型的训练效果；然后利用 UNet[36] 模型进行训练，通过调整模型参数和算法优化提高模型的准确性和泛化能力。训练完成后，可以将训练好的模型部署到在线定位系统中，通过输入新的 CT 图像，自动输出脊柱的位置和姿态信息，从而实现不同角度对脊柱进行定位，如图 6-1 所示。

通过最大强度投影（MIP）将三维 CT 图像转换为二维图像，从而降低问题的维数。将 MIP 图像作为 2D 全卷积网络的输入，以 2D 置信图的形式预测位置，如图 6-2 所示。

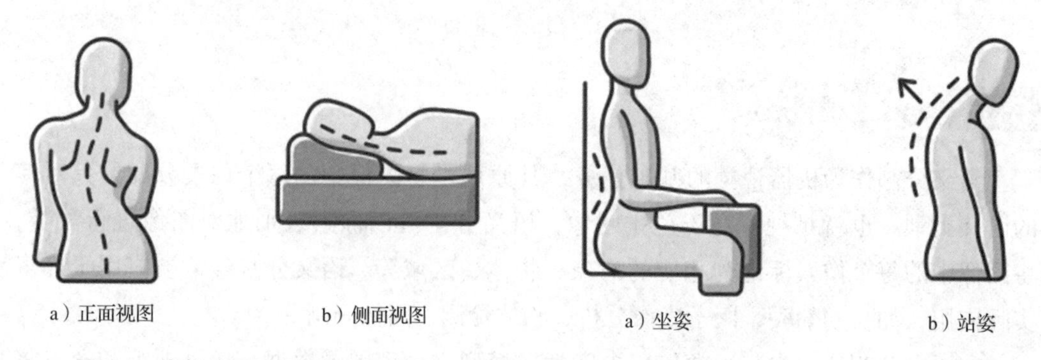

a）正面视图　b）侧面视图

图 6-1　脊柱的正面视图及侧面视图

a）坐姿　b）站姿

图 6-2　2D 置信图

### 6.2.1　系统结构设计

模型以 UNet 为基础，以自适应卷积块、空间注意力模块[37] 为辅助网络结构，同时把参数数量对实验结果的影响也考虑进来，改进了网络结构。为捕捉病变区域中的不规则图案，在 UNet 编码器和解码器中集成自适应卷积块。在编码解码连接时，使用门控完全特征融合模块来衡量各个特征图的重要内容，以此为依据进行特征融合。在解码器之前设计了密集空间注意力模块，从而生成更具判别性的特征内容，提高特征在空间中的映射能力。系统总体架构如图 6-3 所示。

### 6.2.2　自适应卷积块和空间注意力模块

自适应卷积块是指将自适应卷积加入到卷积块的中间层。每个自适应卷积块由一个批归一化层、一个卷积层、一个可变形卷积和一个激活函数[38-39] 组成，如图 6-4 所示。

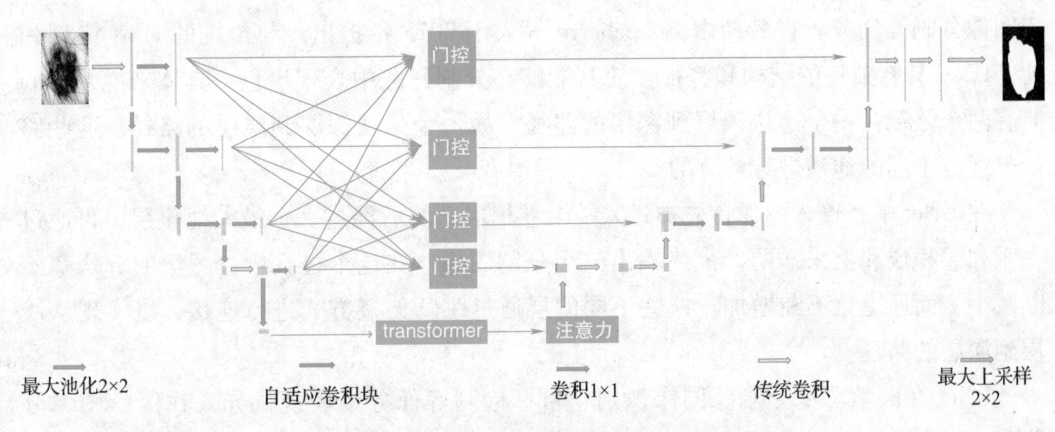


图 6-3　系统总体架构

为了更有效地提取出病灶，设计了一个空间注意力模块（SAM）[40]，如图 6-5 所示。图中空间注意力模块包括局部[41] 和全局注意力引导[42]。引入全局-局部注意力引导结构，从全局和局部两个角度提取上下文信息，阻止无效信息和噪声。其中，全局提取上下文信息有利于提升网络系统对场景信息的理解，强调空间范围内每个像素之间的距离关系，从而实现精确定位；局部提取上下文信息可以更好地呈现出图像内容的细节，有效突出感兴趣的区域。局部-全局两者融合可以更好地将局部特征与其全局相关性相结合，有助于将正确的类别与对应的像素相匹配，减少漏分和误分的情况。

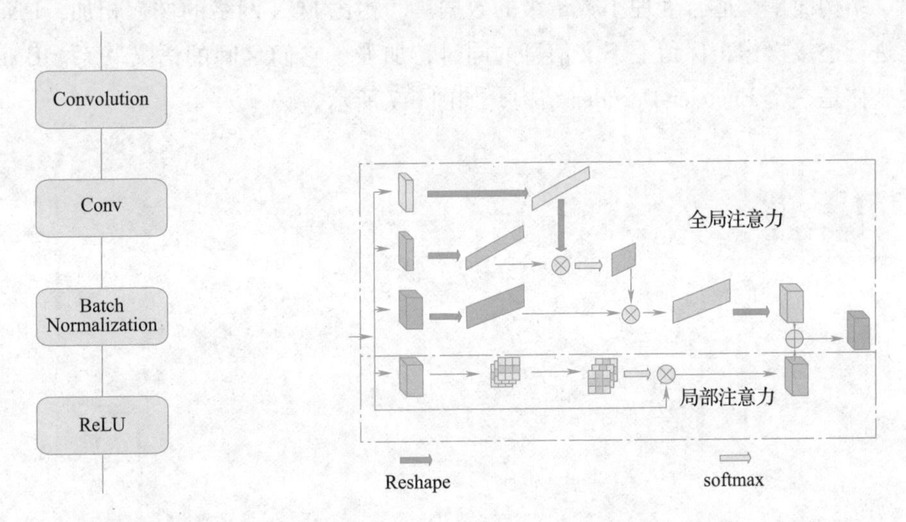


图 6-4　自适应卷积块　　图 6-5　空间注意力模块

对于每个图像集都会看到正面和受限矢状 MIP 并排显示。主要标志物选择椎弓根的中间，与横突的顶部边缘对齐，如图 6-6 所示。

图 6-6　主要标志物示意图

### 6.2.3　算法设计

#### 1. UNet 介绍

UNet 是一种卷积神经网络（CNN）模型，主要用于图像分割等任务。它最初由 Ronneberge 等人于 2015 年提出。与传统的 CNN 模型相比，UNet 具有独特的结构和特征，使其能够在分割任务中表现出色。具体来说，UNet 具有两个路径：一个是从浅层到深层的路径，另一个是从深层到浅层的路径。这些路径是通过不同的通道进行计算的。

在 UNet 中，输入图像首先被送入一个卷积层，然后经过一个最大池化层，再通过一系列卷积层和上采样层，最终输出一个分割图像。在这个过程中，图像的分辨率不断减小，而通道数不断增加。这些不同的层通过跳跃连接方式进行连接，以实现从浅层到深层的路径。

UNet 在医学图像分割、图像识别、目标检测等任务中表现优异。在医学图像分割中，UNet 被用于将医学图像分割成不同区域，如将脑部 CT 图像分割成不同的脑组织。在图像识别中，UNet 被用于将图像分成不同的类别，如识别图像中的物体类型、数量、位置等。在目标检测中，UNet 被用于检测图像中的目标物体，如人脸、车辆、行人等。

总的来说，UNet 是一种非常有效的神经网络模型，在各个领域的任务中都表现出色。它的跳跃连接结构、辅助结构和池化方式等特点使其成为一种非常受欢迎的模型。

### 2. UNet 网络结构

UNet 网络结构因为形似字母“U”而得名，最早是在医学影像细胞分割任务中提出，结构简单，适合处理小数量级的数据集。相比 FCN 网络的像素相加，UNet 是对通道进行连接操作，保留上下文信息的同时，加强了它们之间的语义联系。UNet 网络结构整体是一个 Encoder-Decoder 结构，如图 6-7 所示。

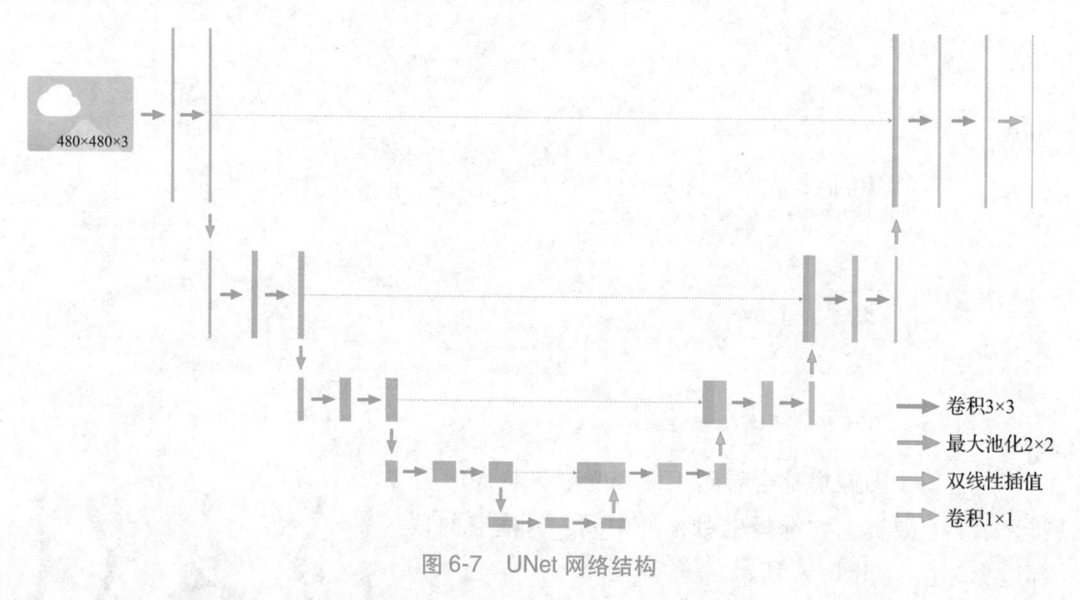


图 6-7 UNet 网络结构

注意：UNet 的下采样 Encoder 包括 conv 和 max pool，上采样 Decoder 包括 up-conv 和 conv。UNet 特点在于灰色箭头，利用通道融合使上下文信息紧密联系起来。

### 3. UNet 训练及测试

本案例使用在 COCO 数据集上预训练的 UNet 模型。运行 download_pretrained_unet. sh 进行下载，代码如下：

```
#下载 unet 模型并解压到./pretrained_models 目录下
!sh work/download_pretrained_unet.sh
```

注意：./pretrained_model/为 PaddleSeg 默认的预训练模型存储目录，预训练模型将存放在./pretrained_model/unet_coco_init/目录下。PaddleSeg 是基于 Paddle 下的语义分割库，可结合丰富的预训练模型便捷高效地进行语义分割。

将下载的 PaddleSeg 压缩包进行解压即可使用，代码如下：

```
#解压从 https://github.com/PaddlePaddle/PaddleSeg 下载好的 zip 包
!unzip PaddleSeg-release-v0.1.0.zip
#将 PaddleSeg 代码上移至当前目录
!mv PaddleSeg-release-v0.1.0/* ~
#安装所需依赖项
!pip install -r requirements.txt
```

若想在自己的计算机环境中安装 PaddleSeg，可运行如下代码。

```
#从 PaddleSeg 的 github 仓库下载代码
git clone https://github.com/PaddlePaddle/PaddleSeg.git
#运行 PaddleSeg 的程序需在 PaddleSeg 目录下
cd PaddleSeg/
#安装所需依赖项
pip install -r requirements.txt
```

使用 COCO 数据集中的 Oxford-IIIT Pet Dataset 进行测试，该数据集是一个宠物图像数据集，包含 37 种宠物类别，其中有 12 种猫的类别和 25 种狗的类别，每个类别大约有 200 张图片。示例如图 6-8 所示。

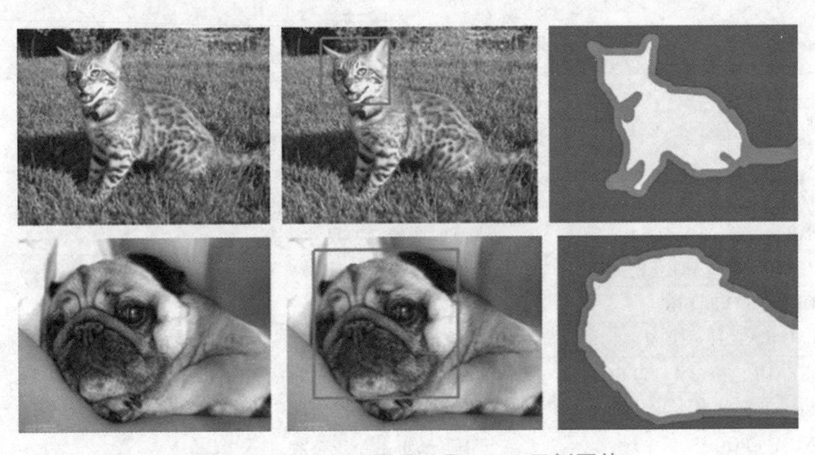

图 6-8　Oxford-IIIT Pet Dataset 示例图片

为方便快速测试，从中抽取 200 张图片作为数据集，其中训练集、验证集和测试集的数目分别为 120、40、40。

接下来运行./dataset/download_pet. py 进行数据集下载，代码如下：

```
#下载 mini_pet 数据集
!python dataset/download_pet.py
```

注意：数据集将存放在./dataset 目录下，该目录也是 PaddleSeg 默认的数据集存储目录。

Oxford-IIIT Pet Dataset 共有 3 类标签：1 代表前景、2 代表背景、3 代表未分类。PaddleSeg 支持 0~255 共 256 类标签，默认以 0 开始标注类别，255 类别在训练阶段不会被使用。而 Oxford-IIIT Pet Dataset 是以 1 开始标注，故本案例的数据集中已进行标签转换，使数据集以 1 开始标注类别，符合 PaddleSeg 格式。

PaddleSeg 中关于模型的配置记录在 yaml 文件中。configs 文件夹用于存放各个模型的 yaml 文件，里面预先已有一些公开数据集的 yaml 文件。pretrained_model 文件夹用于存放各个预训练模型。

实际训练中，如果需要修改大量参数，建议另外再编写一个 yaml 文件，然后传给--cfg 参数。这种做法适合长期、大量进行改动的情况，如更换数据集，代码如下：

```
!python ./pdseg/train.py --cfg ./configs/xxx.yaml
```

如果只是临时对少量参数进行更改，建议在命令行直接对相应的参数进行赋值，这种做法适合短期、少量、频繁进行改动的情况。这里采用这种方式，代码如下：

```
#Training
!python ./pdseg/train.py --cfg ./configs/unet_pet.yaml \
    --use_gpu \
    SOLVER.NUM_EPOCHS 3 \
    TRAIN.PRETRAINED_MODEL_DIR "pretrained_model/unet_coco_init/" \
    TRAIN.MODEL_SAVE_DIR "snapshots/unet_pet/"
```

常用参数说明见表 6-1。

表 6-1 常用参数说明

| 参　数 | 含　义 |
| --- | --- |
| --cfg | 指定 yaml 配置文件路径 |
| --use_gpu | 是否启用 GPU |
| --use_mpio | 是否开启多进程 |
| BATCH_SIZE | 批处理大小 |
| TRAIN_CROP_SIZE | 训练时图像裁剪尺寸（宽，高） |
| TRAIN. PRETRAINED_MODEL_DIR | 预训练模型路径 |
| TRAIN. MODEL_SAVE_DIR | 模型保存路径 |
| TRAIN. SYNC_BATCH_NORM | 是否使用多卡间同步 BatchNorm 均值和方差，默认 False |
| MODEL. DEFAULT_NORM_TYPE | BatchNorm 类型：bn(batch_norm)、gn(group_norm) |
| SOLVER. LR | 初始学习率 |
| SOLVER. NUM_EPOCHS | 训练 epoch 数，正整数 |
| SOLVER. LR_POLICY | 学习率下降方法，选项为 poly、piecewise 和 cosine |
| SOLVER. OPTIMIZER | 优化算法，选项为 sgd 和 adam |

若想了解更详细的参数设置，可参考 pdseg/utils/config. py 文件。

PaddleSeg 中共有三处可设置模型参数，包括命令窗口传递的参数、configs 目录下的 yaml 文件、pdseg/utils/config. py。对于相同的参数，传递的优先级为：命令窗口 > yaml 文件 > config. py。即同一个参数，优先级较高的将覆盖优先级较低的。若没有 GPU 计算资源，则需要在以下的训练、验证、测试脚本中删除参数--use_gpu。在多 GPU 训练的情况下，建议开启 TRAIN. SYNC_BATCH_NORM 来提高分割精度。

接下来用一个已训练 500 个 epoch 的 UNet 模型，进行预测和可视化。该模型位于 work/unet_pet_500/500 目录下。eval. py 为模型的评估脚本，代码如下：

```
#Evaluation
!python ./pdseg/eval.py --cfg configs/unet_pet.yaml \
    --use_gpu \
    TEST.TEST_MODEL "work/unet_pet_500/500/" \
    EVAL_CROP_SIZE "(512, 512)"
```

EVAL_CROP_SIZE 的设置要求如下：当 AUG. AUG_METHOD 为 unpadding 时，EVAL_CROP_SIZE 的宽高应不小于 AUG. FIX_RESIZE_SIZE 的宽高。当 AUG. AUG_METHOD 为 stepscaling 时，EVAL_CROP_SIZE 的宽高应不小于原图中最大的宽高。当 AUG. AUG_METHOD 为 rangscaling 时，EVAL_CROP_SIZE 的宽高应不小于缩放后图像中最大的宽高。

对于 UNet，需要特别留心 EVAL_CROP_SIZE 的设置，若设置过大，容易超出显存。若不确定如何设置，可使用数据校验工具。评估指标说明见表 6-2。

表 6-2　评估指标说明

| 指　　标 | 含　　义 |
| --- | --- |
| acc | 平均准确率（Mean Accuracy） |
| IoU | 平均交并比（Mean Intersection over Union，MIoU） |
| Category IoU | 每个类别的 IoU 指标 |
| Category Acc | 每个类别的 Accuracy 指标 |
| Kappa | 取值范围为［-1,1］，越趋近于 1，说明分类或分割的效果越好 |

接着运行模型预测和可视化脚本 vis. py，代码如下：

```
#Visualization
!python ./pdseg /vis.py  --cfg configs/unet_pet.yaml \
                --vis_dir visual/unet_pet \
                --use_gpu \
                TEST.TEST_MODEL work/unet_pet_500/500/ \
                EVAL_CROP_SIZE "(512, 512)"
```

运行如下代码，显示最终的分割效果。

```
import matplotlib.pyplot as plt
#定义显示函数
def display(img_dir):
    plt.figure(figsize=(15, 15))
    title = ['Input Image', 'Predicted Mask']
    for i in range(len(title)):
```

```
            plt.subplot(1, len(img_dir), i+1)
            plt.title(title[i])
            img = plt.imread(img_dir[i])
            plt.imshow(img)
            plt.axis('off')
        plt.show()
    #显示分割效果
    #注：这里仅显示其中一张图片的效果
    image_dir = "dataset/mini_pet/images/Abyssinian_24.jpg"
    mask_dir = "visual/unet_pet/visual_results/Abyssinian_24.png"
    imgs = [image_dir, mask_dir]
    display(imgs)
```

注意：若显示不出来，再运行一次即可。

### 6.2.4 代码实现

1. 数据集预处理

由于本案例选用的数据集中原始图片的对比度相对较低，如果将图片直接输入网络进行训练，无法得到较好的分割效果，所以对图像数据进行适当的预处理，分割效果和效率都会更好。先将需要的原始图片进行部分内容预处理，从而提高网络的分割性能。为了增加训练集的数量和防止过拟合，可对原始图像随机缩放、随机旋转、水平和垂直移位来进行数据增强。对采集到的每一个像素都进行归一化，并对所有的图像进行伽马校正。预处理代码如下：

```
    import numpy as np
    from scipy.ndimage import zoom
    def average(image, eps=1e-8):
        image = image.astype(np.float32)
        ret = (image - np.min(image))
        ret /= (np.max(image) - np.min(image) + eps)
        return ret
    def decrease_strength(img, minv=100, maxv=1500):
        img = np.clip(img, minv, maxv)
        img = 255 * average(img)
        return img
    def average_pretreatment(images, images_sagittal, slice_locations, spacings,
new_spacing=1):
        images_norm = []
        images_s_norm = []
        slice_loc_norm = []
        for image, image_s, loc, s in zip(images, images_sagittal, slice_locations,
spacings):
            img = zoom(image, [s[2] / new_spacing, s[0] / new_spacing])
            img_s = zoom(image_s, [s[2] / new_spacing, s[0] / new_spacing])
            images_norm.append(decrease_strength(img))
            images_s_norm.append(decrease_strength(img_s))
            slice_loc_norm.append(int(loc * s[2] / new_spacing))
    return np.array(images_norm), np.array(images_s_norm), np.array(slice_loc_norm)
    def rebuild(img_0,img_1,loc_,min_h_w=512):
        assert min_h_w% 2 == 0, '要求限制范围取值为偶数'
        img_0_out,img_1_out,loc_out = [],[],[]
        for i in range(len(img_0)):
```

```
            img_f = img_0[i]
            img_s = img_1[i]
            loc = loc_[i]
            if loc>min_h_w:
            continue
        else:
    len(images_frontal)
```

2. 定义数据集读取类

将原始数据集按照 80%训练集和 20%验证集进行划分，读取数据集代码如下：

```
    #定义数据读取类
    import paddle
    from paddle.io import Dataset
    import numpy as np
    from scipy.ndimage import zoom
    import paddle.vision.transforms as T
    #重写数据读取类
    class MRILocationDataset(Dataset):
        def __init__(self,images_frontal, images_sagittal, slice_locations,mode =
'train',transform = None,k_fold=1):
            #数据读取
            self.images_frontal_list = list(images_frontal)
            self.images_sagittal_list = list(images_sagittal)
            self.slice_locations_list = list(slice_locations)
            self.mode = mode
            #选择前 80%训练,后 20%测试
            scale_s = int(0.2* (k_fold1)* len(self.slice_locations_list))
            scale_e = int(0.2* k_fold* len(self.slice_locations_list))
            self.transforms = transform
            class C1DeepSup(nn.Module):
        def __init__(self, num_class=150, fc_dim=2048, use_softmax=False):
            super(C1DeepSup, self).__init__()
            self.use_softmax = use_softmax
            self.cbr = conv3x3_bn_relu(fc_dim, fc_dim // 4, 1)
            self.cbr_deepsup = conv3x3_bn_relu(fc_dim // 2, fc_dim // 4, 1)
            #最后一层卷积
            self.conv_last = nn.Conv2d(fc_dim // 4, num_class, 1, 1, 0)
            self.conv_last_deepsup = nn.Conv2d(fc_dim // 4, num_class, 1, 1, 0)
        #前向计算流程
        def forward(self, conv_out, segSize=None):
            conv5 = conv_out[-1]
            x = self.cbr(conv5)
            x = self.conv_last(x)
            #is True during inference
            if self.use_softmax:
                x = nn.functional.interpolate(
                    x, size=segSize, mode='bilinear', align_corners=False)
                x = nn.functional.softmax(x, dim=1)
                return x
            #深监督模块
            conv4 = conv_out[-2]
            _ = self.cbr_deepsup(conv4)
            _ = self.conv_last_deepsup(_)
```

```
        #主干卷积网络 softmax 输出
        x = nn.functional.log_softmax(x, dim=1)
        #深监督分支网络 softmax 输出
        _ = nn.functional.log_softmax(_, dim=1)
        return (x, _)
```

### 3. 定义模型

基于 UNet 网络进行模型搭建。自适应卷积块（Adaptive Convolution Block）是一种特殊的卷积结构，它可以根据输入数据的特性动态调整卷积核的大小和步长，以实现更灵活和高效的卷积操作。在下面的代码中，首先定义了一个名为 Adaptive Conv 的自定义模块，它继承自 nn. Module 类。在__init__函数中，初始化了卷积层、批量归一化层和 ReLU()激活函数。在 forward()函数中，根据输入数据动态计算卷积核大小和步长，然后调用卷积层进行卷积操作，再经过批量归一化和 ReLU()激活函数得到最终的输出。代码如下：

```
class AdaptiveConv (nn.Module):
    def __init__(self,in_channels, out_channels, kernel_size, stride=1, padding=0):
        super (AdaptiveConv, self).__init__()
        self.conv = nn. Conv2d (in _ channels, out _ channels, kernel _ size, stride,
padding)
        self.bn =  nn.BatchNorm2d(out_channels)
        self.relu = nn.ReLU(inplace=True)
            def forward (self, x):
            #根据输入数据动态调整卷积核大小和步长
                batch_size, _, h, w = x.size()
                kernel_size = min(h, w)
                stride = kernel_size // 2
                padding = (kernel_size - 1) // 2
                x = self.conv(x, kernel_size=kernel_size, stride=stride, padding=
padding)
                x = self.bn(x)
                x = self.relu(x)
                return x
```

### 4. 模型训练

模型搭建好以后，用训练数据对模型进行训练，代码如下：

```
#初始化权重
import paddle
import paddle.nn as nn
from paddle.nn.initializer import KaimingNormal,Constant
def weight_init(module):
    for n,m in module.named_children():
        if isinstance(m,nn.Conv2D):
            KaimingNormal()(m.weight,m.weight.block)
            if m.bias is not None:
                Constant(0)(m.bias)
        if isinstance(m,nn.Conv1D):
            KaimingNormal()(m.weight,m.weight.block)
            if m.bias is not None:
                Constant(0)(m.bias)
import pandas as pd
import os
```

```
    import numpy as np
    from tqdm import tqdm
    #创建文件夹
    for item in ['log','saveModel']:
        make_folder = os.path.join('work',item)
        if  not os.path.exists(make_folder):
            os.mkdir(make_folder)
    EPOCH_NUM = 30  #设置外层循环次数
    BATCH_SIZE = 8  #设置 batch 大小
    #定义网络结构
    #五折交叉验证
    #for K in range(5):
    K=5 #K+1
    #unet3p / unet / u2net / attunet / unet2p
    #每次实例化模型
    model = UNet(num_classes=1)
    model_name = 'unet'
    for item in ['log','saveModel']:
        make_folder = os.path.join('work',item,model_name)
        if  not os.path.exists(make_folder):
            os.mkdir(make_folder)
    #定义优化算法,使用随机梯度下降(SGD),学习率设置为 0.01
    scheduler = paddle.optimizer.lr.StepDecay(learning_rate=0.01, step_size=30,
gamma=0.1, verbose =False)
    optimizer= paddle. optimizer. Adam (learning _ rate = scheduler, parameters = model.
parameters())
    #定义数据读取
    train_dataset = MRILocationDataset(images_frontal, images_sagittal,
slice_locations, mode='train', k_fold=K)
    #使用 paddle.io.DataLoader 定义 DataLoader 对象用于加载 Python 生成器产生的数据
    data_loader=paddle.io.DataLoader(train_dataset, batch_size=BATCH_SIZE, shuffle=
False, num_workers=4)
    loss_BCEloss = paddle.nn.BCELoss()
    result = pd.DataFrame()
    model.train()
    model.apply(weight_init)
    #定义外层循环
    for epoch_id in range(EPOCH_NUM):
        #定义内层循环
        LOSS = {}
        for iter_id, data in enumerate(tqdm(data_loader())):
            images_frontal_,images_sagittal_,slice_locations_,label = data
```

空间注意力模块可以在深度学习模型中使用，以增强模型对空间位置的注意力。空间注意力模块接受一个输入张量 $X$，它具有形状（batch_size，channels，height，width）。模块通过计算平均值和最大值来获得一个上下文向量，然后将其与原始输入拼接在一起，并通过卷积层产生一个缩放因子。最后，使用 sigmoid() 函数将缩放因子的值范围限制在 0~1，得到空间注意力图。代码如下：

```
    import torch
    import torch. nn as nn
    import torch.nn. functional as F
    class SpatialAttention (nn.Module):
```

```
    def __init__(self, kernel_size=7):
        super(SpatialAttention, self).__init__()
        assert kernel_size in (3, 7), 'kernel size must be 3 or 7'
        padding = 3 if kernel_size == 7 else 1
        self.conv1 = nn.Conv2d(2, 1, kernel_size, padding=padding, bias=False)
        self.sigmoid = nn.Sigmoid()
    def forward(self, x):
        avg_out = torch.mean(x, dim=1, keepdim=True)
        max_out, _ = torch.max(x, dim=1, keepdim=True)
        x = torch.cat([avg_out, max_out], dim=1)
        x = self.conv1(x)
        return self.sigmoid(x)
```

### 6.2.5 系统测试

将测试数据集输入到训练好的 UNet 模型中进行测试，评估模型的分割性能。常用的评估指标包括准确率、召回率、Dice 系数等。代码如下：

```
import paddle
import pandas as pd
import os
#模型验证
BATCH_SIZE = 8
#单次验证记录
Error_mean,Error_std= [],[]
#全局验证记录
MODEL_Mean,MODEL_Std = [],[]
#清理缓存
print("开始测试")
result = pd.DataFrame()
#for K in range(5):
K=5
#定义模型
model_name = 'unet'
model = UNet(num_classes=1)
#用于加载之前的训练过的模型参数
para_state_dict = paddle.load(os.path.join('work/saveModel',model_name,model_name
+ '_{}. pdparams'.format(K)))
model.set_dict(para_state_dict)
model.eval()
test_dataset = MRILocationDataset(images_frontal, images_sagittal, slice_locations,
mode= 'test', k_fold=K)
test_data_loader = paddle.io.DataLoader(test_dataset, batch_size=BATCH_SIZE,
shuffle=False, num_workers=4)
with paddle.no_grad():
    for iter_id, data in enumerate(test_data_loader()):
        x, y,loc,label_ = data # x 为数据, y 为标签
        #将 numpy 数据转为 Paddle 动态图 tensor 形式
        x = paddle.to_tensor(x,dtype='float32')
        y = paddle.to_tensor(y,dtype='float32')
        label_ = paddle.to_tensor(label_,dtype='float32')
        predicts = model(y)
        predicts = paddle.nn.functional.sigmoid(predicts)
        for i in range(predicts.shape[0]):
```

```
            predict = predicts[i,:,:,:].cpu().numpy()
            label = label_[i,:,:,:].cpu().numpy()
            inputs = y[i,1,:,:].cpu().numpy()
            predict = np.squeeze(predict)
            label = np.squeeze(label)
            inputs = np.squeeze(inputs)
            #当要保存的图片为灰度图像时，灰度图像的 numpy 尺度是 [1, h, w]。需要将 [1, h, w]
改变为 [h, w]
            plt.figure(figsize=(6,18))
    plt.subplot(1,3,1),plt.xticks([]),plt.yticks([]),plt.imshow(predict,cmap='gray')
    plt.subplot(1,3,2),plt.xticks([]),plt.yticks([]),plt.imshow(label,cmap='gray')
    plt.subplot(1,3,3),plt.xticks([]),plt.yticks([]),plt.imshow(inputs,cmap='gray')
            plt.show()
            index_predict= np.argmax(np.max(predict,1))+3
            index_label = np.argmax(np.max(label,1))
            print('真实位置:',index_label,'预测位置:',index_predict)
            Error_mean.append(np.abs(index_label-index_predict))
            Error_std.append(index_label-index_predict)
    break
    print("第{}个模型测试集平均定位误差为:{:.2f},定位误差标准差为:{:.2f}". format (K, np.
mean (Error_mean),np.std(Error_std)))
    MODEL_Mean.append(np.mean(Error_mean))
    MODEL_Std.append(np.std(Error_std))
    info_loss = {'K折交叉验证':K,'定位误差均值':np.mean(Error_mean),'定位误差标准差':np.
std (Error_std)}
    result = result.append(info_loss,ignore_index=True)
    #加入K折的最终验证结果
    info_loss = {'K折交叉验证':'ALL','定位误差均值':np.mean(MODEL_Mean),'定位误差标准差':
np.mean(MODEL_Std)}
    result = result.append(info_loss,ignore_index=True)
    result.to_csv( os.path.join('work/log',model_name,model_name + '_all.csv'),index=
False, encoding ='utf-8-sig')
    print('----------------------------------------')
    print('模型{}五折交叉验证平均误差为:{:.2f},误差标准差为:{:.2f}'. format (model _ name,
np.mean(MODEL_Mean),np.mean(MODEL_Std)))
```

测试结果如图 6-9 所示。

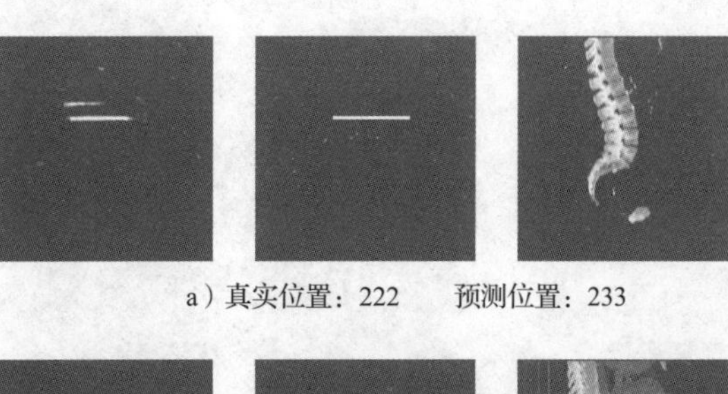

a）真实位置：222　　预测位置：233

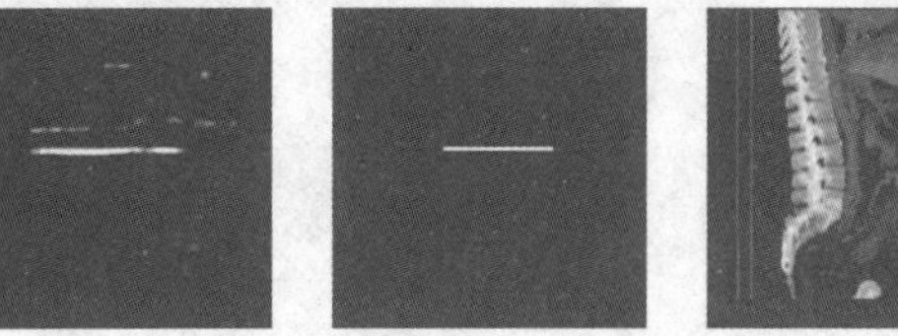

b）真实位置：134　　预测位置：141

图 6-9　测试结果

## 本章小结

UNet 模型的特点使其在医学领域应用前景广阔。对于影像特征不明显的任务，深度学习能起到较好效果。本章案例对比了 CT 数据正面视图及侧面视图的定位精度，读者可在此基础上进一步优化提升算法性能。

## 习题

6-1 简述 UNet 模型的基本结构，并列举其优点和局限性。

6-2 给定一个图像分割任务，如何使用 UNet 模型进行解决？概述训练和测试流程，并简要描述如何调整模型以优化性能。

# 第7章 人工智能技术新发展

**导读** «

人工智能技术发展迅速、日新月异。尤其是近几年，随着行业数据积累不断丰富，人工智能技术在算力、算法、应用等方面都取得了丰硕成果，呈现欣欣向荣的景象。本章将对人工智能相关技术发展，尤其是大语言模型的概念、特点以及发展前景进行介绍。通过对本章的学习，读者可以基本了解人工智能相关技术，尤其是大语言模型的未来发展趋势。

## 本章知识点

- 人工智能相关技术
- 大语言模型概念
- 大语言模型发展趋势

数据、算法、算力是人工智能的三大要素，在核心技术发展以及产业应用中起着至关重要的作用，三者相辅相成，形成了人工智能不断发展的推动力。

## 7.1 相关技术发展

所谓“巧妇难为无米之炊”，对于人工智能技术而言，数据就是“米”，算力就是“炊”，算法就是“巧妇”，只有这些因素协调发展，才能做出人工智能的饕餮盛宴。所以，包括科研工作者、各大互联网企业、各行各业从业者都在为人工智能技术发展做着积极贡献，人工智能技术领域的各方面也呈现出蓬勃发展的态势。

1）算力是指数据存储、分析、处理的能力，通常由软件能力和硬件能力组成。说到算力，就要提到“云”。随着数据量的增加，对数据存储空间提出了更高要求，于是产生了“云”。它由一些服务器按照一定规则组成，可以提供更大的数据存储空间，同时为实现数据的快速检索和分析，进行了必要的技术处理，统称为“云计算”。早期的云计算主要是提供数据存储和简单的数据处理服务，随着行业数据的不断增加和对数据分析要求的提高，云计算成为人工智能技术得以应用不可或缺的硬件基础。为了提供更好的基础服务，云计算技术也不断发展进步，融入了大数据、5G、边缘计算等技术，在弹性计算、高性能计算、分布式计算、并行处理、特定硬件加速等方面的性能不断提高。各大云服务提供商如阿里、华为等均推出了高性能的云计算服务，为海量数据分析处理、人工智能算法训练、程序部署和应用提供了强大的计算能力支撑。

2）算法是指解决问题的策略、方法，在人工智能技术中起着极其重要的作用。深度学习算法的兴起，如卷积神经网络、递归神经网络等，使得人工智能系统可以从海量数据中进行推理学习，为其在机器视觉、目标检测、自然语言处理等领域的应用提供了更准确和高效的解决方案。随着需求的不断增加和技术的不断进步，算法在预训练和迁移学习、模型优化和鲁棒性、自动机器学习等方面都得到了提升，自适应性、预测性、自学习性得到了进一步增强。

3）数据是人工智能技术得以应用的源泉。正是因为有了海量数据，人们才能看到身边一些人工智能应用的场景，如车牌识别、口罩检测、人脸识别等。人工智能技术的发展与数据密不可分，所以数据方面的研究极其重要。其中包括：①开源数据集的增加，如ImageNet、COCO、MNIST和WMT等，这些数据集为算法研究、测试、优化提供了丰富的资源，随着应用的不断扩展，开源数据集从数量到行业会进一步增加；②数据集形式更加多样，随着行业应用需求的不断丰富，数据类型涵盖文本、图像、视频、语音等多种形式，为算法研究提供了更多样的测试和验证样本；③样本标注和注释工具的改进，除了一些通用的工具，一些服务商也提供了专用标注工具，为提高标注和注释数据质量、缩短算法研究时间提供了很好的技术支撑；④数据增强技术的应用，可以通过对原始数据样本进行旋转、裁剪等操作，在有限样本的情况下，增加训练样本数量和种类，有效提高了算法模型的泛化能力。

4）作为有形体，机器人将软件与硬件集于一身，是人工智能技术的集中体现。机器人技术发展涵盖了多个学科领域，主要包括：①感知技术，主要是传感器技术，如摄像技术、雷达技术、光学技术、定位技术等，使得机器人能够全面、实时、准确地感知外部环境，并将信号传输到中央控制器；②人机交互技术，主要是语音识别和自然语言处理算法，通过语境分析、上下文分析、情感分析，更好地与人类进行互动；③自学习能力，通过机器学习算法优化，使得机器人能够不断积累经验，并从经验中不断学习、改进行为策略，具备自主决策和学习能力。

## 7.2 未来应用领域

人工智能技术已经在消费、快递、服务等领域得到了广泛应用，产生了良好的应用效果，展现了深厚的应用潜力，未来将在更多领域发挥越来越大的作用。

1）医疗保健方面：随着人们对健康的重视程度提高，尤其是人口老龄化问题日益严峻，人工智能在医疗领域的应用将会越来越广泛，包括医疗辅助决策、个性化诊疗推荐、机器人医疗服务等。

2）智慧城市方面：城市生活涉及政府部门的日常运行，公司企业的正常运转，每个人的衣食住行。基于物联网和人工智能的城市能源、楼宇、交通等各个方面将会更好地实现资源的高效利用，提升人们的生活质量。

3）虚拟和增强现实（VR/AR）方面：人工智能技术可以创造出逼真的沉浸式虚拟场景，提升真实场景的体验感，让人“身临其境”，这在很多时候，尤其在会议、教育、娱乐等场景下将会带来更好的体验。

4）智能家居方面：基于物联网、智能硬件的发展，通过人工智能技术应用，家庭设施集成化、智能化、操控化水平将进一步提高，给人们日常生活带来更多便利，实现更加轻松、自由的生活方式。

上述提及的只是众多领域中具有代表性的领域，实际上，随着人工智能技术不断发展，影响力不断扩大，未来其在各个领域中都将发挥重要作用。

## 7.3 大语言模型

2022年11月30日，OpenAI发布了一款聊天机器人程序——ChatGPT（Chat Generative Pre-trained Transformer）。ChatGPT是人工智能技术驱动的自然语言处理工具，它不仅能根据聊天的上下文回答问题，还能完成撰写邮件、视频脚本、文案、翻译、代码、论文等任务，引起了业界广泛关注。

这里简单介绍大语言模型名称的由来。2018年，Google的研发团队提出了预训练语言模型BERT，在诸多自然语言处理任务中展现了卓越性能，从而激发了大量以预训练语言模型为基础的自然语言处理研究，但其仍然延续每个模型只能解决特定问题的基本模式。2020年，OpenAI发布了GPT-3模型，在文本生成、少标注语言处理上取得优秀成绩，但性能并未超过专门针对单一任务训练的有监督模型。ChatGPT的问世展示了大语言模型的强大潜能，主要原因在于所有任务都由一个模型完成。在许多任务中，ChatGPT的性能甚至超过了针对单一任务进行训练的有监督算法，这对于人工智能领域具有重大意义，并对自然语言处理研究产生了深远影响。

关于大语言模型（简称大模型）的定义，主要有两类。

1）百度百科：大语言模型可以理解为使用大量文本数据训练的深度学习模型（通常指一个模型），模型由包含数百亿以上参数的深度神经网络构建，使用自监督学习方法，通过大量无标注文本进行训练，可以生成自然语言文本或理解语言文本的含义。大语言模型可以处理多种自然语言任务，如文本分类、问答、对话等，是通向人工智能的一条重要途径。

2）国际数据公司（IDC）：大模型是基于海量多元数据打造的预训练模型，是对原有算法模型的技术升级和产品迭代，用户可通过开源或开放应用程序编程接口（API）、工具等形式进行模型零样本、小样本数据学习，以实现更优的识别、理解、决策、生成效果和更低成本的开发部署方案。大模型的核心作用是突破数据标注的困境，通过学习海量无标注的数据来做预训练，拓展整体模型前期学习的广度和深度，以此提升大模型的知识水平，从而低成本、高适应性地赋能大模型在后续下游任务中的应用。

ChatGPT的问世，证明了采用单一模型可以实现大量语言的训练和应用，从而将大语言模型研究推向了新的高度，引发了大语言模型研究热潮。截至 2023 年 6 月，国内外已经发布了超过百种大语言模型。百度公司于 2023 年 2 月 7 日，正式宣布推出“文心一言”，3 月 16 日正式上线，其底层技术基础为文心大模型。

与其他传统模型相比，大模型具有良好的通用性、泛化性，可以显著降低人工智能应用门槛；预训练大模型在海量数据学习训练后，具有良好的通用性和泛化性。用户基于大模型通过零样本、小样本学习即可获得良好的效果，这种模式使得研发过程更加便捷化、标准化，显著降低了人工智能应用的门槛，人工智能工程化应用落地变得更加容易。

以百度文心大模型（文心一言）为例，图 7-1 为“文心一言”的功能选择页面。

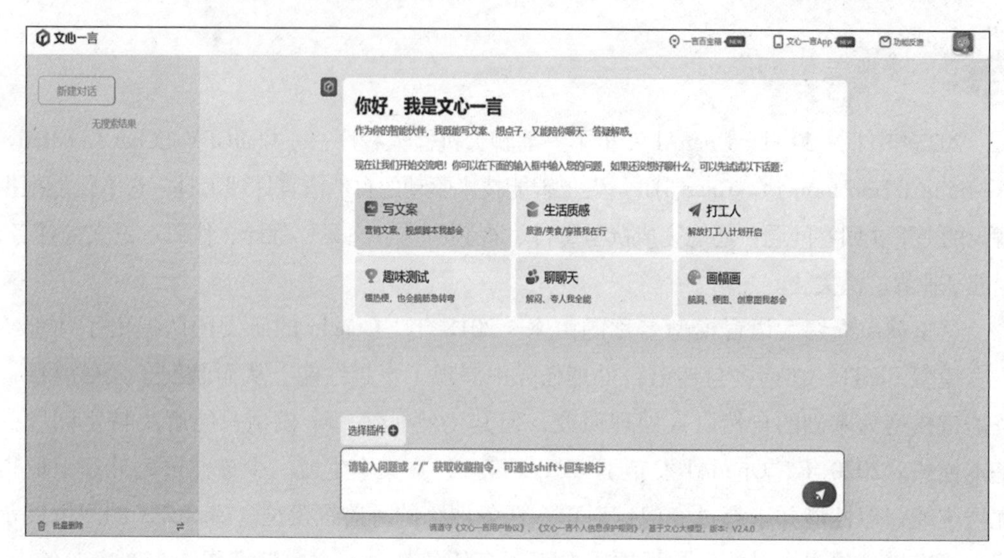


图 7-1 “文心一言”的功能选择页面

在图 7-1 所示页面中可以选择“写文案”“生活质感”“打工人”“趣味测试”“聊聊天”“画幅画”等功能。如想“画幅画”，单击后出现如图 7-2 所示的页面。

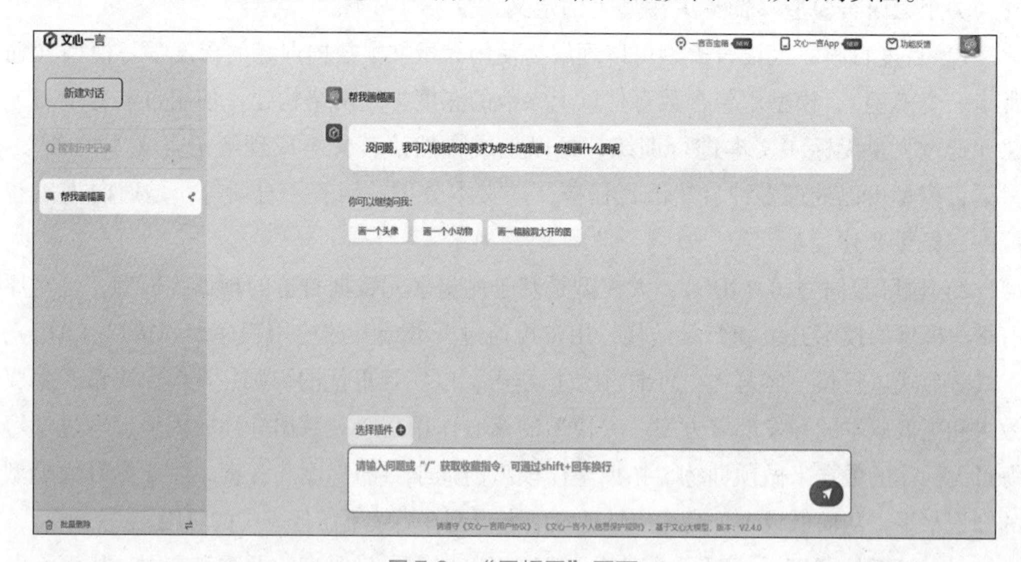


图 7-2 “画幅画”页面

例如录入“画一只可爱的小花猫”，单击后几秒钟会出现图 7-3 所示页面。

图 7-3　画好的“一只可爱的小花猫”页面

只要把想法通过文字录入给“文心一言”，它就会给出效果，而且可以进一步对效果进行描述，直到满意为止！如图 7-4 所示，按输入的文字内容在小花猫手中增加了一朵花儿，简直太方便了！

图 7-4　画好的“一只可爱的、手里拿着花儿的小花猫”页面

以往的上述创作过程，可能需要专业美术设计人员，经历几天，甚至更长时间的设计、优化才能完成。而现在，通过大模型，非美术、非人工智能专业人员仅仅几分钟即可完成。这种工作效率和质量的提升，是大模型生命力旺盛、不断发展的重要原因。

深度学习平台为大模型训练提供了技术保障，促进了大模型的应用发展，而大模型的发展，也进一步促进了深度学习技术的发展。深度学习平台是人工智能技术开发的软件系统核心（如本书采用的 Paddle 框架、文心一言），为大模型算法的学习、开发、训练、优化、部署、应用提供了基础技术保障。大模型应用场景不断出新，越来越多的用户开始应用大模型解决行业问题，为深度学习技术的提升提供了素材。二者相互促进，涵盖了从硬件配置、模型训练、推理部署、场景应用的人工智能全产业链，夯实产业智能化基础，加速产业智能化升级改造。

大模型与真实场景的融合将更加深入，推动社会整体智能化水平不断提升。大模型已经在搜索、推荐、智能交互、艺术设计等方面获得应用，展现了巨大的潜力，各行业也在构想、尝试用大模型解决行业问题。大模型服务商在运营、技术、应用等方面不断完善产品性能，围绕行业赋能的广度和深度持续推进，基于大模型的产品将不断涌现，推动社会智能化水平不断提升。

## 7.4 大模型未来发展趋势

大模型未来将会助推数字经济发展，为智能化升级带来新范式。

1）大小模型协同进化，推动端侧化发展。对于具体应用而言，小模型更加精准高效，利用大模型“泛化、计算”能力，小模型向大模型输入数据，小模型可以更专注于业务，大模型更专注于模型性能，可以达到优势互补、提高精度的效果。

2）大模型通用性持续加强，实现人工智能开发统一模式。大模型由于其泛化性、通用性，为人工智能带来了新机遇。通过无标注数据进行自监督学习，从而降低标注数据的人力要求。同时，多模态大模型也逐渐兴起，数据形式差异化问题也将得到解决。未来大模型将进一步致力于构建通用的人工智能底层算法框架，融合多领域模型能力，在不同场景中“自我学习”，通过一个大模型解决产业中各种问题。

3）大模型从技术创新走向产业落地应用，通过开放的生态推动社会发展。大模型仅需要零样本、小样本学习就可以达到很好的效果，从而降低了人工高智能开发成本，其优势已经越来越受到众多行业的重视，为产业落地带来更多机遇。通过开放、开源的形式，在打造算法、平台、数据开放生态的同时，推动社会不断进步。

从技术角度讲，大模型发端于自然语言处理领域，为了实现“一个模型、多个场景”的目标，训练参数规模从几亿、几十亿上升到了千亿、万亿，用于训练的数据量也不断增加，呈指数级增长。当前，大模型凭借其优越的泛化性、通用性、迁移性、开放性，为人工智能大规模落地带来了新的希望，已经逐步得到了各个行业的认可和关注，从初期仅基于文本、语言的模态，开始朝着图像、视频等其他模态发展。相信随着技术的不断进步、应用场景的不断丰富，大模型将推动人工智能技术向着从感知到学习再到认知的发展，对人类社会产生更加深远的影响！

## 本章小结

本章先对人工智能相关技术发展进行介绍，然后重点对大模型发展进行了分析。正如本章所述，人工智能技术必将成为影响人类社会发展的关键技术。作为将来可能从事人工智能技术研发的读者，应该紧跟时代潮流、不断学习，携手推动技术进步，为社会发展贡献力量！

## 习题

7-1 人工智能的相关技术有哪些？

7-2 什么是大语言模型？

7-3 与传统模型对比，大模型的特点是什么？

7-4 根据你的理解，谈谈大模型未来的发展。

# 附　录

## 名词对照

Artificial Intelligence（AI）——人工智能

Support Vector Machine（SVM）——支持向量机

Deep Learning——深度学习

Speech Recognition——语音识别

Machine Learning——机器学习

Natural Language Processing（NLP）——自然语言处理

Computer Vision（CV）——计算机视觉

Optical Character Recognition（OCR）——光学字符识别

Graphic Processing Unit（GPU）——显卡

Paddle——百度飞桨

Convolutional Neural Network（CNN）——卷积神经网络

Convolutional Recurrent Neural Network（CRNN）——卷积循环神经网络

Multilayer Perceptrons（MLP）——多层感知机

Artificial Neural Network（ANN）——人工神经网络

Recurrent Neural Network（RNN）——循环神经网络

Deep Belief Network（DBN）——深度信念网络

Restricted Boltzmann Machine（RBM）——受限玻尔兹曼机

Long Short-Term Memory（LSTM）——长短期记忆网络

Gated Recurrent Unit（GRU）——门控循环单元

Language Model（LM）——语言模型

Loss function——损失函数

Cost function——代价函数

Objective function——目标函数

Cross entropy loss function——交叉熵损失函数

Accuracy——准确率

Precision——精确率

Recall——召回率

F1-score——调和平均数

Text Detection——文本检测

Detection Boxes Rectify——检测框矫正

Text Recognition——文本识别

Differentiable Binarization（DB）——可微分阈值

Feature Pyramid Networks（FPN）——特征图金字塔网络

Deep Mutual Learning（DML）——深度互学习蒸馏方法

Collaborative Mutual Learning（CML）——协同互学习文本检测方法

Object Detection——目标检测

Object Recognition——目标识别

Bounding Box——边界框

Intersection over Union（IoU）——交并比

Non-Maximum Suppression（NMS）——非极大值抑制

Fully Convolutional Networks（FCN）——全卷积神经网络

Encoder-Decoder——编码器-解码器

# 参考文献


[1] SANDHYA S. 神经网络在应用科学和工程中的应用：从基本原理到复杂的模式识别［M］. 史晓霞，陈一民，李军治，等译. 北京：机械工业出版社，2010.

[2] 朱庆港. 基于机器视觉的酒瓶瑕疵检测系统研究及应用［D］. 青岛：青岛科技大学，2021.

[3] 郭亚盛. 基于机器视觉的圆柱类零件尺寸测量系统设计［D］. 郑州：郑州大学，2021.

[4] 沈宇. 基于集成学习与多层感知机的电力系统暂态稳定性评估［D］. 武汉：武汉理工大学，2021.

[5] 吕坚. 基于深度学习的路面裂缝检测方法研究及实现［D］. 南京：东南大学，2019.

[6] ZHANG Q，ZHUO L，LI J，et al. Vehicle color recognition using Multiple-Layer Feature Representations of lightweight convolutional neural network［J］. Signal Processing，2018，147：146-153.

[7] 岳文静，崔恒瑞，陈志. 基于卷积神经网络的自适应频谱感知模型［J］. 计算机技术与发展，2021，31（5）：62-66.

[8] 沈臻，韩震宇. 基于机器视觉的 OCR 自动识别系统的研发［J］. 科技与创新，2019（8）：144-145.

[9] SHI B，BAI X，YAO C . An end-to-end trainable neural network for image-based sequence recognition and its application to scene text recognition［J］. IEEE Transactions on Pattern Analysis and Machine Intelligence，2016，39（11）：2298 - 2304.

[10] LIAO M H，et al. Textboxes：A fast text detector with a single deep neural network［C］//Proceedings of the 31st AAAI conference on artificial intelligence. Menlo Park：AAAI Press，2017.

[11] LIU W，ANGUELOV D，ERHAN D，et al. SSD：Single shot multibox detector［C］//Proceedings of european conference on computer vision. Cham：Springer，2016.

[12] TIAN Z，et al. Detecting text in natural image with connectionist text proposal network［C］//Proceedings of European conference on computer vision. Cham：Springer，2016.

[13] REN S Q，HE K M，GIRSHICK R，et al. Faster R-CNN：Towards real-time object detection with region proposal networks［J］. Advances in Neural Information Processing Systems，2015，28：91-99.

[14] ZHOU X，YAO C，WEN H，et al. East：an efficient and accurate scene text detector［C］//Proceedings of the IEEE conference on computer vision and pattern recognition. Piscataway：IEEE Press，2017.

[15] WANG W H，et al. Shape robust text detection with progressive scale expansion network［C］//Proceedings of 2019 IEEE/CVF Conference on computer vision and pattern recognition（CVPR）. Piscataway：IEEE Press，2019.

[16] LIAO M，WAN Z，YAO C，et al. Real-time scene text detection with differentiable binarization［C］//Proceedings of the AAAI conference on artificial intelligence. Menlo Park：AAAI Press，2020.

[17] DENG D，et al. Pixellink：Detecting scene text via instance segmentation［C］//Proceedings of the AAAI conference on artificial intelligence. Menlo Park：AAAI Press，2018.

[18] HE K, GKIOXARI G, DOLLÁR P, et al. Mask R-CNN [C]//Proceedings of the IEEE international conference on computer vision. Piscataway: IEEE Press, 2017.

[19] JADERBERG M, SIMONYAN K, ZISSERMAN A. Spatial transformer networks [C]//Proceedings of the 28th international conference on neural information processing systems. Càmbridge: MIT Press, 2015.

[20] SHENG F, CHEN Z, XU B. NRTR: A no-recurrence sequence-to-sequence model for scene text recognition [C]//Proceedings of international conference on document analysis and recognition. Piscataway: IEEE Press, 2019.

[21] LIN T Y, DOLLÁR P, GIRSHICK R, et al. Feature pyramid networks for object detection [C]// Proceedings of the IEEE conference on computer vision and pattern recognition. Piscataway: IEEE Press, 2017.

[22] HE K, ZHANG X, REN S, et al. Deep residual learning for image recognition [C]//Proceedings of the IEEE conference on computer vision and pattern recognition. Piscataway: IEEE Press, 2016.

[23] KRIZHEVSKY A, SUTSKEVER I, HINTON G E, et al. Imagenet classification with deep convolutional neural networks [J]. Communications of the ACM, 2017, 60 (6): 84-90.

[24] 胡杰成. 我国人口老龄化现状、趋势与建议 [J]. 中国经贸导刊, 2017 (12): 59-62.

[25] 贺丹, 刘厚莲. 中国人口老龄化发展态势、影响及应对策略 [J]. 中共中央党校（国家行政学院）学报, 2019, 23 (4): 10-15.

[26] 李小攀, 等. 2011 年上海市浦东新区 60 岁及以上老年人伤害情况分析 [J]. 中国健康教育, 2013, 29 (12): 1027-1029.

[27] WEST J, HIPPISLEYCOX J, COUPLAND C A, et al. Do rates of hospital admission for falls and hip fracture in elderly people vary by socio-economic status [J]. Public Health, 2004, 118 (8): 576-581.

[28] 丁志宏, 杜书然, 王明鑫. 我国城市老年人跌倒状况及其影响因素研究 [J]. 人口与发展, 2018, 24 (4): 120-128.

[29] KANG K, LI H, YAN J, et al. T-CNN: tubelets with convolutional neural networks for object detection from videos [J]. IEEE Transactions on Circuits Systems for Video Technology, 2018, 28 (10): 2896-2907.

[30] 李明熹, 林正奎, 曲毅. 计算机视觉下的车辆目标检测算法综述 [J]. 计算机工程与应用, 2019, 55 (24): 20-28.

[31] SAYAN A, PLANT R, ECCLES B, et al, Recent advances in the management of cutaneous malignant melanoma: Our case cohort [J]. British Journal of Oral and Maxillofacial Surgery, 2020, 147 (4): 566-572.

[32] BUCCHI L, MANCINI S, CROCETTI E, et al, Mid-term trends and recent birth- cohort- dependent changes in incidence rates of cutaneous malignant melanoma in Italy [J]. International Journal of Cancer, 2020, 148 (4): 463-467.

[33] CIRESAN D, MEIER U, SCHMIDHUBER J. Multi-column deep neural networks for image classification [C]//Proceedings of the IEEE conference on computer vision and pattern recognition. Piscataway: IEEE Press, 2012.

[34] LONG J, SHELHAMER E, DARRELL T. Fully convolutional networks for semantic segmentation

[J]. IEEE Transactions on Pattern Analysis and Machine Intelligence, 2015, 39 (4): 640-651.

[35] ZHAO H, SHI J, QI X, et al. Pyramid scene parsing network [J]. IEEE Computer Society, 2016, 17 (7): 2882-2890.

[36] CHEN L C, PAPANDREOU G, KOKKINOS I, et al. Semantic image segmentation with deep convolutional nets and fully connected CRFs [J]. Computer Science, 2014, 14 (6): 357-361.

[37] CHEN L C, PAPANDREOU G, KOKKINOS I, et al. Deeplab: Semantic image segmenation with deep convolutional nets, atrous convolution, and fully connected CRFs [J]. IEEE Transactions on Pattern Analysis and Machine Intelligence, 2017, 13 (4): 834-848.

[38] LIU J J, HOU Q B, CHENG M M, et al. Improving convolutional networks with self-calibrated convolutions [C]//Proceedings of the IEEE conference on computer vision and pattern recognition (CVPR). Seattle: IEEE Press, 2020: 10093- 10102.

[39] ATHERTYA J, KUMAR G S. Fuzzy clustering based segmentation of vertebrae in T1-weighted spinal MR images [J]. arXiv preprint arXiv, 2016, 60 (2): 23-34.

[40] CHEN Y, GAO Y, LI K, et al. Vertebrae identification and localization utilizing—fully convolutional networks and a hidden markov model [J]. IEEE Transactions on Medical Imaging, 2020, 39 (2): 387-399.

[41] 刘俠，等. 基于隐马尔可夫场的脊柱 CT 图像分割算法 [J]. 哈尔滨理工大学学报，2018，23 (2): 1-5.

[42] 田帅，等. 卷积神经网络在腰椎影像研究中的现状及进展 [J]. 临床放射学杂志，2021，40 (8): 1636-1639.